MATLAB 工程应用

基于 MATLAB 的工程计算、仿真和编程

MATLAB for Engineering

［意］Berardino D'Acunto 著
（贝拉尔迪诺·达昆托）

陈 静 张晨曦 译

北京航空航天大学出版社

本书中文简体字版由 World Scientific Publishing Co. Pte. Ltd. 授权北京航空航天大学出版社在中国大陆出版发行。版权所有。

北京市版权局著作权合同登记号　图字：01 - 2022 - 0345 号

图书在版编目(CIP)数据

MATLAB 工程应用：基于 MATLAB 的工程计算、仿真和编程 /（意）贝拉尔迪诺·达昆托著；陈静，张晨曦译 . -- 北京：北京航空航天大学出版社，2023.1

书名原文：MATLAB for Engineering

ISBN 978 - 7 - 5124 - 3940 - 5

Ⅰ. ①M… Ⅱ. ①贝… ②陈… ③张… Ⅲ. ①Matlab 软件 Ⅳ. ①TP317

中国版本图书馆 CIP 数据核字(2022)第 210441 号

MATLAB 工程应用：基于 MATLAB 的工程计算、仿真和编程
MATLAB for Engineering

［意］Berardino D'Acunto 　著
（贝拉尔迪诺·达昆托）

陈 静　张晨曦　译

策划编辑　董宜斌　　责任编辑　张冀青

*

北京航空航天大学出版社出版发行

北京市海淀区学院路 37 号(邮编 100191)　http://www.buaapress.com.cn

发行部电话：(010)82317024　传真：(010)82328026

读者信箱：copyrights@buaacm.com.cn　邮购电话：(010)82316936

涿州市新华印刷有限公司印装　各地书店经销

*

开本：710×1 000　1/16　印张：16　字数：341 千字

2023 年 1 月第 1 版　2023 年 1 月第 1 次印刷

ISBN 978 - 7 - 5124 - 3940 - 5　定价：79.00 元

若本书有倒页、脱页、缺页等印装质量问题，请与本社发行部联系调换。联系电话：(010)82317024

前　　言

　　本书旨在为工程类学生和工程师介绍 MATLAB。当所有科学领域的学生、技术人员和研究人员需要应用 MATLAB 解决学习、工作和研究领域中出现的问题时,本书也同样适用。本书假设读者没有任何的 MATLAB 基础,但是对学习这个强大的科学计算工具非常感兴趣。

　　本书首先对主要用于矩阵操作的 MATLAB 基本命令进行介绍,大多数其他命令在解决具体问题的程序中进行介绍。在本书的第一部分,介绍了函数文件。函数文件这一概念在 MATLAB 中起着基础作用,因此,本书用许多例子来加以说明。

　　因为物理过程在空间和时间中经常发生,所以其相关控制方程为偏微分方程。因此,本书中大多数 MATLAB 程序都是致力于求解这类方程。本书对有限元法(Finite Element Method,FEM)和有限差分法都进行了介绍并应用。一般来说,一个问题是从整体上进行讨论的:从物理现象推导出数学模型,并用 MATLAB 求解方程。

　　本书提供了大量的 MATLAB 程序代码,并且在每章末都有一些练习题。

　　在此,感谢 World Scientific Publishing 邀请我写这本书。特别感谢 Shaun Tan Yi Jie 在我写这本书时提供的帮助。

Berardino D'Acunto

2021 年 3 月

那不勒斯

目　　录

1

第 1 章　函数文件

MATLAB[①]的强大之处在于其广泛的矩阵操作能力。因此,本章 1.1 节将讨论矩阵这一主题。MATLAB 这个名字来源于 mat(rix)lab(oratory)。MATLAB 程序是用扩展名为".m"的文件编写的。M 文件有脚本文件和函数文件两种,其中函数文件比脚本文件有趣得多。脚本文件将在 1.2 节中进行介绍,而函数文件将在 1.3 节中讨论。请参阅 Moler(2011)的著作,这对理解 1.1 节中的主题会很有用。

1.1　矩　　阵

1.1.1　创建矩阵

命令

A=[1 2 3;4 -5 6;7 8 -9]

可以生成如下矩阵:

$$\boldsymbol{A} = \begin{bmatrix} 1 & 2 & 3 \\ 4 & -5 & 6 \\ 7 & 8 & -9 \end{bmatrix}$$

命令 A′可以创建矩阵 $\boldsymbol{A}$ 的转置矩阵,因此,命令 B=A′可以生成如下矩阵:

$$\boldsymbol{B} = \begin{bmatrix} 1 & 4 & 7 \\ 2 & -5 & 8 \\ 3 & 6 & -9 \end{bmatrix}$$

一个只有一行的矩阵是行向量,一个只有一列的矩阵是列向量。例如命令

rv=[10 11 12 13]

可以生成矩阵:

$$\mathbf{rv} = \begin{bmatrix} 10 & 11 & 12 & 13 \end{bmatrix}$$

命令

---

① MATLAB 是 MathWorks 公司的注册商标。

1

$$cv = [pi; cos(pi)]$$

可以生成如下矩阵：

$$cv = \begin{bmatrix} 3.146 \\ -1.000 \end{bmatrix}$$

注意，在 MATLAB 中引入 π 时需要使用符号 pi。

1.1.2 矩阵索引

使用索引可以访问矩阵的特定元素，而使用 $A(i,j)$ 命令可以引用单个元素。例如，如果 A 是预先引入的矩阵，那么使用 $A(2,3)$ 命令即可精确索引第 2 行第 3 列的元素，结果为 6；如果输入 $A(2,3)=16$ 命令，那么矩阵 A 中第 2 行第 3 列中的 6 会替换为 16，新的矩阵如下：

$$A = \begin{bmatrix} 1 & 2 & 3 \\ 4 & -5 & 16 \\ 7 & 8 & -9 \end{bmatrix}$$

如果要访问矩阵的子矩阵，则需要使用冒号运算符。例如命令

$A(i,:)$

可以返回 A 的第 i 行。示例：命令

$A(2,:)$

可以得到

$$[4 \quad -5 \quad 16]$$

命令

$A(2,:) = 2 * A(2,:)$

可以由新的一行 $[8 \quad -10 \quad 32]$ 替代之前的一行，新的矩阵如下：

$$A = \begin{bmatrix} 1 & 2 & 3 \\ 8 & -10 & 32 \\ 7 & 8 & -9 \end{bmatrix}$$

再比如 $A(i:h,:)$ 命令（其中 $i \leqslant h$）可以生成由 $i, i+1, \cdots, h$ 这些行所有元素组成的子矩阵。示例：命令

$A(2:3,:)$

可以生成矩阵：

$$\begin{bmatrix} 8 & -10 & 32 \\ 7 & 8 & -9 \end{bmatrix}$$

命令

A(2:3,2:3)

可以生成矩阵:

$$\begin{bmatrix} -10 & 32 \\ 8 & -9 \end{bmatrix}$$

以上命令还可以用于创建具有非连续行(或列)的子矩阵,参见练习1.4.1和练习1.4.2。

行向量也可以用特殊的命令生成,比如 x=linspace(x1,x2,n)命令,表示将使用步长$(x_2-x_1)/(n-1)$,从 x_1 到 x_2 生成 n 个等距元素的行向量。示例:命令

x=linspace(0,10,6)

可以生成向量:

$$\boldsymbol{x}=\begin{bmatrix} 0 & 2 & 4 & 6 & 8 & 10 \end{bmatrix}$$

该向量也可以通过命令 x=0:2:10 生成,这里指定了初始值、步长和最终值;步长为1的时候可以省略,如命令

y=0:10

可以生成向量:

$$\boldsymbol{y}=\begin{bmatrix} 0 & 1 & 2 & 3 & 4 & 5 & 6 & 7 & 8 & 9 & 10 \end{bmatrix}$$

命令 v(end)可以返回向量 v 的最后一个元素。例如命令

y(end)

可以得到10。当一个向量在程序执行过程中被动态赋值,并且向量的长度未知时,这个命令会很有用。

命令 A(i,:)=[ ]可以删除矩阵 $\boldsymbol{A}$ 的第i行。例如:命令 A(3,:)=[ ]可以删除第三行;命令 A([1 3],:)=[ ]可以删除矩阵的第1行和第3行。一般情况下,命令 A(i:h,:)=[ ]$(i \leqslant h)$可以删除从 i 到 h 的所有行。列也有类似的操作。前面的命令可以在其他情况下使用,参见练习1.4.3。

1.1.3 矩阵操作

如果维度匹配,则一个矩阵可以附加到另一个矩阵上。在创建了

C=[1 2 3;4 5 6];D=[7 8;9 10];x=[11;12;13];

之后,命令

[C D]
[C;x']

可以生成矩阵:

$$\begin{bmatrix} 1 & 2 & 3 & 7 & 8 \\ 4 & 5 & 6 & 9 & 10 \end{bmatrix}, \quad \begin{bmatrix} 1 & 2 & 3 \\ 4 & 5 & 6 \\ 11 & 12 & 13 \end{bmatrix}$$

但是，如果输入命令[D x]和[C x]，将会生成错误信息。读者可以做一做练习 1.4.4。

MATLAB 提供了快速生成特定矩阵的命令：ones(m,n)和 zeros(m,n)，这两个命令可以分别生成由 1 和 0 组成的 $m \times n$ 阶矩阵；eye(m,n)命令可以生成 $m \times n$ 单位矩阵。例如命令

eye(2,3)
eye(2)

可以生成矩阵：

$$\begin{bmatrix} 1 & 0 & 0 \\ 0 & 1 & 0 \end{bmatrix}, \quad \begin{bmatrix} 1 & 0 \\ 0 & 1 \end{bmatrix}$$

如果 x 是 n 个元素的向量，那么命令 diag(x)可以创建一个方阵，并将 x 的元素放在主对角线上。例如，如果

x=[1 2 3];

那么命令

diag(x)

可以生成矩阵：

$$\begin{bmatrix} 1 & 0 & 0 \\ 0 & 2 & 0 \\ 0 & 0 & 3 \end{bmatrix}$$

命令 diag(x,h)将会创建一个方阵，并沿 h 指定的对角线放置 x 的元素，其中 $h=0$ 表示主对角线，而 $h>0$ 表示矩阵的上三角部分的对角线，$h<0$ 表示矩阵的下三角部分的对角线。因此，命令 diag(x,0)可以生成与之前相同的矩阵，同时，命令

diag(x,-2)
diag(x,1)

可以生成以下矩阵：

$$\begin{bmatrix} 0 & 0 & 0 & 0 & 0 \\ 0 & 0 & 0 & 0 & 0 \\ 1 & 0 & 0 & 0 & 0 \\ 0 & 2 & 0 & 0 & 0 \\ 0 & 0 & 3 & 0 & 0 \end{bmatrix}, \quad \begin{bmatrix} 0 & 1 & 0 & 0 \\ 0 & 0 & 2 & 0 \\ 0 & 0 & 0 & 3 \\ 0 & 0 & 0 & 0 \end{bmatrix}$$

4

如果 u 是一个向量,那么命令 A＝reshape(u,n,m) 会将向量 u 重塑成 $n \times m$ 矩阵 A。向量 u 中的元素数必须为 $n \times m$,否则该命令将生成错误消息。例如,在创建了

u＝[1;2;3;4;5;6];

命令之后,命令

A＝reshape(u,2,3)

将会生成 2×3 矩阵:

$$A = \begin{bmatrix} 1 & 3 & 5 \\ 2 & 4 & 6 \end{bmatrix}$$

当然,该命令也适用于其他矩阵。实际上,命令

B＝reshape(A,3,2)

可以生成 3×2 矩阵:

$$B = \begin{bmatrix} 1 & 4 \\ 2 & 5 \\ 3 & 6 \end{bmatrix}$$

命令 A(:) 可以将矩阵 A 重塑为列向量。例如,命令 v＝A(:) 可以将矩阵 A 返回到原始向量 u。读者可以做一做练习 1.4.5。

1.1.4 三对角矩阵

使用命令 diag(x,h) 可以创建三对角矩阵。例如,在创建了

x1＝[1 1 1];u＝[2 2 2 2];x2＝[3 3 3];

向量之后,命令

A＝diag(x1,-1)＋diag(u)＋diag(x2,1)

可以生成以下三对角矩阵:

$$A = \begin{bmatrix} 2 & 3 & 0 & 0 \\ 1 & 2 & 3 & 0 \\ 0 & 1 & 2 & 3 \\ 0 & 0 & 1 & 2 \end{bmatrix}$$

大的三对角矩阵需要占用较大的内存,而命令 A＝spdiags(B,d,m,n) 有助于节省内存。该命令可以生成一个 $m \times n$ 阶矩阵,并将 B 的列沿 d 指定的对角线放置。例如,如果 B 是使用命令 B＝[-ones(5,1) (1;5)′ one(5,1)] 创建的,那么命令 A＝spdiags(B,-1:1,5,5) 将会生成如下三对角矩阵:

$$A = \begin{bmatrix} 1 & 1 & 0 & 0 & 0 \\ -1 & 2 & 1 & 0 & 0 \\ 0 & -1 & 3 & 1 & 0 \\ 0 & 0 & -1 & 4 & 1 \\ 0 & 0 & 0 & -1 & 5 \end{bmatrix}$$

稀疏矩阵 A 在 MATLAB 中显示如下：

(1,1)   1
(2,1)   -1
(1,2)   1
(2,2)   2
(3,2)   -1
(2,3)   1
(3,3)   3.
(4,3)   -1
(3,4)   1
(4,4)   4
(5,4)   -1
(4,5)   1
(5,5)   5

每次只显示非零元素的一列。命令 C=full(A) 将以常规矩阵 A 的形式显示。

尝试通过将 5 替换为 100 来重建矩阵 A，用命令 whos A 检查矩阵 A。注意，保存矩阵 A 需要 3 980 字节。随后，使用命令 C=full(A) 将矩阵 A 的完整形式保存在矩阵 C 中。使用命令 whos C 时请注意，保存矩阵 C 需要 80 000 字节。使用命令 spy(A) 可以生成矩阵 A 的图片，使用 spdiags 命令时须谨慎，参见练习 1.4.6 和练习 1.4.7。

使用命令 A=repmat(B,m,n) 可以复制由 m 和 n 指定的 $p \times q$ 矩阵 B，并生成 $mp \times nq$ 矩阵。例如命令

A=repmat(eye(2),2,3)

可以生成如下矩阵：

$$A = \begin{bmatrix} 1 & 0 & 1 & 0 & 1 & 0 \\ 0 & 1 & 0 & 1 & 0 & 1 \\ 1 & 0 & 1 & 0 & 1 & 0 \\ 0 & 1 & 0 & 1 & 0 & 1 \end{bmatrix}$$

如果 B 是标量，$B=5$，则命令

A=repmat(B,2,3)
u=repmat(B,1,3)

v＝repmat(B,2,1)

可以分别创建

$$A = \begin{bmatrix} 5 & 5 & 5 \\ 5 & 5 & 5 \end{bmatrix}, \quad u = \begin{bmatrix} 5 & 5 & 5 \end{bmatrix}, \quad v = \begin{bmatrix} 5 \\ 5 \end{bmatrix}$$

练习 1.4.8 很有用。

1.1.5　矩阵运算

MATLAB 中所有的代数运算都是在矩阵上执行的。如果 A 和 B 是 $m \times n$ 矩阵,那么通过命令 A＋B 和 A－B 就可以产生加法和减法运算。此外,使用 MATLAB 中的命令 B＝A＋a 可以将标量 a 添加到矩阵 A 上。此操作相当于 $B_{ij} = A_{ij} + a$。如果 A 和 B 分别是 $m \times n$ 和 $n \times p$ 阶矩阵,则可以使用命令 A＊B 生成矩阵的乘积。例如,创建矩阵

A＝[1 2 3;4 5 6];B＝[7 8;9 0;-1 -2];

可以输入命令

A＊B
B$'$＊A$'$

将会生成如下矩阵:

$$\begin{bmatrix} 22 & 2 \\ 67 & 20 \end{bmatrix}, \quad \begin{bmatrix} 22 & 67 \\ 2 & 20 \end{bmatrix}$$

当然,正如大家所知,它的结果是

$$(AB)' = B'A'$$

如果 u 是行向量,v 是列向量,那么命令 u＊v 将生成标量积。例如,在创建向量

u＝[1 2 -3];v＝[4;5;6];

之后,输入命令

u＊v

将会得到结果－4。命令 B＝A＊a 可以使标量 a 与矩阵 A 相乘。此操作相当于 $B_{ij} = A_{ij}a = aA_{ij}$,因此 $Aa = aA$。此外,在 MATLAB 中,两个大小相同的矩阵可以生成各自矩阵元素逐个乘积的矩阵,即命令 C＝A.＊B 可以创建相当于 $C_{ij} = A_{ij}B_{ij}$ 乘积的矩阵 C。例如,如果 A 和 B 是预先定义的矩阵,那么命令

A$'$.＊B
A.＊B$'$

可以生成以下矩阵:

$$\begin{bmatrix} 7 & 32 \\ 18 & 0 \\ -3 & -12 \end{bmatrix}, \quad \begin{bmatrix} 7 & 18 & -3 \\ 32 & 0 & -12 \end{bmatrix}$$

而使用命令 A. * B 会产生错误。

标量 a 和矩阵 A 的各个元素的乘积有意义，即用 a. * A 表示，结果与 a * A 相同。逐个元素相乘在某些情况下非常有用。参见练习 1.4.9。

1.1.6 右除与左除

命令 A/B 被命名为"右除法"。使用该命令可以得到 AB^{-1}。它与命令 A * B^-1 结果相同，但右除法更便捷，因为 MATLAB 中专门为这个命令编写了一个特定的程序，而命令 A * B^-1 使用了 A * B^-n 命令的通用程序。例如，在创建矩阵

A=[1 2;3 4];B=[5 6;7 8];

之后，使用命令 A/B 可以生成以下矩阵

$$\begin{bmatrix} 3.000\ 0 & -2.000\ 0 \\ 2.000\ 0 & -1.000\ 0 \end{bmatrix}$$

当然，该命令同样适用于标量变量。例如，如果

a=4;b=2;

使用命令

a/b

则可以得到 2。

命令 A\B 被命名为"左除法"。使用该命令可以得到 $A^{-1}B$。它与命令 A^-1 * B 结果相同，但左除法速度更快。例如，如果 A 和 B 是预先定义的矩阵，那么使用命令 A\B 就可以生成以下矩阵：

$$\begin{bmatrix} -3.000\ 0 & -4.000\ 0 \\ 4.000\ 0 & 5.000\ 0 \end{bmatrix}$$

该命令也适用于标量变量。例如，如果 a 和 b 是预先定义的变量，那么使用 a\b 命令可以得到 0.500 0。左除法用于求解线性代数方程 $Ax = b$，未知向量 x 用简单命令 A\b 可以得到，参见练习 1.4.10。此外，在 MATLAB 中，允许逐个元素的左除和右除，如命令 A. /B 和 A. \B，参见练习 1.4.11。

1.2 脚本文件

脚本文件是一个包含 MATLAB 命令集的文件。要执行这种类型的文件，相当

于在命令窗口中按顺序写入和执行命令。新脚本文件单击 New Script 按钮即可创建,可以保存到任何目录。要执行一个脚本文件,请单击 Run 按钮或在命令行中输入它的名称。在 1.2.1 小节介绍 for 循环之后,脚本文件的例子将在 1.2.2 小节说明。

1.2.1 for 循环

本小节介绍 MATLAB 提供的第一个流控制结构:for 循环。其他结构,例如 while 循环,将在 1.3.3 小节中介绍。for 循环的一般语法格式如下所示。

for 循环
for variable＝expression
code lines
end

例如,在以下循环中

```
for j＝1:9
    j
end
```

变量 j 从 1 到 9,步长为 1:1,2,3,…,9。此外,在以下循环中

```
for i＝2:-.2:1
    i
end
```

变量 i 从 2 变为 1,步长为 −0.2:2,1.8,1.6,…,1。

1.2.2 脚本文件示例

例 1.2.1 以下脚本文件绘制了函数

$$u(x,t)＝\sin x\cos t, \quad 0\leqslant x\leqslant \pi, \quad 0\leqslant t\leqslant 10 \tag{1.2.1}$$

函数 $u(x,t)$ 描述了一根细的固定杆的微小振动,如图 1.2.1 所示。

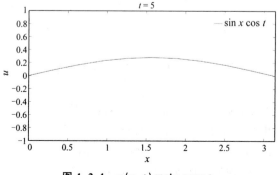

图 1.2.1 $u(x,t)＝\sin x\cos t$

对于未来的应用，我们注意到，函数 u 满足如下偏微分方程：

$$\frac{\partial^2 u}{\partial t^2} - \frac{\partial^2 u}{\partial x^2} = 0 \qquad (1.2.2)$$

并且遵守初始边界条件：

$$u(x,0) = \sin x, \quad u_t(x,0) = 0, \quad u(0,t) = u(\pi,t) = 0 \qquad (1.2.3)$$

参见练习 1.4.12。

```
% script_1. m 文件                                          %(1)
% It plots the function u=sin x cos t and prints the matrix u(i,j).
clc;                                                        %(2)
nx=10;                                                      %(3)
x=linspace(0,pi,nx+1);                                      %(4)
time=10;nt=60;t=linspace(0,time,nt+1);
u=zeros(nx+1,nt+1);                                         %(5)
for j=1:nt+1
    u(:,j)=sin(x') * cos(t(j));                             %(6)
    plot(x,u(:,j),'r');                                     %(7)
    axis([0 pi -1 1]);                                      %(8)
    xlabel('x');ylabel('u');                                %(9)
    legend('sin x cos t',1);                                %(10)
    title(['t=',num2str(t(j))]);                            %(11)
    pause(.1);                                              %(12)
end
disp(u');                                                   %(13)
```

注：

（1）%符号后面的任何字符都是注释，并且可以被 MATLAB 忽略。

（2）clc 命令可清理窗口。写入 help name_of_command 可以获得有关命令的信息。建议读者另外参阅以了解更多命令。

（3）注意句后的分号。此变量的值被保存，但在命令窗口中不会显示。

（4）命令 x=linspace(x1,x2,n) 可以创建一个包含 n 个元素、$(x_2-x_1)/(n-1)$ 步长从 x_1 到 x_2 等距分布的行向量。因此，命令 x=linspace(0,pi,nx+1) 可以生成一个包含 nx+1 个元素的向量，步长为 $dx=\pi/nx$，即向量 $\boldsymbol{x}=\begin{bmatrix} 0 & dx & 2dx & \cdots & \pi \end{bmatrix}$。

（5）u 被初始化。虽然 MATLAB 不要求初始化矩阵，但强烈推荐此命令。实际上，矩阵初始化允许 MATLAB 在内存的连续区域中分配矩阵条目，从而使脚本文件运行得更快。

（6）u(:,j) 表示矩阵 $\boldsymbol{u}$ 的第 j 列。$\boldsymbol{x}$ 是行向量，但转置符（'）使其成为列向量。

（7）plot 命令可绘制（以红色表示）任何时间 $t(j)$ 的（x 的）函数 $u(x,t(j))$。

（8）axis([x1 x2 y1 y2]) 命令可设置轴限。如果没有此命令，MATLAB 会自动设置轴限，也可能是部分轴限。例如，命令 axis([-inf x2 y1 inf]) 可设置 x 轴的上限

和 y 轴的下限。

（9）xlabel 和 ylabel 命令是可选的。前面的命令将标签放置在相应的轴旁边。由于标签是文本字符串,因此必须加单引('')符号。

（10）legend 命令可创建图例,用户可以指定其位置。例如,legend('sin x cos t','Location','northeast') 命令可以在右上角创建图例,而 legend('sin x cos t','Location','best') 命令可以在最佳位置创建图例。

（11）title 命令可以在图表顶部添加文本。在图 1.2.1 中,该命令用于显示杆当前位置对应的时间。文本由两个字符串组成:第一个"'t='"是静态的;第二个与当前时间相关,是动态的,每次绘制新图时都会变化。num2str(t(j)) 命令可以将实数 $t(j)$ 转换为文本字符串。

（12）pause(s) 命令,其中 s 是实数,表示停止执行 s 秒。

（13）disp 命令可以显示矩阵 u'。转置矩阵 u' 比 u 更有趣,因为它的第一行由与杆的初始条件对应的值组成,第二行包含与第二次相关的值,最后一行显示最后的值。

例 1.2.2 下面的脚本文件生成了函数
$$u = \sin(\pi x) \exp(-\pi^2 t), \quad 0 \leqslant x \leqslant 1, \quad t \leqslant 0.4 \tag{1.2.4}$$
的 2D 和 3D 图形,如图 1.2.2 所示。

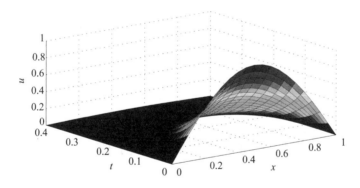

图 1.2.2　函数 $u = \sin(\pi x) \exp(-\pi^2 t)$ 的 3D 图形

函数 u 描述了固体中的温度变化,其中一维优先。为了未来的应用,请注意,u 满足偏微分方程:
$$\frac{\partial^2 u}{\partial t} - \frac{\partial^2 u}{\partial x^2} = 0 \tag{1.2.5}$$
并遵循初始边界条件:
$$u(x,0) = \sin(\pi x), \quad u(0,t) = u(1,t) = 0 \tag{1.2.6}$$
参见练习 1.4.13。

　　% script_2.m 文件

% It produces 2D and 3D plots of the function u＝sin(πx)exp(-π²t).

clc;

%初始化

L＝1;nx＝20;x＝linspace(0,L,nx+1);

time＝.4;nt＝40;t＝linspace(0,time,nt+1);

u＝zeros(nx+1,nt+1);

% 2D 绘图

for j＝1;nt+1

    u(:,j)＝sin(pi * x') * exp(-pi^2 * t(j));

    plot(x,u(:,j));

    axis([0 L 0 1]);

    xlabel('x');ylabel('u');

    legend('sin(pi x) * exp(-pi^2 t)');

    title(['t＝',num2str(t(j))]);

    pause(.1);

end

% 3D 绘图

pause;

    % The pause command stops the execution. Press any key to continue.

figure(2);

surf(x,t,u')

xlabel('x');ylabel('t');zlabel('u');

% Print

disp(u');

1.3　函数文件介绍

1.3.1　函数文件结构

函数文件是一个 M 文件，第一行以函数定义开始，其中指定了函数名称、传递给函数的输入变量以及函数返回的输出变量；之后是形成函数体的注释行和代码行；最后一行代码是结束函数的语句 end。函数文件一般语法格式如下所示。

函数
function [output]＝name_of_function (input)
% comments
code lines
end

例 1.3.1　作为第一个例子,思考以下简单函数。

```
function y=sqr(x)                                       % (1)
% sqr. m 文件                                           % (2)
% The sqr function returns x squared. If x is a matrix, % (3)
% sqr(x) returns the element-by-element product of matrices. % (4)
y=x. * x;                                               % (5)
end
```

注:

(1) 当输出为一个变量(如本例)或没有输出变量时,方括号项可省略。对于多输出变量,方括号是必需的。可以使用不同的变量名称调用该函数,并且可以将结果分配给具有不同名称的变量。另外,保存函数的文件名必须与函数名相同。

(2) 第一行注释。当用户在命令行输入 help sqr 时,会打印注释行,参见练习 1.4.14。

(3) 第二行注释。

(4) 第三行注释。

(5) 函数体。此处以及函数定义中使用的所有变量都是局部的和私有的,见备注 1.3.1。

用最简单的方法调用 sqr 函数没有任何输出结果。例如,输入 sqr(2) 和 sqr([1 2]) 命令可以分别得到 4 和 1　4;而输入 sqr(1,2) 命令则会产生错误,因为必须使用一个输入变量调用 sqr 函数。如果必须使用函数输出,则应考虑语法完整。例如,命令

z=sqr(2);

表示将值 4 赋给变量 z,这样该变量便可以在其他语句中使用。

备注 1.3.1　在命令行窗口中初始化变量 a=1。检查到 a 已保存。考虑用 sqr 函数并且在 end 语句前面添加两行新代码:

a=0;
b=10;

MATLAB 大概会警告最后一个变量值未使用,不用在意。新的变量将很快被删除。单击"b=10;"左侧的"-"号,保存 sqr. m 文件后会显示灰色小圆盘变红。例如使用 sqr(9) 命令执行该函数。

请注意,函数将在代码行"b=10;"处停止执行。由于我们处于调试阶段,因此提示更改为 K≫。通过输入 a 并按 Enter 键来检查变量 a,会看到 a=0;单击 Continue 按钮继续执行,将会得到结果 ans=81。现在,再次检查变量 a 并注意 a=1。所有这些都强调了函数体中定义的变量的局部和私有特性。函数执行前 a 值为 1,

执行过程中 a＝0,执行后 a＝1,函数体中定义的变量不能与外界定义的变量发生干扰;反之亦然。此外,我们还学习了如何在调试阶段检查一些变量。最后,删除函数中添加的新变量。

1.3.2 多输出变量函数

例 1.3.2 下面的指令程序展示了一个具有多输出变量的函数。heat_flux 函数返回薄固体中的热通量矢量 q,根据傅里叶定律,有

$$q(x,t)＝-k\ \nabla u(x,t) \tag{1.3.1}$$

式中:k 为材料的导热系数;u 为温度;∇u 为材料的空间梯度。详见 2.2.1 小节。

```
function [qx,qy]＝heat_flux(u,dx,dy,k)
% heat_flux. m 文件
% The heat flux in a thin solid is computed according to Fourier's law.
% The input variable u is the matrix with the temperature values.
% The input variables dx and dy are the spaces among the points along
% the x-and y-direction,respectively. The thermal conductivity k is a
% positive real number,for example,62.3 (iron),387.6 (copper),
% 418.7 (silver),0.173 (rubber),1.177(glass),2.215 (ice).

[ux,uy]＝gradient(u,dx,dy);
    % The gradient(u,dx,dy) function returns the numerical values of the two
    % components of the gradient vector by using dx and dy.
qx=-k * ux;qy=-k * uy;
end
```

例 1.3.3 调用 heat_flux 函数的方法,指令程序如下。绘制热通量矢量(见图 1.3.1)并打印。

```
% heat_flux_ex. m 脚本文件
k＝62.3;Lx＝1;nx＝20;Ly＝.1;ny＝6;
x＝linspace(0,Lx,nx＋1);dx＝Lx/nx;
y＝linspace(0,Ly,ny＋1);dy＝Ly/ny;
u＝zeros(ny＋1,nx＋1);
for j＝1:ny＋1,
    u(j,:)＝x.^2;
end
[qx,qy]＝heat flux(u,dx,dy,k);
quiver(x(2:end-1),y(2:end-1),qx(2:end-1,2:end-1),qy(2:end-1,2:end-1));
    % The quiver function plots vectors as arrows with components X and
    % Y at the points with coordinates x and y. See Exercise 1.4.15.
rectangle('position',[0,0,Lx,Ly]);
    % Rectangle with bottom left corner in(0,0),base Lx,and height Ly.
```

axis('equal');   % Same scale for bothaxes.

xlabel('x');ylabel('y');

disp(qx);

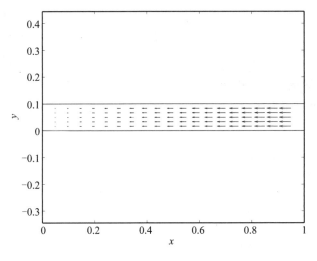

图 1.3.1   热通量

备注 1.3.2   系数 k 是严格的正实数。如果错误地将负 k 传递给 heat_flux 函数,则函数输出将是错误的。因此,代码的数据分析和流控制是必不可少的。

该主题将在下一小节中讨论。在同一节中,我们将提供能够解决上述问题的修改版本 heat _flux 函数。

1.3.3   流量控制结构

本小节介绍流控制结构 if、switch 和 while。if-elseif-else 结构的一般语法格式如下所示。

if-elseif-else
if logical condition
code lines
elseif logical condition
code lines
else
code lines
end

特殊情况包括 if、if-else 和 if-elseif,其语法格式如下所示。

if-elseif-else 特殊情况		
if logical condition 　　code lines *end*	*if* logical condition 　　code lines *else* 　　code lines 　　*end*	*if* logical condition 　　code lines *elseif* logical condition 　　code lines 　　*end*

此外，所有案例都可以嵌套。

作为第一个应用程序，对 heat_flux 函数进行了适当的修改，解决了备注 1. 3. 2 中描述的问题。

```
function [qx,qy]=heat_flux(u,dx,dy,k)
% comment lines
if k>0      % If the coefficient k is positive,the function is executed.
    [ux,uy]=gradient(u,dx,dy);qx=-k*ux;qy=-k*uy;
else           % Otherwise,a message is sent to the user.
    disp('kmustbeapositiverealnumber. ')
end
```

例 1. 3. 4　当函数没有输出时，可以简化函数定义，如下所示。

```
function if_1(i)
% This is the function file if_1. m. It is an application on if-elseif-else.
% Note the simplified function definition. It could also be written:
% function [ ]=if_1(i). Call the function by passing 0 or 1 as an argument.

x1=-pi;x2=pi;nx=20;x=linspace(x1,x2,nx+1)
if i===0    % The== sign is a relational operator. It should not
            % be confused with the= sign that is an assignment operator.
            % The code x=y assigns the value of y to x.
            % Instead,the code x==y compares the values of the
            % variables that retain their values. The MATLAB relational
            % operators are provided at the end of the listing.
    plot(x,sin(x));
    elseif i==1
    plot(x,cos(x));
else
disp('Please call the function by passing 0 or 1 as argument. ')
% This message is sent if the function was called with an
% argument different from 0 or 1. Beside disp,errordlg('...')
% can be used too. In this case,the message is shown in a frame.
% In both cases,the function is executed. A stronger command
% is error('...') that stops the function execution.
```

```
end
end
```

关系运算符			
＝＝	等于	～＝	不等于
＜	小于	＜＝	小于或等于
＞	大于	＞＝	大于或等于

练习 1.4.16 中提供了另一个示例。

例 1.3.5 下面的指令程序中考虑了一个具有多输出变量的函数。

```
function [max,min]=maxmin_vector(b)
% This is the function file maxmin_vector. m.
% The function returns the maximum and minimum elements of a vector.
% For example,if b=[1 2 43 56 1 3],the command
%               [M m]=maxmin_vector(b)
% produces
%               M=56
%               m=1

min=b(1);max=b(1);
for i=2;length(b)
    % The length(u) command,where u is a vector,returns the number of
    % elements in u.
    if b(i)<min
        min=b(i);
    end
    if b(i)>max
        max=b(i);
    end
end
end
```

备注 1.3.3 maxmin_vector 函数需要一个向量作为输入。由于不检查输入，因此即使传递了矩阵，也会执行该函数。结果，该函数将返回错误的结果。例如，命令

b=[3 2;3 4];[M m]=maxmin_vettore(b)

将会产生以下错误结果：

M＝3

m＝3

为了避免这种情况,在 1.3.10 小节中将会引入一些逻辑函数对例 1.3.5 进行修改。

如果代码流有多种可能性可供选择,使用 if 循环可能会使程序变慢。MATLAB 为这些情况提供了一个更有效的命令:switch 结构。其一般语法格式如下所示。

```
                                    Switch
switch expression
    case value_1
            code group 1
    case value_2
            code group 2
    ...
    case value_n
            code group n
    otherwise
            last code group
end
```

表达式(expression)可以用数字和文本字符串来表示,参见例 1.3.6 和例 1.3.7。当 value_i 匹配表达式时,执行代码组 i。当没有代码组(code group)执行时,便执行最后一个代码组(last code group)。此代码组是可选的,但强烈建议使用。

例 1.3.6 下面的指令程序给出了一个函数,它以输入变量指定的颜色返回 $\sin x$ 的图形。例如,调用 switch_1('red') 可以以红色返回 $\sin x$ 的图形。如果传递的颜色不可用,则使用蓝色并发送有关更改的消息。

```
function switch_1(color_name)
% This is the function file switch_1. m.
% It is an application on the switch structure.

x1=-pi;x2=pi;nx=20;x=linspace(x1,x2,nx+1);
switch colorname
    case 'green'
            c='g';
    case 'red'
            c='r';
    case 'yellow'
            c='y';
    case 'black'
            c='k';
    case 'blue'
            c='b';
```

```
otherwise
    c='b';
str=upper(color name);
    % The upper function converts color name passed by the user
    % to capital letters.
disp(strcat(str,' color unavailable. Replaced with blue. '));
    % The strcat function concatenates the dynamic string str and the
    % static string 'color ... blue'. The disp function shows the
    % complete message to the user.
end
plot(x,sin(x),c);
end
```

例 1.3.7 switch 的另一个程序示例,其中输入参数是数字。

```
function switch_2(i)
% This is the function file switch_2. m.
%For example,use switch_2(3) to call the function.
x1=-pi;x2=pi;nx=20;x=linspace(x1,x2,nx+1);
switch i
    case 1
        c='g';
    case 2
        c='r';
    case 3
        c='c';
    case 4
        c='y';
    case 5
        c='k';
    case 6
        c='b';
    otherwise
        c='b';disp(' Unavailable. Replaced with blue. ')
end
plot(x,sin(x),c);
end
```

MATLAB 为循环提供了两个命令:for 和 while。for 循环已经在 1.2.1 小节中介绍,下面介绍 while 循环。其一般语法格式如下所示。

```
                        while 循环
while condition
      code lines
end
```

首先，评估条件(condition)。如果条件为真，则执行代码行(code lines)并再次评估条件。该过程无限重复，直到条件变为假。如果条件最初为假，则永远不会执行代码行。例 1.3.8、例 1.3.9 以及练习 1.4.17、练习 1.4.18 中都有关于 while 循环的应用。

例 1.3.8　while 循环程序示例。

```
% This is the script file while_1. m. It is an applicationon while loop.
i=0;a=10;
while i<a
    i=i+1;
    disp(i);
end
```

执行程序后会得到

```
1
2
…
10.
```

break 命令可以强制程序退出 while 循环，即使条件为真。例如，在 end 之前插入以下代码，然后猜测会发生什么。但是，不建议使用 break。

```
if i==6
    break;
end
```

例 1.3.9　while 循环的另一个程序示例。

```
function y=while_2(str)
% This is the function file while_2. m.
% The function returns the number of spaces in the input string.
% For example,the command
%       spaces=while_2('I am fromNaples')
% produces
%       spaces=3.

y=0;i=1;
```

```
c＝isspace(str);
while i<＝length(c)
    if c(i)>0
        y＝y+1;
    end
    i＝i+1;
end
end
```

注：c＝isspace(str)命令,其中 str 是文本字符串,返回与 str 大小相同的包含 1 和 0 的行向量,其中 1 对应于空格字符,0 对应于任何其他字符。例如,假如

str＝'I am from Naples'

这时

c＝[0 1 0 0 1 0 0 0 0 1 0 0 0 0 0 0]

1.3.4 局部函数与匿名函数

局部函数是在函数文件中定义的函数,它们仅对 main 函数和其他局部函数可见,因此不能被其他函数调用。局部函数中定义的所有变量都是私有的。局部函数也称为子函数。下面的指令程序是一个简单示例。

```
function y＝local function(str)
% This is the function file local_function. m.
% It is an application on local functions. The function returns the numbers of
% characters in the input string different from spaces.
% For example,the command
%        ns＝local_function('I am fromNaples')
% produces
%        ns＝13.

c＝isspace(str);
s＝GetSpaces(c);
y＝length(c)-s;
end
——— Local function ———
% The local function GetSpaces returns the number of spaces.
function s＝GetSpaces(c)
s＝0;
for i＝1:length(c)
    if c(i)>0
        s＝s+1;
```

```
        end
    end
    end
```

匿名函数是 MATLAB 提供的用于定义简单函数的强大工具。其一般语法格式如下所示。

匿名函数
function_name＝@（arg1,arg2,...）　　　　function_expression

如前所述，函数名称后跟"＝"符号、表征匿名函数的"@"符号以及括号中的输入变量，之后，在一些空格之后是函数表达式。匿名函数的一个简单示例如下：

f＝@（x）　x＋2；

该命令定义了 $f(x)=x+2$ 函数，其中 x 可以是一个数组。定义了 f 之后，使用命令 feval(f,3) 求 $x=3$ 时 $f(x)$ 的值，得到 5。

同样，也可以使用命令 f(3)。此外，命令 fplot(f,[0 1]) 可以返回 $f(x)=x+2$ 在区间 (0,1) 上的图形。在 1.3.5 小节介绍了逻辑函数之后，练习 1.4.20 中提出进一步用匿名函数。匿名函数有一个重要的限制：它必须在一行中定义。但是，它可以在许多情况下使用。

1.3.5　逻辑运算符和逻辑函数

MATLAB 提供了三个逻辑运算符，如下所示。

逻辑运算符
＆.　　逻辑 AND
|　　逻辑 OR
~　　逻辑 NOT

前两个运算符至少使用两个操作数，而第三个运算符需要一个操作数。在与标量变量相关的逻辑表达式中，必须使用"＆＆"和"‖"符号，而不是"＆"和"|"。

逻辑 AND 运算符"＆"用于评估操作数的真假：如果所有操作数都为真，则返回 true；否则返回 false。例如，表达式

a＞0 ＆.＆. b＞0 ＆.＆. c＞0

如果 a、b 和 c 是严格的正标量变量，则得到 1(true)；如果至少有一个小于或等于零，则得到 0(false)。

例如，如果 a、b 和 c 被初始化为

a＝1；b＝-1；c＝pi；

则由表达式

 a>0 && b>0
 c>0 && b>0
 a>0 && b>0 && c>0

可以得到

 0

并且由表达式

 a>0 && c>0

可以得到

 1

注意,在 MATLAB 中,false 用"0"表示,true 用"1"表示,或者说,任何非零值。因此,表达式"a && b && c"可以得到 1。表达式"a-b>0"可以得到 1,因为它是 true;表达式"a-c>0"可以得到 0,因为它是 false。参见练习 1.4.1～练习 1.4.21。

如果操作数是相同长度的向量,则向量的每个元素都与其他向量的相应元素一起评估,并返回由 0 和 1 组成的相同长度向量。例如,在创建向量 u=[0 1 3];v=[-1 0 1];z=[-3 -1 0]之后,表达式"u & v & z"可以得到 0 0 0。如果 a 是标量,例如 a=1,则表达式"a & u"可以得到 0 1 1,因为 MATLAB 用 u 的每个元素计算标量。

如果操作数是相同大小的矩阵,则返回相同大小的 0 和 1 矩阵。例如,在创建矩阵

 A=[0 1 3;4 5 6];B=[-1 0 1;-3 -2 0];

之后,由表达式"A & B"可以得到

 0 0 1
 1 1 0

逻辑运算符"&"常用于 ifelse 和 while 结构中。例如

if a>=0 && b<0
　　code lines
end

逻辑运算符"|"可计算操作数为 true 或 false,如果所有操作数为 false 则返回 false;如果至少有一个操作数为 true,则返回 true。例如表达式"a>0 ‖ b>0 ‖ c>0",如果至少一个变量假定为正值,则返回 1;如果所有标量都小于或等于 0,则返回 0。如果操作数是相同大小的矩阵,则矩阵的每个元素都与其他矩阵的相应元素进行评估,并生成相同大小的 0 和 1 矩阵。此外,表达式"a | A",其中 a 是标量,A 是矩阵,是兼容语句。在这种情况下,A 的任何元素都用 a 求值。OR 运算符"|"常用于

流量控制程序中。参见练习 1.4.22。

例 1.3.10 如备注 1.3.3 中所述，应修改 maxmin 向量函数。修正后的指令程序如下：

```
function [max,min]=maxmin_vector(b)
...
if size(b,1)==1 ‖ size(b,2)==1
    % The size(A) command,where A is a matrix,returns a vector of two
    % elements that specify the number of rows and columns in A,respectively.
    Place the old code here.
else
    error('The input variable must be a vector.');
end
end
```

逻辑运算符"～"适用于一个操作数，用于评估操作数的真假。如果操作数为 true，则返回 false；如果操作数为 false，则返回 true。例如，在创建向量 $v=[-1\ 0\ 1]$ 之后，由表达式"～v"可以得到 0 1 0。

MATLAB 也提供逻辑函数，其中 any、find 和 ismember 将在本节中介绍。如果 u 是一个向量，则逻辑函数命令如下：

```
all(u)
```

如果 u 的所有元素都不为零，则得到 1；否则得到 0。例如，在创建向量

```
u=[0 1 2];v=[1 2 3];
```

之后，由命令

```
all(u)
```

可以得到

```
0
```

由命令

```
all(v)
```

可以得到

```
1
```

如果 A 是一个矩阵，由命令

```
all(A)
```

可以计算 A 的列向量，并返回由 0 和 1 组成的行向量，其长度等于 A 的列数。例如，

在创建矩阵

A＝[0 1 2;1 2 3];

之后,调用

all(A)

得到

0 1 1

该函数也可以使用带可选参数的 all(A,n)调用。在这种情况下,函数根据 n 指定的维度进行评估。例如,命令

all(A,1)

是根据第一个维度(行)计算的,并将列视为向量。因此其结果与 all(A)是一样的。命令

all(A,2)

是根据第二个维度(列)计算的,并将行视为向量,得到

0
1

逻辑函数命令

any(u)

如果向量 u 中至少有一个元素不等于 0,则返回 1;否则返回 0。例如,在创建向量

u＝[0 1 2];

之后,使用命令 any(u)可以返回 1。如果矩阵 a 作为参数传递,则命令 any(a)的工作方式与 all(a)完全相同,包括带可选参数的 any(a,n)也会如此。

如果 v 是一个向量,p 是一个实数,则使用逻辑函数命令

find(v＞p)

可以查找 v 中大于 p 的元素并返回它们的下标。例如,使用命令

find(-2;3＞1)

可以得到

5 6

也就是大于 1 的两个元素(2 和 3)的下标。如果 A 是一个矩阵,则使用函数命令

[ri ci]＝find(A＝＝p)

可以找到 A 中等于 p 的元素，并返回两个向量 ri 和 ci。它们包含了 A 中等于 p 的元素的行和列指标。例如，在创建矩阵

    A＝[0 3;-4 0];

之后，命令

    [ri ci]＝find(A＝＝0)

可以产生

    ri＝

    1

    2

    ci＝

    1

    2

是由于 A(1,1)＝0,A(2,2)＝0,所以由命令

    [ri ci]＝find(A)

可以得到 A 的非零元素的索引。此外，由命令

    [ri ci vs]＝find(A)

还可以得到包含 A 的非零元素值的向量 vs。例如，如果 A 是预先创建的矩阵，则使用前面的命令可以得到

    ri＝

       2

       1

    ci＝

       1

       2

    vs＝

       -4

       3

    如果 A 和 B 是矩阵，则使用逻辑函数命令

ismember(A,B)

可以判断 A 的元素是否属于 B 并在肯定情况下得到 1；否则得到 0。因此，将生成一个与 A 大小相同的矩阵，其中包含 0 和 1。例如，如果 A 是使用命令

    A＝[0 3;-4 0];

创建的矩阵,那么使用命令

　　ismember(A,0)

可以得到

　　1　0
　　0　1

然后使用命令

　　ismember(A,A)

可以得到

　　1　1
　　1　1

1.4　练习题

练习 1.4.1　创建了矩阵

A＝[1 2 3;4 5 6;7 8 9;1 1 1;2 2 2];

之后,提取由第一和第三行组成的子矩阵。

　　答案:A([1 3],:)。

练习 1.4.2　从练习 1.4.1 中创建的矩阵 **A** 中提取由第 1、2、3、5 行组成的子矩阵。

　　提示:命令 A([1 2 3 5],:)有效。但是,当我们考虑一个有 4 000 行的矩阵并想要提取由前 2 000 行和最后一行组成的子矩阵时,它并不是最有效的。请读者自己找到更有效的命令。

练习 1.4.3　删除从练习 1.4.1 中创建的矩阵 **A** 的第 1、2、3、5 行。

　　提示:使用一个比 A([1 2 3 5],:)＝[ ]更有效的命令。

练习 1.4.4　有矩阵

$$C = \begin{bmatrix} 1 & 2 & 3 \\ 4 & 5 & 6 \end{bmatrix}, \quad D = \begin{bmatrix} 7 & 8 \\ 9 & 10 \end{bmatrix}$$

使用命令[C';D]可以生成矩阵

$$\begin{bmatrix} 1 & 4 \\ 2 & 5 \\ 3 & 6 \\ 7 & 8 \\ 9 & 10 \end{bmatrix}$$

命令[C';D']的结果是什么？

练习 1.4.5 将矩阵

$$\boldsymbol{B} = \begin{bmatrix} 1 & 4 \\ 2 & 5 \\ 3 & 6 \end{bmatrix}$$

转换为向量，假设是 z。

练习 1.4.6 使用命令 B=[[1;2;3] ones(3,1) -[1;2;3]]创建矩阵：

$$\boldsymbol{B} = \begin{bmatrix} 1 & 1 & -1 \\ 2 & 1 & -2 \\ 3 & 1 & -3 \end{bmatrix}$$

然后，创建矩阵 A=spdiags(B,-1:1,3,3)。

练习 1.4.7 创建矩阵 A=spdiags(B,-1:1,3,3)，其中 B 定义为矩阵：

$$\boldsymbol{B} = \begin{bmatrix} 1 & 1 & 0 \\ 2 & 1 & -2 \\ 0 & 1 & -3 \end{bmatrix}$$

将矩阵 $\boldsymbol{A}$ 与练习 1.4.6 中获得的矩阵进行比较。

练习 1.4.8 使用矩阵 B=repmat([ones(3,1) 4*[ones(2,1);0] 2*ones(3,1) 3*[0;ones(2,1)] ones(3,1)],3,1)创建矩阵 A=spdiags(B,[-4 -1:1 4],9,9)。尝试猜测结果。

练习 1.4.9 思考一个简单的函数 $f(x) = x, x \in [1,20]$。假设 $f(x)$ 用向量 $\boldsymbol{x} = [1 \quad 2 \quad 3 \quad \cdots \quad 20]$ 离散化。编写对函数 $f^2(x)$ 进行离散化并生成向量 $[1 \quad 4 \quad 9 \quad \cdots \quad 400]$ 的 MATLAB 命令。

答案：x.*x 或者 x.^{2}。

练习 1.4.10 如图 1.4.1(左)所示，思考三铰拱，使用左除法计算约束反应。假设：$F=4$ N，$q=2$ N/m，$L=4$ m。使用自由体图(或拉格朗日模型，D'Acunto et al.，2016)，如图 1.4.1(右)所示。

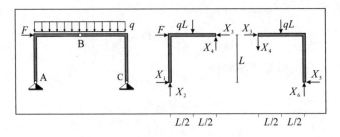

图 1.4.1 三铰拱(左)和自由体图(右)

提示：

$$\begin{cases} F + X_1 - X_3 = 0 \\ X_2 + X_4 - qL = 0 \\ qL^2/2 + LX_1 - LX_2 = 0 \\ X_3 - X_5 = 0 \\ X_6 - X_4 - qL = 0 \\ LX_6 - LX_5 - qL^2/2 = 0 \end{cases} \Leftrightarrow \begin{bmatrix} 1 & 0 & -1 & 0 & 0 & 0 \\ 0 & 1 & 0 & 1 & 0 & 0 \\ 4 & -4 & 0 & 0 & 0 & 0 \\ 0 & 0 & 1 & 0 & -1 & 0 \\ 0 & 0 & 0 & -1 & 0 & 1 \\ 0 & 0 & 0 & 0 & -4 & 4 \end{bmatrix} \begin{bmatrix} X_1 \\ X_2 \\ X_3 \\ X_4 \\ X_5 \\ X_6 \end{bmatrix} = \begin{bmatrix} -4 \\ 8 \\ -32 \\ 0 \\ 8 \\ 16 \end{bmatrix}$$

练习 1.4.11 使用命令 A./B 实现逐元素右除, 其中

$$A = \begin{bmatrix} 1 & 2 \\ 6 & 8 \end{bmatrix}, \quad B = \begin{bmatrix} 1 & 2 \\ 3 & 4 \end{bmatrix}$$

练习 1.4.12 验证式(1.2.1)中定义的函数 u 是否满足式(1.2.2)和初始边界条件(1.2.3)。

练习 1.4.13 验证式(1.2.4)中定义的函数 u 是否满足式(1.2.5)和初始边界条件(1.2.6)。

练习 1.4.14 在命令行输入 help sqr 并按回车键, 再试一下。

练习 1.4.15 将 end 替换为特定的值, 再试一下。

提示：考虑矩阵 u。

练习 1.4.16 调用以下函数。函数输出如图 1.4.2 所示。

```
function if_2(i)
% This is the function file if_2.m.
x1=-pi;x2=pi;nx=20;x=linspace(x1,x2,nx+1);
c='b';
if i==0
    c='g';
elseif i==1
```

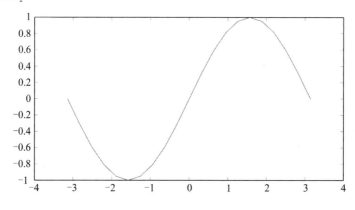

图 1.4.2 函数输出

```
    c='r';
end
plot(x,sin(x),c);
end
```

练习 1.4.17 在执行以下文件后，试着猜测 y 的值。

```
% This is the script file while_3. m. It is an exercise on the while loop.
y=2;
while y>2
    y=y-1;
    disp(y);
end
```

练习 1.4.18 在函数 while_2 中用 for 循环语句替换 while 循环语句，参见例 1.3.9。

练习 1.4.19 在区间 $[0,L]$ 上，考虑函数 u：

$$u(x)=\begin{cases}0, & x \in [0,x_1] \bigcup (x_2,L] \\ 1, & x \in (x_1,x_2)\end{cases} \tag{1.4.1}$$

编写一个脚本文件，其中公式(1.4.1)是使用逻辑运算符定义的。之后绘制函数。

答案：

```
% This is the script file logical_1. m. It is an exercise on logical operators.
L=2;n=101;i1=31;i2=61;
x=linspace(0,L,n);x1=x(i1);x2=x(i2);
u(1:n)=(x(1:n)-x1>0). * (x2-x(1:n)>0);
plot(x,u);
axis('equal');
```

练习 1.4.20 编写一个脚本文件，其中公式(1.4.1)是使用匿名函数定义的，之后绘制函数。

练习 1.4.21 编写一个脚本文件，其中公式(1.4.1)是使用 for 循环语句定义的，之后绘制函数。

练习 1.4.22 代码如下：

```
a=1;L=2;b=0;T=3;n=10;
if a<=0 ‖ L<=0 ‖ T<=0 ‖ n<=2
    b=1;
end
disp(b);
```

执行指令程序之后，b 的值是多少？

第 2 章　有限差分法

本章介绍了有限差分法(Finite Difference Method,FDM)。这种方法可以追溯到欧拉[①],他在《微分学原理》(*Institutiones Calculi Differentialis*,1755)中介绍了它。现代对 FDM 的研究始见于 Courant et al.(1928)的论文,该方法用于获得偏微分方程(Partial Differential Equations,PDE)的近似解。在第二次世界大战之后,这个领域有了更快的发展,当强大的计算机出现时,该方法得到了改进。Collatz (1966)、Forsythe et al.(1960)和 Richtmyer et al.(1967)的著作中都对 FDM 有进一步研究,在促进 FDM 方面发挥了重要作用。Cooper(1998)、Kharab et al.(2002)的著作中也介绍了 MATLAB 应用程序。今天,FDM 被认为是一种综合工具,能够提供 PDE 的可靠解决方案,并被许多领域的科学家和技术人员使用(D'Acunto,2004;de Vahl Davis,1986)。在本章中,通过介绍显式欧拉法、隐式欧拉法和克兰克-尼科尔森法这些经典的方法,将 FDM 应用于热方程。

有一节专门讨论控制热传播和扩散的方程。

2.1　导数的有限差分逼近

2.1.1　前向、后向和中心近似

设 $f(x)$ 是一个定义在区间 $[0,L]$ 上的函数。一个有限的点 $x_i(i=0,1,2,\cdots,n)$,$x_i \in [0,L]$,形成一个网格。特别重要的是用 h 或 Δx 表示的恒定步长网格,如图 2.1.1 所示。

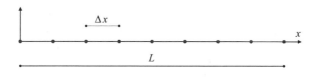

图 2.1.1　具有恒定步长的网格

---

① Leonard Euler(伦纳德·欧拉,1707—1783),瑞士科学家。他阐明了固体力学和流体力学的定律,出版了《微分学原理》,其中介绍了旋转体的欧拉角。

如果我们将 $f(x)$ 限制为 $x=x_i$，则可获得 f 的离散对应物或离散版本。$x=x_i$ 的 f 值将用 f_i 表示

$$f_i = f(x_i) = f(ih)，\quad i=0,1,2,\cdots,n \tag{2.1.1}$$

以泰勒[①]级数为例，

$$f(x+\Delta x) = f(x) + f'(x)h + f''(x)\frac{h^2}{2} + f'''(x)\frac{h^3}{6} + \cdots \tag{2.1.2}$$

在 $x=x_i$ 处求值

$$f_{i+1} = f_i + f'_i h + f''_i \frac{h^2}{2} + f'''_i \frac{h^3}{6} + \cdots \tag{2.1.3}$$

其中使用了公式(2.1.1)。上面的公式可以用大写符号 O 来表示：

$$f_{i+1} = f_i + f'_i h + O(h^2) \tag{2.1.4}$$

这样更简洁。符号 $O(h^n)$ 表示以 h^n 变为零的量，即以正常数乘以 h^n 为界的量。关于 f'_i 的求解，由公式(2.1.4)可以得到

$$f'_i = \frac{f_{i+1} - f_i}{h} + O(h) \tag{2.1.5}$$

比值 $(f_{i+1} - f_i)/h$ 近似导数 f'_i，误差为 h 阶：

$$f'_i \approx \frac{f_{i+1} - f_i}{h} \tag{2.1.6}$$

并且定义了导数 f'_i 的前向近似（Forward Approximation）。类似地，后向近似（Backward Approximation）可表示为

$$f'_i \approx \frac{f_i - f_{i-1}}{h} \tag{2.1.7}$$

参见练习 2.4.2。由公式(2.1.6)可知，前向近似不能应用于定义 f 的区间的最后一点；类似地，由公式(2.1.7)可知，后向近似不能应用于区间的第一个点。

例 2.1.1 forward 函数展示。它可以得到导数的前向近似。调用 forward 时传递了两个参数：向量 u（包含要导出的函数的值）和步长 h。

```
function y=forward(u,h)
% This is the function file forward. m.
% It returns the forward approximation of derivatives. Since the forward
% approximation cannot be applied in the last point, the vector length
% returned by the forward function is equal to that of vector u minus 1.
% Example
% a=0;b=1;nx=20;x=linspace(a,b,nx+1);dx=(b -a)/nx;
% u=x. ^2;
```

---

① Brook Taylor(布鲁克·泰勒，1685—1731)，英国科学家，曾发表了《直接与反向递增方法》(*Methods Incrementorum Directaet Inversa*，1715)。他提出了泰勒定理(Taylor's Theorem)，在许多年后这个定理才被拉格朗日证实。

% dfu＝forward(u,dx)

n＝length(u)-1；
y＝(u(2:n+1)-u(1:n))/h；
 % This vector equality is equivalent to
 % y(1)＝(u(2)-u(1))/h,…,y(n)＝(u(n+1)-u(n))/h.
 % Note that length(y)＝n.
End

函数注释中提出了一种前向调用的方法。下面这个例子说明了另一种方法。

例 2.1.2 使用 forward 函数计算 $\sin x$ 导数的前向近似，并绘制精确的和前向近似的导数曲线，如图 2.1.2 所示。误差已评估。

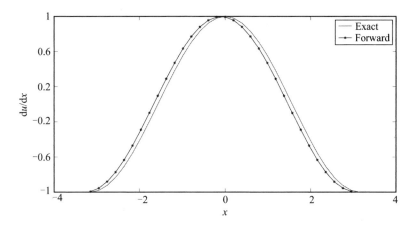

图 2.1.2　$\sin x$ 的前向和精确导数图形

% This is the script file forward_ex1. m.
% The forward function is called and applied.
a＝-pi；b＝pi；nx＝32；x＝linspace(a,b,nx+1)；dx＝(b-a)/nx；
Du＝cos(x)；u＝sin(x)；
dfu＝forward(u,dx)；
plot(x,Du,′r′,x(1:nx),dfu,′k-﹡′)；
legend(′Exact′,′Forward′)；
xlabel(′x′)；ylabel(′du/dx′)；
error＝max(abs(Du(1:nx)-dfu))；
 % If v is a vector,max(v)returns the greatest element of v,and abs(v)
 % returns the vector containing the absolute values of the elements of v.
fprintf(′Maximum error＝%g\n′,error)
 % fprintf formats data and displays the results on the screen.
 % g converts numerical data to a compact format.
 % \n starts a new line.

参见练习 2.4.1,其与误差有关。尝试编写一个类似于前向函数的后向近似,参见练习 2.4.2~练习 2.4.4。下面考虑 $f(x_i+\Delta x)$ 和 $f(x_i-\Delta x)$ 的泰勒级数:

$$f_{i+1}=f_i+f'_ih+f''_i\frac{h^2}{2}+f'''_i\frac{h^3}{6}+\cdots$$

$$f_{i-1}=f_i-f'_ih+f''_i\frac{h^2}{2}-f'''_i\frac{h^3}{6}+\cdots$$

用第一个公式减去第二个公式得到

$$f_{i+1}-f_{i-1}=2f'_ih+O(h^3)$$

求出关于 f'_i 的结果:

$$f'_i=\frac{f_{i+1}-f_{i-1}}{2h}+O(h^2)$$

因此,f'_i 的中心近似公式为

$$f'_i\approx\frac{f_{i+1}-f_{i-1}}{2h} \tag{2.1.8}$$

其误差为 h^2 阶。中心近似比前向和后向近似更精确。显然,它不能应用于函数定义的区间的第一点和最后一点。下面的示例提供了返回导数的中心近似的 central 函数程序。当调用 central 函数时,必须将两个参数传递给它,即向量 u(包含要微分的函数的值)和步长 h。

例 2.1.3

```
function y＝central(u,h)
% This is the function file central. m.
% It returns the central approximation of derivatives. Since the central
% approximation cannot be applied in the first and last points, the vector
% length returned by the central function is equal to that of vector u minus 2.
% Example
% a＝0;b＝1;nx＝20;x＝linspace(a,b,nx+1);dx＝(b -a)/nx;
% u＝x.^2;
% dcu＝central(u,dx)
n＝length(u)-2;
y＝(u(3:n+2)-u(1:n))/h/2;
end
```

函数注释中建议了一种调用 central 的方法。下面的示例展示了另一种方法。

例 2.1.4 $\sin x$ 的前向、后向、中心和精确导数的计算与比较,绘制了精确和近似导数的图形,见图 2.1.3。相关误差已评估。

```
% This is the script file central_ex1. m.
% The central function is called and applied. The exact and approximating
% forward,backward and central derivatives of u＝sin x are plotted. The
```

```
% errors are evaluated.
a=-pi;b=pi;nx=32;x=linspace(a,b,nx+1);dx=(b-a)/nx;
u=sin(x);Du=cos(x);
dfu=forward(u,dx);dbu=backward(u,dx);dcu=central(u,dx);
plot(x,Du,'r',x(1:nx),dfu,'k-o',x(2:nx+1),dbu,'k-*',x(2:nx),dcu,'k');
legend('Exact','Forward','Backward','Central');
xlabel('x');ylabel('du/dx');
errorf=max(abs(Du(1:nx)-dfu));
errorb=max(abs(Du(2:nx+1)-dbu));
errorc=max(abs(Du(2:nx)-dcu));
fprintf('Maximum forward error=%g\n',errorf)
fprintf('Maximum backward error=%g\n',errorb)
fprintf('Maximum central error=%g\n',errorc)
```

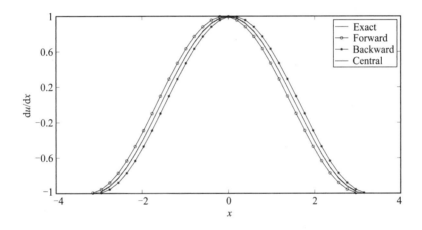

图 2.1.3 sin x 的前向、后向、中心和精确导数图形

参见练习 2.4.5,与误差有关。如前所述,在前面的示例中,未绘制无法应用近似导数的点。例如,在中心近似的情况下,第一个和最后一个点被排除在外。当这些点的导数是必要的时,可以在第一个点应用前向近似,在最后一个点应用后向近似。这样误差会增大,因为前向和后向近似不如中心近似准确。在这些情况下,可以应用三点前向和后向近似(three-point forward and backward approximations)。它们与中心近似一样精确到二阶,并且误差不会增大。三点前向和后向近似的公式如下:

$$f'_i \approx \frac{4f_{i+1} - 3f_i - f_{i+2}}{2h} \tag{2.1.9}$$

$$f'_i \approx \frac{-4f_{i-1} + 3f_i + f_{i-2}}{2h} \tag{2.1.10}$$

35

它们分别具有 h^2 阶误差。参见练习 2.4.6。

例 2.1.5 下面的指令程序通过使用中心近似,公式(2.1.9)、(2.1.10)为第一个点和最后一个点提供了 $u=x^2$ 的导数;然后将结果与 MATLAB 的精确导数与 gradient 函数进行了比较。实际上,gradient 函数与一个变量的函数的导数相同。绘制的中心＋"三点"近似、梯度和精确导数的图形如图 2.1.4 所示。

```
% This is the script file central_ex2.m
% The derivative of u=x2 is calculated by using the central approximation
% and three-point forward and backward approximations for first and last
% points,respectively. Also,the gradient function by MATLAB is applied.
a=0;b=1;nx=20;x=linspace(a,b,nx+1);dx=(b-a)/nx;
u=x.^2;Du=2*x;
g=gradient(u,dx);
dcu=zeros(nx+1,1);
dcu(2:nx)=(u(3:nx+1)-u(1:nx-1))/dx/2;
    % Central approximation
dcu(1)=(4*u(2)-3*u(1)-u(3))/2/dx;
    % Three-point forward approximation
dcu(nx+1)=(-4*u(nx)+3*u(nx+1)+u(nx-1))/2/dx;
    % Three-point backward approximation
plot(x,Du,'r',x,dcu,'k',x,g,'bo:');
xlabel('x');ylabel('Du');axis([a b min(Du) max(Du)]);
legend('Exact','Central','Gradient','Location','NorthWest');
```

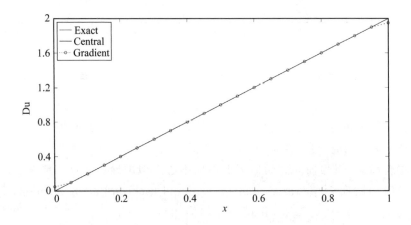

图 2.1.4　中心＋"三点"近似、梯度和精确导数图形

由于它直接从图 2.1.4 得出,gradient 提供的导数在第一个点和最后一个点呈现更大的误差。随着 nx 的增加,误差逐渐消失。确实,这值得研究。参见练习 2.4.8。

2.1.2　基于两个变量的函数近似

考虑一个取决于两个变量 $x[0,L]$ 和 $t[0,T]$ 的函数,表示为 $u_{i,j}=u(x_i,t_j)$。如果 t 表示时间,那么也可用 u_i^j 表示。对于具有恒定步长 Δx 和 Δt 的网格,如图 2.1.5 所示,则有

$$u_i^j=u(x_i,t_j)=u(i\Delta x,j\Delta t)\,,\quad i=0,1,2,\cdots,n\,;\,j=0,1,2,\cdots,m$$

式中:$\Delta x=L/n$,$\Delta t=T/m$。其偏导数表示如下:

$$u_x=\frac{\partial u}{\partial x}\,,\quad u_t=\frac{\partial u}{\partial t}$$

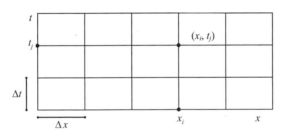

图 2.1.5　时-空网格图

它们的近似很容易从一个变量中的函数的近似公式中得出。u_x 的前向近似、后向近似和中心近似分别表示为

$$(u_x)_i^j\approx\frac{u_{i+1}^j-u_i^j}{\Delta x}\,,\quad(u_x)_i^j\approx\frac{u_i^j-u_{i-1}^j}{\Delta x}\,,\quad(u_x)_i^j\approx\frac{u_{i+1}^j-u_{i-1}^j}{2\Delta x}$$

$$(2.1.11)$$

u_t 的前向近似、后向近似和中心近似分别表示为

$$(u_t)_i^j\approx\frac{u_i^{j+1}-u_i^j}{\Delta t}\,,\quad(u_t)_i^j\approx\frac{u_i^j-u_i^{j-1}}{\Delta t}\,,\quad(u_t)_i^j\approx\frac{u_i^{j+1}-u_i^{j-1}}{2\Delta t}$$

$$(2.1.12)$$

读者试推导以上公式,参见练习 2.4.9。练习 2.4.10 为三点近似题。

2.1.3　高阶导数的近似

本小节考虑二阶导数的近似。首先,给出了偏导函数 u_{tt} 的前向近似。考虑泰勒级数:

$$u_i^{j+1}=u_i^j+(u_t)_i^j\Delta t+(u_{tt})_i^j\Delta t^2/2+O(\Delta t^3)\tag{2.1.13}$$

$$u_i^{j+2}=u_i^j+(u_t)_i^j2\Delta t+(u_{tt})_i^j2\Delta t^2+O(\Delta t^3)\tag{2.1.14}$$

公式(2.1.14)—公式(2.1.13)×2,然后求解出与 $(u_{tt})_i^j$ 相关的结果:

$$(u_{tt})_i^j=(u_i^{j+2}-2u_i^{j+1}+u_i^j)/(\Delta t)^2+O(\Delta t)$$

因此,Δt 阶误差的期望近似为

$$(u_{tt})_i^j \approx \frac{u_i^{j+2} - 2u_i^{j+1} + u_i^j}{(\Delta t)^2} \qquad (2.1.15)$$

类似的情况也适用于具有 Δx 阶误差的 u_{xx} 导数：

$$(u_{xx})_i^j \approx \frac{u_{i+2}^j - 2u_{i+1}^j + u_i^j}{(\Delta x)^2} \qquad (2.1.16)$$

用相似的推理方法得到了后向近似：

$$(u_{tt})_i^j \approx \frac{u_i^{j-2} - 2u_i^{j-1} + u_i^j}{(\Delta t)^2}, \quad (u_{xx})_i^j \approx \frac{u_{i-2}^j - 2u_{i-1}^j + u_i^j}{(\Delta x)^2} \qquad (2.1.17)$$

它们分别具有 Δt 和 Δx 阶误差。

此外，考虑泰勒级数：

$$u_i^{j+1} = u_i^j + (u_t)_i^j \Delta t + (u_{tt})_i^j \frac{(\Delta t)^2}{2!} + (u_{ttt})_i^j \frac{(\Delta t)^3}{3!} + O((\Delta t)^4)$$

$$u_i^{j-1} = u_i^j - (u_t)_i^j \Delta t + (u_{tt})_i^j \frac{(\Delta t)^2}{2!} + (u_{ttt})_i^j \frac{(\Delta t)^3}{3!} + O((\Delta t)^4)$$

我们对上面两个公式求和可得到 $(u_{tt})_j^i$，即

$$(u_{tt})_i^j = \frac{u_i^{j+1} - 2u_i^j + u_i^{j-1}}{(\Delta t)^2} + O((\Delta t)^2)$$

因此，偏导函数 u_{tt} 的中心近似为

$$(u_{tt})_i^j \approx \frac{u_i^{j+1} - 2u_i^j + u_i^{j-1}}{(\Delta t)^2} \qquad (2.1.18)$$

其具有 $(\Delta t)^2$ 阶误差。公式(2.1.18)比公式(2.1.15)～(2.1.17)更准确。当然，类似的情况也适用于 u_{xx}：

$$(u_{xx})_i^j \approx (u_{i+1}^j - 2u_i^j + u_{i-1}^j)/(\Delta x)^2 \qquad (2.1.19)$$

参见练习 2.4.11。

对于两个变量的函数，也应该讨论混合导数的近似值。下面考虑 u_{xt} 的前向近似。首先，使用前向近似公式(2.1.12)$_1$ 计算时间导数 $(u_x)_t$ 的前向近似：

$$(u_{xt})_i^j = \frac{(u_x)_i^{j+1} - (u_x)_i^j}{\Delta t} + O(\Delta t)$$

之后，使用公式(2.1.11)$_1$ 计算空间导数的前向近似：

$$(u_{xt})_i^j = \frac{u_{i+1}^{j+1} - u_i^{j+1} - u_{i+1}^j + u_i^j}{\Delta x \Delta t} + O(\Delta x) + O(\Delta t)$$

因此，具有 $O(\Delta x) + O(\Delta t)$ 阶误差的公式是

$$(u_{xt})_i^j \approx \frac{u_{i+1}^{j+1} - u_i^{j+1} - u_{i+1}^j + u_i^j}{\Delta x \Delta t} \qquad (2.1.20)$$

同理，可得到具有 $O(\Delta x) + O(\Delta t)$ 阶误差的后向近似：

$$(u_{xt})_i^j \approx \frac{u_{i-1}^{j-1} - u_i^{j-1} - u_{i-1}^j + u_i^j}{\Delta x \Delta t} \qquad (2.1.21)$$

以及具有 $O((\Delta x)^2) + O((\Delta t)^2)$ 阶误差的中心近似：

$$(u_{xt})_i^j \approx \frac{u_{i+1}^{j+1} - u_{i-1}^{j+1} - u_{i+1}^{j-1} + u_{i-1}^{j-1}}{4\Delta x \Delta t} \tag{2.1.22}$$

参见练习 2.4.12。

2.2 扩 散

本节介绍控制热传播和扩散的方程(Cannon,1984;Carslaw et al.,1959;Crank, 1979)。这些方程的 MATLAB 程序将在 2.3 节中介绍。由傅里叶[①]引入的热方程是解决固体中热传播问题的基本工具。热方程是抛物线偏微分方程。它的解取决于初始边界条件,见下一节。傅里叶的方法启发了其他科学家将数学公式用于不同的物理现象。事实上,几年后,菲克[②]和达西[③]在多孔介质的扩散和流体流动中也引入了类似的定律。

2.2.1 傅里叶定律与热方程

傅里叶定律(Fourie's Law,1822)是从观察和经验得出的,这些观察和经验概述了均质和各向同性固体中的热通量与热梯度成正比,并且从较热的区域流向较冷的区域,公式如下：

$$q(x,t) = -k \nabla u(x,t) \tag{2.2.1}$$

式中：向量 $q(x,t)$ 表示热通量,单位时间每单位等温表面的热通量;$u(x,t)$ 表示材料的温度;k 表示热导率。请注意,∇u 表示 u 相对于唯一空间变量的梯度：

$$\nabla u = \left(\frac{\partial u}{\partial x_1}, \frac{\partial u}{\partial x_2}, \frac{\partial u}{\partial x_3} \right) \tag{2.2.2}$$

必须了解梯度性质才能更好地理解傅里叶定律(2.2.1),参见练习 2.4.13 和练习 2.4.14。

在固体 B 的热过程中,函数 q 和 u 都是未知的。因此,傅里叶定律无法同时确定热通量和温度。我们需要第二个方程,它可以由能量守恒原理提供:V 中的能量率＝通过边界 ∂V 进入和离开 V 的热流＋V 中的能量产生,其中 V 是 B 中包含的任何控制体积,如图 2.2.1 所示。能量平衡正式化如下：

---

① Jean Baptiste Fourier(让·巴蒂斯特·傅里叶,1768—1830),法国科学家,在巴黎高等师范学院师从拉格朗日,出版了 *Théorie Analytique de la Chaleur*(1822)。他与拿破仑一起参加了对埃及的军事远征。

② Adolf Eugen Fick(1829—1901),德国科学家,维尔堡大学的生理学教授。1855 年,他发现了菲克扩散定律(Fick's Law of Diffusion)。

③ Henry Philibert Gaspard Darcy(1803—1858),法国科学家,Dijon 的总工程师。他在 *Les Fontaines publiques de la Ville de Dijon*(1856)中提出了关于多孔介质中流体流动的达西定律(Darcy's Law)。

$$\int_V \rho e_t(\boldsymbol{x}, t)\,\mathrm{d}\boldsymbol{x} = -\int_{\partial V} \boldsymbol{q} \cdot \boldsymbol{n}\,\mathrm{d}S + \int_V F(\boldsymbol{x}, t)\,\mathrm{d}\boldsymbol{x} \tag{2.2.3}$$

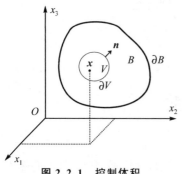

式中：$\boldsymbol{n}$ 是积分点处表面 V 的向外单位法向量；$\rho(\boldsymbol{x})$ 是静止固体的密度；$e(\boldsymbol{x}, t)$ 是每单位质量的内能；e_t 是 e 对时间的偏导数。此外，$F(\boldsymbol{x}, t)$ 表示内部热发生器在单位时间内每单位体积产生的热量。内能取决于温度 $e = e(u)$。对于大多数材料和较宽的温度区间，相关性是线性的，即

$$e = c_p u \tag{2.2.4}$$

图 2.2.1　控制体积

式中：c_p 为比定压热容。

下面考虑高斯散度定理[①]：

$$\int_{\partial V} \boldsymbol{q} \cdot \boldsymbol{n}\,\mathrm{d}S = \int_V \nabla \cdot \boldsymbol{q}\,\mathrm{d}\boldsymbol{x} \tag{2.2.5}$$

式中：$\nabla \cdot \boldsymbol{q} = \partial q_1/\partial x_1 + \partial q_2/\partial x_2 + \partial q_3/\partial x_3$ 表示 $\boldsymbol{q}$ 关于唯一空间变量的散度。将公式(2.2.4)、(2.2.5)代入公式(2.2.3)，得到

$$\int_V [c_p \rho u_t + \nabla \cdot \boldsymbol{q} - F]\,\mathrm{d}\boldsymbol{x} = 0 \tag{2.2.6}$$

它对任何控制体积 V 都成立。如果被积函数是连续的，那么由公式(2.2.6)可得

$$c_p \rho u_t + \nabla \cdot \boldsymbol{q} - F = 0 \tag{2.2.7}$$

我们使用了以下定理：如果 $f(\boldsymbol{x})$ 是 B 上的一个连续函数，那么

$$\int_V (f\boldsymbol{x})\,\mathrm{d}\boldsymbol{x} = 0, \quad \forall V \subseteq B \Rightarrow f(\boldsymbol{x}) = 0, \quad \forall \boldsymbol{x} \in B \tag{2.2.8}$$

定理(2.2.8)证明如下。

假设存在 $\bar{\boldsymbol{x}} \in B$ 使得 $f(\bar{\boldsymbol{x}}) > 0$。连续性假设意味着 $f(\boldsymbol{x}) > 0$，$\forall \boldsymbol{x}$ 属于 $\bar{\boldsymbol{x}}$ 的合适近邻值，例如 I。当然，$f(\boldsymbol{x})$ 在 I 上是正的。这是一个矛盾，因为 I 是一个特殊的 V。仅当 $f(\boldsymbol{x}) = 0$ 时才消除矛盾。如果假设存在 $\bar{\boldsymbol{x}} \in B$ 使得 $f(\bar{\boldsymbol{x}}) < 0$，则推理类似。参见练习 2.4.15。

考虑能量平衡公式(2.2.7)中的傅里叶定律：$\boldsymbol{q} = -k\nabla u$，得到

$$c_p \rho u_t - \nabla \cdot (k\nabla u) = F, \quad \boldsymbol{x} \in B, \quad 0 < t \leqslant T \tag{2.2.9}$$

偏微分方程(2.2.9)称为热方程。对于常数 k，公式(2.2.9)可以简化为

$$c_p \rho u_t - k\Delta u = F, \quad \boldsymbol{x} \in B, \quad 0 < t \leqslant T \tag{2.2.10}$$

$$u_t - \alpha\Delta u = f, \quad \boldsymbol{x} \in B, \quad 0 < t \leqslant T \tag{2.2.11}$$

---

① Johann Friedrich Carl Gaauss(约翰·弗里德里希·卡尔·高斯，1777—1855)，德国科学家，是有史以来最伟大的数学家之一。在数学和物理方面他做出了重大贡献。

式中：$f = F/c_p\rho$；$\alpha = k/c_p\rho$，表示热扩散系数；Δ 是拉普拉斯[①]算子，

$$\Delta = \nabla^2 = \frac{\partial^2}{\partial x_1^2} + \frac{\partial^2}{\partial x_2^2} + \frac{\partial^2}{\partial x_3^2}$$

求解热方程产生未知函数 $u(\boldsymbol{x}, t)$。之后，热通量 $\boldsymbol{q}$ 由傅里叶定律导出。然而，求解热方程需要初始条件和边界条件。实际上，固体中温度的时间演变取决于初始热状态和固体边界上的热条件。

通过为 $t = 0$ 分配函数 $u(\boldsymbol{x}, t)$ 来正式化初始条件：

$$u(\boldsymbol{x}, 0) = \varphi(\boldsymbol{x}), \quad \boldsymbol{x} \in B \tag{2.2.12}$$

下面让我们说明线性边界条件的主要类型。第一类边界条件（the Boundary Condition of the First Type）与固体表面保持一定温度的情况有关。因此，这个条件指定了函数 $u(\boldsymbol{x}, t)$ 在边界上的值：

$$u(\boldsymbol{x}, t) = g(\boldsymbol{x}, t), \quad \boldsymbol{x} \in \partial B \tag{2.2.13}$$

公式（2.2.13）也称为狄利克雷[②]边界条件（Dirichlet Boundary Condition）。

第二类边界条件考虑固体边界上的已知热通量。由于热通量与温度梯度有关，因此该条件表示为

$$k \frac{\partial u}{\partial n}(\boldsymbol{x}, t) = g(\boldsymbol{x}, t), \quad \boldsymbol{x} \in \partial B \tag{2.2.14}$$

式中：$\partial/\partial n$ 表示边界表面的向外法向导数。参见练习 2.4.16。特殊情况 $g = 0$ 对应于绝热边界表面。公式（2.2.14）也称为诺依曼[③]边界条件。

第三类边界条件是温度和热通量的线性组合：

$$k \frac{\partial u}{\partial n}(\boldsymbol{x}, t) + hu(\boldsymbol{x}, t) = g(\boldsymbol{x}, t), \quad \boldsymbol{x} \in \partial B \tag{2.2.15}$$

公式（2.2.15）也称为罗宾[④]边界条件。牛顿[⑤]冷却定律是条件（2.2.15）的一个示例，该定律指出物体的热损失率与物体与环境之间的温差成正比：

$$-k \frac{\partial u}{\partial n}(\boldsymbol{x}, t) = h[u(\boldsymbol{x}, t) - u_{\text{env}}(\boldsymbol{x}, t)], \quad \boldsymbol{x} \in \partial B \tag{2.2.16}$$

式中：u_{env} 表示已知环境温度；h 是传热系数。设置 $hu_{\text{env}} = g$，则公式（2.2.16）可以简

[①] Pierre Simon Laplace(1749—1827)，法国科学家，主要从事天体力学和概率论的研究。他提出了拉普拉斯方程和拉普拉斯变换。

[②] Pietro Gustavo Dirichlet(1805—1859)，德国科学家，哥廷根大学的教授，在力学和分析方面做出了卓越的贡献。

[③] Carl Gottfried Neumann(1832—1925)，德国科学家，莱比锡大学的教授，从事数学物理和电动力学方面的科研工作。

[④] Victor Gustave Robin(维克多·古斯塔夫·罗宾，1855—1897)，法国科学家，巴黎索邦大学的数学物理学教授，主要从事热力学研究。

[⑤] Sir Isaac Newton(艾萨克·牛顿爵士，1642—1727)，英国科学家，是有史以来最重要的科学家之一。他发现了动力学定律，发表在 *Philosophiae Naturalis Principia Mathematica*(1687)上。

化为边界条件(2.2.15)。

当 $g=0$ 时，对应的第一类、第二类或第三类边界条件为齐次的。如果 $f=0$，则热方程称为齐次方程。如果方程和边界条件都是齐次的，则初始边值问题也为齐次的。

当主热变量主要在一个定义的方向(例如 x)上变化时，采用一维热传导建模。在这种情况下，热方程中的所有函数仅取决于 x 和 t，而方程(2.2.10)可简化为一维热方程：

$$c_p \rho u_t - (ku_x)_x = F(x,t), \quad 0 < x < L, 0 < t \leqslant T$$

对于常数 k，上面的方程可简化为

$$u_t(x,t) - \alpha u_{xx}(x,t) = f(x,t), \quad 0 < x < L, 0 < t \leqslant T$$

该公式在很多地方都有应用。初始条件可简化为

$$u(x,0) = \varphi(x), \quad 0 \leqslant x \leqslant L$$

狄利克雷边界条件将简化为

$$u(0,t) = g_1(t), \quad u(L,t) = g_2(t), \quad t > 0$$

诺依曼边界条件假设如下表示：

$$-ku_x(0,t) = g_1(t), \quad ku_x(L,t) = g_2(t), \quad t > 0$$

对于 $x=0$ 而言，"—"号取决于向外法线方向与 x 的法线方向相反的事实。同理，罗宾边界条件可以写成

$$-ku_x(0,t) + h_1 u(0,t) = g_1(t), \quad ku_x(L,t) + h_2 u(L,t) = g_2(t), \quad t > 0$$

当热过程发生在运动介质中时，修改傅里叶定律以考虑运动引起的对流项：

$$\boldsymbol{q} = -k \nabla u + c_p \rho u \boldsymbol{v} \tag{2.2.17}$$

将公式(2.2.17)代入能量方程 $c_p \rho u_t + \nabla \cdot \boldsymbol{q} - F = 0$，可得到

$$c_p \rho u_t - \nabla \cdot (k \nabla u) + \nabla \cdot (c_p \rho u \boldsymbol{v}) = F \tag{2.2.18}$$

如果 $c_p \rho$ 是常数，则由公式(2.2.18)(参见练习2.4.17)可以得出

$$c_p \rho u_t - \nabla \cdot (k \nabla u) + c_p \rho (\boldsymbol{v} \cdot \nabla u + u \nabla \cdot \boldsymbol{v}) = F \tag{2.2.19}$$

简化为

$$c_p \rho u_t - \nabla \cdot (k \nabla u) + c_p \rho \boldsymbol{v} \cdot \nabla u = F \tag{2.2.20}$$

其条件是 $\nabla \cdot \boldsymbol{v} = 0$(不可压缩流)。公式(2.2.20)被命名为对流-扩散方程或平流-扩散方程，因为它根据受对流或平流影响的热扩散来控制热过程。公式(2.2.20)非常重要，因为它解释了许多物理现象。对于常数 k，对流-扩散方程(2.2.20)可以简化为

$$u_t - \alpha \Delta u + \boldsymbol{v} \cdot \nabla u = f \tag{2.2.21}$$

式中：$\alpha = k/c_p \rho$，$f = F/c_p \rho$。一维情况下，公式(2.2.19)~(2.2.21)分别表示为

$$c_p \rho u_t - (ku_x)_x + c_p \rho (vu_x + uv_x) = F \tag{2.2.22}$$

$$c_p \rho u_t - (ku_x)_x + c_p \rho vu_x = F \tag{2.2.23}$$

$$u_t - \alpha u_{xx} + vu_x = f \tag{2.2.24}$$

式中：v 表示唯一的非零速度分量。

2.2.2　菲克定律与扩散

扩散是在系统中从一个区域到另一个区域的质量传递的物理过程，通常是流体或气体。它由与热传播非常相似的方程建模。扩散的基本定律是菲克定律（Fick's Law），其源于物理经验，并指出扩散质量从较高浓度的区域移动到较低浓度的区域，浓度 C 是每单位体积的溶解质量。因此，如果向量 J 表示单位时间单位面积的扩散通量，则 J 的方向与浓度梯度相反。

对于静止的各向同性介质，菲克定律正式化为

$$J = -D\nabla C \tag{2.2.25}$$

式中：D 是扩散系数。

涉及浓度的第二个方程可以由质量守恒原理导出：在没有内部质量生成的情况下，控制体积 V 中的质量速率＝通过边界 ∂V 进入和离开 V 的质量。根据该原理可以得到质量平衡方程：

$$\int_V C_t \,\mathrm{d}x = -\int_{\partial V} J \cdot n \,\mathrm{d}S, \quad \forall V \tag{2.2.26}$$

式中：n 是积分点处曲面 ∂V 的向外单位法向量。

在公式（2.2.26）中使用高斯散度定理公式（2.2.5）可得到

$$\int_V [C_t + \nabla \cdot J]\mathrm{d}x = 0, \quad \forall V$$

该方程适用于 $\forall V$，因此，这意味着

$$C_t + \nabla \cdot J = 0, \quad \forall x \tag{2.2.27}$$

将公式（2.2.25）代入公式（2.2.27），可以得到扩散方程：

$$C_t = \nabla \cdot (D\nabla C) \tag{2.2.28}$$

该方程与热方程非常相似。公式（2.2.28）又称为扩散方程。对于常数 D，公式（2.2.28）可化简为

$$C_t = D\Delta C$$

对于运动介质中的扩散过程，菲克定律可写为

$$J = -D\nabla C + Cv \tag{2.2.29}$$

式中：v 是 x 的速度。在公式（2.2.28）中考虑公式（2.2.29）得到

$$C_t = D\Delta C - \nabla \cdot (Cv)$$

$$C_t - D\Delta C + v \cdot \nabla C + C\nabla \cdot v = 0 \tag{2.2.30}$$

式中：D 被假定为常数。公式（2.2.30）与公式（2.2.19）类似，因此，由公式（2.2.30）可以立即推导出与公式（2.2.20）～（2.2.24）类似的方程，但必须用浓度代替温度。

2.2.3　自由边值问题

在一些被关注的物理问题中，边界可以在热过程中随时间移动。这些问题被命

名为自由边值问题(Free Boundary Value Problems,Crank,1979,1984;Rubinstein, 1971)。相变(例如,冰变成水)是这些问题的典型例子。实际上,考虑一维熔化过程, 其中液相通过方程 $x = s(t)$ 的尖锐界面从固相中分离出来,如图 2.2.2 所示。

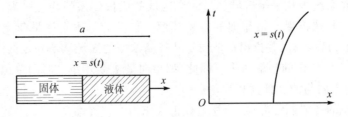

图 2.2.2 相 变

如前所述,此功能是未知的,因为它取决于热过程。它不能先验分配,需要与温度场一起确定另一个未知的问题。如果热传递在两相中都是通过传导发生的,并且没有内部热量产生,那么温度变化由以下方程控制：

$$u_t = \alpha u_{xx}, \quad 0 < x < s(t), \ t > 0 \tag{2.2.31}$$

$$u_{st} = \alpha_s u_{sxx}, \quad s(t) < x < a, \ t > 0 \tag{2.2.32}$$

其中指数 s 与固相有关。在固液界面处,温度为熔融温度值 u_m,方程如下：

$$u(s(t),t) = u_s(s(t),t) = u_m, \quad t > 0 \tag{2.2.33}$$

此外,已知初始条件和边界条件。例如,熔化过程中的合理条件如下：

$$u(x,0) = \varphi(x)(\geqslant u_m), \quad 0 \leqslant x \leqslant s(0) \tag{2.2.34}$$

$$u(0,t) = g(t)(\geqslant u_m), \quad t > 0 \tag{2.2.35}$$

用于液相；而

$$u_s(x,0) = \varphi_s(x)(\leqslant u_m), \quad s(0) \leqslant x \leqslant a \tag{2.2.36}$$

$$u_s(a,t) = g_s(t)(\leqslant u_m), \quad t > 0 \tag{2.2.37}$$

用于固相。由于函数 $s(t)$ 是未知的,因此需要另外的方程来解决公式(2.2.31)～ (2.2.37)的问题。这是由相间的能量平衡决定的,其中热通量必须等于由潜热 L 乘以从固相转化的液体质量的乘积所产生的吸收热量,公式如下：

$$Aq(s(t),t) - Aq_s(s(t),t) = A\rho L\dot{s}(t), \quad t > 0 \tag{2.2.38}$$

式中：ρ 是液体密度；A 是垂直于 x 轴的截面积。在公式(2.2.38)中考虑傅里叶定律,$q = -ku_x$,可得到

$$k_s u_{sx}(s(t),t) - ku_x(s(t),t) = \rho L\dot{s}(t), \quad t > 0 \tag{2.2.39}$$

该式称为 Stefan[①] 条件。公式(2.2.39)允许我们确定未知的自由边界 $x = s(t)$ 和相间位置。其他方程给出了两个阶段的温度时间演变。困难在于这两个问题必须同时解决。

当固相温度在整个熔化过程中保持恒定并等于 u_m 时,会出现上述问题的一个特殊情况。在数学公式中,当条件(2.2.36)、(2.2.37)被分别写为

---

① Jozef Stefan(1835—1893),奥地利科学家,维也纳大学的教授,从事热力学和电磁理论研究。

$$u_s(x,0)=u_m, \quad s(0)\leqslant x\leqslant a \tag{2.2.40}$$

$$u_s(a,t)=u_m, \quad t>0 \tag{2.2.41}$$

时,事实上公式(2.2.32)、(2.2.40)、(2.2.41)有解:

$$u_s(x,t)=u_m, \quad s(t)\leqslant x\leqslant a, t>0 \tag{2.2.42}$$

在这种情况下,当相变过程完全由唯一的液相(单相 Stefan 问题)决定时,只需要求解与此相相关的方程:

$$u_t=\alpha u_{xx}, \quad 0<x<s(t), t>0$$

$$u(x,0)=\varphi(x)\geqslant u_m, \quad 0\leqslant x\leqslant s(0)$$

$$u(0,t)=g(t)\geqslant u_m, \quad t>0$$

$$u(s(t),t)=u_m, \quad t\geqslant 0$$

$$-ku_x(s(t),t)=\rho L\dot{s}(t), \quad t>0$$

2.3 有限差分法概述

2.3.1 显式欧拉法

考虑一维热方程:

$$U_t-\alpha U_{xx}=F, \quad 0<x<L, 0<t\leqslant T \tag{2.3.1}$$

如前所述,只有赋予初始边界条件,才能唯一地求解方程(2.3.1),即

$$U(x,0)=\varphi(x), \quad 0\leqslant x\leqslant L \tag{2.3.2}$$

$$U(0,t)=g_1(t), \quad U(L,t)=g_2(t), \quad 0<t\leqslant T \tag{2.3.3}$$

公式(2.3.3)是狄利克雷边界条件,其他边界条件将在 2.3.3 小节中讨论。使用方程(2.3.1)中导数 U_t 的前向近似和 U_{xx} 的中心近似可以产生以下有限差分方程:

$$\frac{u_i^{j+1}-u_i^j}{\Delta t}-\alpha\frac{u_{i+1}^j-2u_i^j+u_{i-1}^j}{(\Delta x)^2}=f_i^j, \quad f_i^j=F(x_i,t_j) \tag{2.3.4}$$

请注意,方程(2.3.4)的解用 u 表示,而 U 是偏微分方程(2.3.1)的解,后面不再说明。

求解与 u_i^{j+1}(见图 2.3.1)相关的方程(2.3.4),可以得到

$$u_i^{j+1}=r(u_{i+1}^j+u_{i-1}^j)+(1-2r)u_i^j+\Delta t f_i^j \tag{2.3.5}$$

式中:

$$r=\alpha\Delta t/\Delta x^2 \tag{2.3.6}$$

公式(2.3.5)被命名为显式欧拉法(Explicit Euler Method)。"显式"表强调,当值 u_i^j 对于某个 j 已知时,公式(2.3.5)明确提供了未知数 u_i^{j+1}。该方法的特点是时间导数的前向近似。下面证明在给定初始边界条件(2.3.2)、(2.3.3)时,公式(2.3.5)都可以成功地应用于求解。

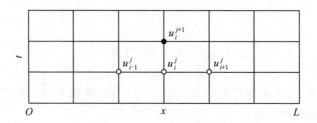

图 2.3.1　显式欧拉法

从初始条件(2.3.2)可以得出，这些值是已知的：

$$u_i^0 = \varphi(x_i) = \varphi_i, \quad i = 0, 1, \cdots, n, \quad n\Delta x = L \qquad (2.3.7)$$

在公式(2.3.5)中使用它们可产生值 $u_i^1 (i = 1, \cdots, n-1)$。此外，第一个和最后一个值由边界条件公式(2.3.3)提供：$u_0^1 = g_1^1 = g_1(t_1)$ 和 $u_n^1 = g_2^1 = g_2(t_1)$。之后，重复该过程。最后，注意，公式(2.3.5)可以写成以下矩阵形式：

$$\begin{bmatrix} u_1^{j+1} \\ u_2^{j+1} \\ \vdots \\ u_{n-1}^{j+1} \end{bmatrix} = \begin{bmatrix} 1-2r & r & & \\ r & 1-2r & r & \\ & \ddots & \ddots & \ddots \\ & & r & 1-2r \end{bmatrix} \begin{bmatrix} u_1^j \\ u_2^j \\ \vdots \\ u_{n-1}^j \end{bmatrix} + \begin{bmatrix} rg_1^j + \Delta t f_1^j \\ \Delta t f_{2,j} \\ \vdots \\ rg_2^j + \Delta t f_{n-1}^j \end{bmatrix}$$

并且包含边界条件。因此，其矩阵符号表示如下：

$$\boldsymbol{u}_{j+1} = \boldsymbol{A}\boldsymbol{u}_j + \boldsymbol{a}_j \qquad (2.3.8)$$

式中：向量 $\boldsymbol{a}_j$ 由边界条件和源项给出。

例 2.3.1　以下给出 function 函数应用显式欧拉方法(2.3.5)求解狄利克雷问题(2.3.1)～(2.3.3)。

```
% function u=euler_e(alpha,L,T,nx,phi,g1,g2,f)
% This is the function file euler_e.m.
% Explicit Euler Method is applied to solve the Dirichlet problem:
% Ut -alpha Uxx=F,U(x,0)=phi(x),U(0,t)=G1(t),U(L,t)=G2(t).
% The input arguments are: thermal diffusivity,length of the solid,final time,
% number of points on the space grid,initial-boundary conditions,source term.
% The function returns a vector with the solution at the final time.
% Check data
if alpha<=0 || L<=0 || T<=0 || nx<=2
    error('Check alpha,L,T,nx')
end
% Stability
dx=L/nx;nt=10;st=.5;
while alpha * T/nt/dx2>st
    % The stability condition is checked. If it is not satisfied,nt is increased
    % until alpha * T/nt/dx2(=r)is less than or equal to 0.5.
    nt=nt+1;
```

```
end
% Initialization
dt=T/nt;r=alpha * dt/dx²;
x=linspace(0,L,nx+1);
t=linspace(0,T,nt+1);
u=phi(x);
    % The vector u is initialized with the initial data.
    % The command is equivalent to: u=feval(phi,x);
% Explicit Euler Method
for   j=2:nt+1
    u(2:nx)=(1-2r) * u(2:nx)+r * (u(1:nx-1)+u(3:nx+1))+dt * f(x(2:nx),t(j-1));
    % The computed solution at the next time is saved in the same vector u.
    % At the end of the process,u contains the solution at the final time.
    u(1)=g1(t(j));u(nx+1)=g2(t(j));
    % Boundary conditions
end
end
```

以下示例说明了调用 euler_e 的一种方法。

例 2.3.2　调用 euler_e 函数求解狄利克雷问题：

$$U_t = U_{xx}, \quad 0 < x < 1, 0 < t \leqslant T \tag{2.3.9}$$

$$U(x,0) = \sin(\pi x), \quad 0 \leqslant x \leqslant 1 \tag{2.3.10}$$

$$U(0,t) = U(1,t) = 0, \quad 0 < t \leqslant T \tag{2.3.11}$$

图 2.3.2 所示为狄利克雷问题解的图形。

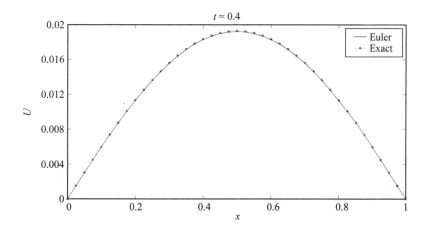

图 2.3.2　问题(2.3.9)～(2.3.11)的解的图形

```
function u=euler_e_ex1
% This is the function file euler_e_ex1. m.
% Euler e function is called to solve the special Dirichlet problem:
```

```
% Ut -Uxx=0,U(x,0)=sin(pi*x),U(0,t)=U(L,t)=0.
% The approximating solution is plotted together with the exact solution:
% U=sin(pi*x)*exp(-pi2*T). The error is evaluated.
alpha=1;L=1;T=0.4;nx=40;
phi=@(x) sin(pi*x);
g1=@(t)  0;
g2=@(t)  0;
f=@(x,t)  0;
u=euler e(alpha,L,T,nx,phi,g1,g2,f);
x=linspace(0,L,nx+1);U=sin(pi*x)*exp(-pi²*T);
plot(x,u,'k',x,U,'r*:');
xlabel('x');ylabel('U');
title(['t=',num2str(T)]);
legend('Euler','Exact');
fprintf('Maximum error=%g\n',max(abs(U-u)))
end
```

练习 2.4.19 中建议了其他应用。euler_e 函数在最后时刻返回一个带有解的向量。如果我们有兴趣想知道整个计算过程中 $0 < t \leqslant T$ 的近似解，则必须将近似解保存在矩阵中，如下面的示例所示，其中应用了矩阵公式(2.3.8)。

例 2.3.3

```
function[u,nt]=euler_em(alpha,L,T,nx,phi,g1,g2)
% This is the function file euler_em. m.
% Explicit Euler Method in matrix form is applied to solve the Dirichlet
% problem:Ut -alpha Uxx=0,U(x,0)=phi(x),U(0,t)=G1(t),U(L,t)=G2(t).
% The input arguments are:thermal diffusivity,length of the solid,final time,
% number of points on the space grid,initial-boundary conditions.
%The function returns a matrix with the approximating solutions at t‚,j=1,...,nt+1
% and the number of points on the time grid.
% Check data
if any([alpha L T nx-2]<=0)
    error('Check alpha,L,T,nx')
end
% Stability
dx=L/nx;nt=10;st=.5;
while alpha*T/nt/dx2>st
    % The stability condition is checked. If it is not satisfied,nt is increased
    % until alpha*T/nt/dx2(=r)is less than or equal to 0.5.
    nt=nt+1;
end
% Initialization
```

```
dt＝T/nt;r＝alpha * dt/dx²;
x＝linspace(0,L,nx＋1);t＝linspace(0,T,nt＋1);
u＝zeros(nx＋1,nt＋1);
u(:,1)＝feval(phi,x);
B＝[r * ones(nx-1,1)(1-2 * r) * ones(nx-1,1)r * ones(nx-1,1)];
A＝spdiags(B,-1:1,nx-1,nx-1);
b＝zeros(nx-1,1);
% Explicit Euler Method in matrix form
for j＝2:nt＋1
    b(1)＝r * u(1,j-1);b(nx-1)＝r * u(nx＋1,j-1);
    u(2:nx,j)＝A * u(2:nx,j-1)＋b;
    u(1,j)＝feval(g1,t(j));
    u(nx＋1,j)＝feval(g2,t(j));
end
end
```

以下示例说明了调用和应用 euler_em 函数的一种方法。

例 2.3.4

```
function u＝euler_em_ex1
% This is the function file euler_em_ex1. m
% Euler_em function is called to solve the special Dirichlet problem:
% Uₜ-Uₓₓ＝0,U(x,0)＝x²,U(0,t)＝2 * t,U(L,t)＝L²＋2 * t.
% The approximating solution is plotted together with the exact solution:
% U＝x²＋2 * t. The error is evaluated.
alpha＝1;L＝1.5;T＝1;nx＝10;
phi＝@(x)   x.²;
g1＝@(t)   2 * t;
g2＝@(t)   L²＋2 * t;
[u,nt]＝euler_em(alpha,L,T,nx,phi,g1,g2);
x＝linspace(0,L,nx＋1);
U＝x'.²＋2 * T;
for j＝1:nt＋1
    plot(x,u(:,j),'k',x,U,'r * :');
    xlabel('x');ylabel('u');
    time＝(j-1) * T/nt;title(['t＝',num2str(time)]);
    legend('Euler','Exact','Location','NorthWest');
    pause(.01);
end
u＝u(:,nt＋1);fprintf('Maximum error＝%g\n',max(abs(U -u)))
end
```

euler_e 和 euler_em 函数的一些代码行未被讨论过;这与施加约束 $r \leqslant 1/2$ 的

while 循环行相关。正确使用参数 r 值至关重要，下一节将详细讲解。

2.3.2 稳定性、收敛性和一致性

差分方程的解，例如公式(2.3.5)，是经过数千次运算和不可避免的舍入误差的计算过程才得到的结果。一个稳定的算法是能够控制这种错误的。为了更好地理解这个问题，让我们参考显式欧拉方法(2.3.5)，并假设当解与时空网格的点(h,k)相关时出现舍入误差(例如 e)被计算。显然，错误会在计算过程中传到下一行。调查它对解的影响。用 u_i^j 表示没有误差的解，用 $\bar{u}_i^j$ 表示被误差 e 干扰的解。这第二个解与 $j<k$ 时的 u_i^j 相同，并且当 $j=k$ 时受误差影响：

$$\bar{u}_i^j = u_i^j, \quad j < k$$

$$\bar{u}_i^k = u_i^k, \quad i \neq h$$

$$\bar{u}_h^k = u_h^k + e$$

下面我们来评估误差，定义如下：

$$e_i^j = u_i^j - \bar{u}_i^j, \quad j \geqslant k$$

由于公式(2.3.5)是线性的，所以误差 e_i^j 满足齐次方程：

$$e_i^{j+1} = (1-2r)e_i^j + r(e_{i+1}^j + e_{i-1}^j) \tag{2.3.12}$$

使用该等式研究参数 $r = a\Delta t/\Delta x^2$ 的某些值的误差传递。对于 $r=1/2$，公式(2.3.12)可简化为

$$e_i^{j+1} = (e_{i+1}^j + e_{i-1}^j)/2$$

对于一些大于 k 的 j 值，计算得出的误差如图 2.3.3 所示。注意误差递减的行为。

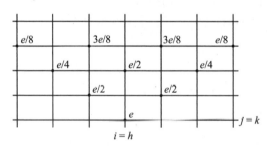

图 2.3.3　$r=1/2$ 时的误差传递

这一事实表明公式(2.3.5)对于 $r=1/2$ 是稳定的。之后，考虑 $r=2$，公式(2.3.12)可简化为

$$e_i^{j+1} = 2(e_{i+1}^j + e_{i-1}^j) - 3e_i^j$$

并且误差传递如图 2.3.4 所示。注意误差增加和振荡的行为。使用最后一个 r 值获得的解是不可靠的，因为它们会受到失控错误的影响。当考虑参数 r 的第二个值时，公式(2.3.5)将会不稳定。为了防止误差无限增大，必须对网格尺寸采取限制措施。稳定性分析研究了这个问题。

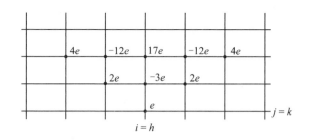

图 2.3.4　r＝2 时的误差传递

考虑用矩阵形式表示以下有限差分方程：

$$\boldsymbol{u}_j = \boldsymbol{A}\boldsymbol{u}_{j-1} + \boldsymbol{a}_{j-1} \tag{2.3.13}$$

式中：已知项 $\boldsymbol{a}_{j-1}$ 取决于边界条件和首项。用 $(u_1)_i^j$ 和 $(u_2)_i^j$ 来表示，公式(2.3.13) 的两个解具有相同的边界条件，但初始条件不同。如果 $(u_1)_i^j$ 表示没有舍入误差的解，而 $(u_2)_i^j$ 表示在初始时刻就受到舍入误差扰动的解，那么稳定性分析须对下式行为进行讨论：

$$u_i^j = (u_1)_i^j - (u_2)_i^j$$

这种差异满足齐次方程

$$\boldsymbol{u}_j = \boldsymbol{A}\boldsymbol{u}_{j-1} \tag{2.3.14}$$

和齐次边界条件。如果存在独立于 Δx 和 Δt 的正常数 K，则称公式(2.3.14)是无条件稳定的，使得对于 Δx 和 Δt 足够小且 $j\Delta t \leqslant T$，它是

$$\|\boldsymbol{u}_j\| \leqslant K\|\boldsymbol{u}_0\| \tag{2.3.15}$$

公式(2.3.15)表示 t_j 时刻的误差由初始误差控制。如果公式(2.3.15)成立，但 Δt 在功能上与 Δx 相关，则该方法称为条件稳定或稳定。这种情况在例 2.3.5 中就存在，其中使用了向量的最大范数。向量 $\boldsymbol{v}=(v_i)$ 的最大范数是其元素绝对值的最大值：

$$\|\boldsymbol{v}\|_\infty = \max_i |v_i| \tag{2.3.16}$$

有关范数的 MATLAB 命令，请参见练习 2.4.20。

例 2.3.5　考虑齐次显式欧拉法：

$$u_i^{j+1} = r(u_{i+1}^j + u_{i-1}^j) + (1-2r)u_i^j, \quad i=1,\cdots,n-1 \tag{2.3.17}$$

并且其具有狄利克雷齐次边界条件：

$$u_0^j = u_n^j = 0 \tag{2.3.18}$$

证明该方法在假设下是稳定的：

$$0 < r = \alpha\Delta t/(\Delta x)^2 \leqslant 1/2 \tag{2.3.19}$$

由公式(2.3.17)～(2.3.19)可以得到

$$|u_i^{j+1}| \leqslant r(|u_{i+1}^j| + |u_{i-1}^j|) + |1-2r||u_i^j|$$
$$\leqslant r(\max_i |u_i^j| + \max_i |u_i^j|) + (1-2r)\max_i |u_i^j|$$

使用定义公式(2.3.16)可以得到

$$| u_i^{j+1} | \leqslant \| \boldsymbol{u}_j \|_\infty, \quad i = 1, \cdots, n-1$$

$$\max_i | u_i^{j+1} | \leqslant \| \boldsymbol{u}_j \|_\infty$$

$$\| \boldsymbol{u}_{j+1} \|_\infty \leqslant \| \boldsymbol{u}_j \|_\infty \leqslant \cdots \leqslant \| \boldsymbol{u}_0 \|_\infty$$

因此，显式欧拉法是条件稳定的，条件公式(2.3.15)满足($K=1$)假设公式(2.3.19)。

收敛性考虑了将偏微分方程的解析解与有限差分方程的相应解进行比较时产生的误差。用 U 表示偏微分方程的初始边值问题的解，并假设这是合适的，即解存在并且连续依赖于数据。此外，用 u_i^j 表示相应的近似解。在网格点(i, j)中评估的两个解的差异是该点的离散化误差(Discretization Error)，即

$$E_i^j = U_i^j - u_i^j$$

其收敛取决于 E_i^j 的行为。当 $\Delta x, \Delta t \to 0$ 和 $j \Delta t \to t$ 时，如果 $\| \boldsymbol{E}_j \| = \| \boldsymbol{U}_j - \boldsymbol{u}_j \|$ 变为 0，则称限差分方法在时刻 t 收敛。可以证明显式欧拉法在假设(2.3.19)下收敛。

一致性考虑了用有限差分方程逼近偏微分方程时产生的误差。如果将偏微分方程的解析解 U 代入对应的有限差分方程，则返回一个残差，因为解析解一般不满足有限差分方程。这个残差称为局部截断误差。例如，对于显式欧拉方法，它是

$$\frac{U_i^{j+1} - U_i^j}{\Delta t} - \alpha \frac{U_{i+1}^j - 2U_i^j + U_{i-1}^j}{(\Delta x)^2} - f_i^j = \tau_i^j \tag{2.3.20}$$

式中：τ_i^j 是上述的误差。有限差分法被命名为与偏微分方程一致或兼容，在细化网格时如果 τ_i^j 变为零，即 $\Delta x, \Delta t \to 0$，那么它近似为该偏微分方程。显式欧拉法与热方程一致。其实，考虑前向近似和中心近似的公式：

$$(U_t)_i^j = \frac{U_i^{j+1} - U_i^j}{\Delta t} + O(\Delta t), \quad (U_{xx})_i^j = \frac{U_{i+1}^j - 2U_i^j + U_{i-1}^j}{(\Delta x)^2} + O((\Delta x)^2)$$

并且将它们代入公式(2.3.20)，可以得到

$$\tau_i^j = (U_t - \alpha U_{xx})_i^j - f_i^j + O(\Delta t) + O((\Delta x)^2) \tag{2.3.21}$$

因为公式(2.3.21)中 $(U_t - \alpha U_{xx})_i^j = f_i^j$，所以它符合期望的结果。

2.3.3 边值问题

考虑一维热方程：

$$U_t - \alpha U_{xx} = F, \quad 0 < x < L, 0 < t \leqslant T \tag{2.3.22}$$

其初始条件为

$$U(x, 0) = \varphi(x), \quad 0 \leqslant x \leqslant L \tag{2.3.23}$$

诺依曼边界条件为

$$-U_x(0, t) = g_1(t), \quad U_x(L, t) = g_2(t), \quad 0 < t \leqslant T \tag{2.3.24}$$

其与狄利克雷问题不同，边值现在是待确定的未知数，就像其他值一样，只是未知数多了两个。显式欧拉法

$$u_i^{j+1} = r(u_{i+1}^j + u_{i-1}^j) + (1-2r)u_i^j + \Delta t f_i^j, \quad i=1,\cdots,n-1 \quad (2.3.25)$$

提供了 $n-1$ 个方程,但不足以确定所有 $n+1$ 个未知数。获得另外两个方程的最简单的方法是获得两个边界条件(2.3.24)的前向和后向近似值:

$$-\frac{u_1^j - u_0^j}{\Delta x} = g_1^j, \quad \frac{u_n^j - u_{n-1}^j}{\Delta x} = g_2^j \quad (2.3.26)$$

式中:$g_1^j = g_1(j\Delta t)$,$g_2^j = g_2(j\Delta t)$。现在,诺依曼问题就可以解决了。对于任意 j,未知数 $u_1^{j+1},\cdots,u_{n-1}^{j+1}$ 由公式(2.3.25)得到,而未知数 u_0^{j+1}、u_n^{j+1} 由方程(2.3.26)得到,分别为

$$u_0^{j+1} = u_1^{j+1} + g_1^{j+1}\Delta x, \quad u_n^{j+1} = u_{n-1}^{j+1} + g_2^{j+1}\Delta x \quad (2.3.27)$$

公式(2.3.27)精确到 Δx 阶。如果将中心近似用于边界条件(2.3.24),则可以获得 $(\Delta x)^2$ 阶更精确的公式:

$$-\frac{u_1^j - u_{-1}^j}{2\Delta x} = g_1^j, \quad \frac{u_{n+1}^j - u_{n-1}^j}{2\Delta x} = g_2^j \quad (2.3.28)$$

这些公式中存在未知值 u_{-1}^j、u_{n+1}^j 并且不能直接应用,但未知值可以消除。假设公式(2.3.25)也适用于边界,对于 $i=0$ 和 $i=n$,则有

$$u_0^{j+1} = (1-2r)u_0^j + r(u_1^j + u_{-1}^j) + \Delta t f_0^j \quad (2.3.29)$$

$$u_n^{j+1} = (1-2r)u_n^j + r(u_{n+1}^j + u_{n-1}^j) + \Delta t f_n^j \quad (2.3.30)$$

关于 u_{-1}^j 求解公式(2.3.28)$_1$ 并将结果代入公式(2.3.29)中,可得到

$$u_0^{j+1} = (1-2r)u_0^j + 2r(u_1^j + g_1^j \Delta x) + \Delta t f_0^j \quad (2.3.31)$$

同理,求解公式(2.3.28)$_2$ 并将结果代入公式(2.3.30)可得到

$$u_n^{j+1} = (1-2r)u_n^j + 2r(u_{n-1}^j + g_2^j \Delta x) + \Delta t f_n^j \quad (2.3.32)$$

公式(2.3.31)和公式(2.3.32)是我们需要的两个新方程,联合公式(2.3.25)可以以更高的精度解决诺依曼问题。最后,所有方程都可以写成如下矩阵形式:

$$\begin{bmatrix} u_0^{j+1} \\ u_1^{j+1} \\ \vdots \\ u_n^{j+1} \end{bmatrix} = \begin{bmatrix} 1-2r & 2r & & \\ r & 1-2r & r & \\ & \ddots & \ddots & \ddots \\ & & 2r & 1-2r \end{bmatrix} \begin{bmatrix} u_0^j \\ u_1^j \\ \vdots \\ u_n^j \end{bmatrix} + \begin{bmatrix} 2rg_1^j \Delta x + \Delta t f_0^j \\ \Delta t f_1^j \\ \vdots \\ 2rg_2^j \Delta x + \Delta t f_n^j \end{bmatrix}$$

也可等效为矩阵符号形式:

$$\boldsymbol{u}_{j+1} = \boldsymbol{A}\boldsymbol{u}_j + \boldsymbol{a}_j \quad (2.3.33)$$

使用例 2.3.1 中的 euler_e 函数,只需稍加修改就可以得到一个函数,该函数在最简单的情况(2.3.27)中可以求解诺依曼问题(2.3.22)~(2.3.24)。

例 2.3.6 函数展示,该函数可以应用显式欧拉方法(2.3.5)求解诺依曼问题(2.3.22)~(2.3.24)。

```
% function u=euler_en(alpha,L,T,nx,phi,g1,g2)
% This is the function file euler_en. m.
```

```
% Explicit Euler Method is applied to solve the Neumann problem：
% Ut -alpha Uxx＝0,U(x,0)＝phi(x),-Ux(0,t)＝G1(t),Ux(L,t)＝G2(t).
% The input arguments are：thermal diffusivity,length of the solid,final time,
% number of points on the space grid,initial-boundary conditions.
% The function returns a vector with the solution at the final time.
% Check data
if alpha＜＝0 ‖ L＜＝0 ‖ T＜＝0 ‖ nx＜＝2
    error('Check alpha,L,T,nx')
end
% Stability
dx＝L/nx;nt＝10；
st＝.5；
while alpha * T/nt/dx2＞st
    nt＝nt＋1；
end
% Initialization
dt＝T/nt;r＝alpha * dt/dx2；
x＝linspace(0,L,nx＋1);t＝linspace(0,T,nt＋1)；
u＝feval(phi,x)；
% Explicit Euler Method
for j＝2:nt＋1
    u(2:nx)＝(1-2 * r) * u(2:nx)＋r * (u(1:nx-1)＋u(3:nx＋1))；
    u(1)＝u(2)＋dx * g1(t(j));u(nx＋1)＝u(nx)＋dx * g2(t(j))；
% Neumann boundary conditions
end
end
```

练习 2.4.21 和练习 2.4.22 中建议对 euler_en 函数作一些修改。下面举例说明一种调用 euler_en 的方法。

例 2.3.7

```
function u＝euler_en_ex1
% This is the function file euler_en_ex1.m.
% Euler en function is called to solve the special Neumann problem：
% Ut -Uxx＝0,U(x,0)＝sin(pi * x),G1(t)＝G2(t)＝-pi/L * exp(-(pi/L)² * t).
% The approximating solution is plotted together with the exact solution：
% U＝sin(pi * x) * exp(-pi² * T). The error is evaluated.
alpha＝1;L＝1.5;T＝.3;nx＝30；
phi＝@(x)    sin(pi * x/L)；
g1＝@(t)    -pi/L * exp(-(pi/L)2 * t)；
g2＝@(t)    -pi/L * exp(-(pi/L)2 * t)；
u＝euler en(alpha,L,T,nx,phi,g1,g2)；
```

```
x=linspace(0,L,nx+1);
U=sin(pi * x/L) * exp(-(pi/L)2 * T);
fprintf('Maximum error=%g\n',max(abs(U-u)))
plot(x,u,'k',x,U,'r * :');
xlabel('x');ylabel('u');title(['t=',num2str(T)]);
legend('Euler-N','Exact','Location','NorthWest');
end
```

例 2.3.8 函数展示,该函数可以应用显式欧拉法的矩阵公式(2.3.33)求解诺依曼问题(2.3.22)～(2.3.24)。

```
% function u=euler_enm(alpha,L,T,nx,phi,g1,g2)
% This is the function file euler_enm. m.
% Explicit Euler Method in matrix form is applied to solve the
% Neumann problem：
% Ut -alpha Uxx=0,U(x,0)=phi(x),-Ux(0,t)=G1(t),Ux(L,t)=G2(t).
% The input arguments are：thermal diffusivity,length of the solid,final time,
% number of points on the space grid,initial-boundary conditions.
% The function returns a vector with the solution at the final time.
% Check data
if alpha<=0 || L<=0 || T<=0 || nx<=2
    error('Check alpha,L,T,nx')
end
% Stability
dx=L/nx;nt=10;st=.5;
while alpha * T/nt/dx2>st
    nt=nt+1;
end
% Initialization
dt=T/nt;r=alpha * dt/dx2;
x=linspace(0,L,nx+1);t=linspace(0,T,nt+1);
u=feval(phi,x');
B=[[r * ones(nx-1,1);2 * r;0](1-2 * r) * ones(nx+1,1)[0;2 * r;r * ones(nx-1,1)]];
A=spdiags(B,-1:1,nx+1,nx+1);
b=zeros(nx+1,1);
% Explicit Euler Method in matrix form
for j=2:nt+1
    b(1)=2 * r * dx * g1(t(j-1));
    b(nx+1)=2 * r * dx * g2(t(j-1));
    u=A * u+b;
end
u=u';
```

end

练习 2.4.23 中建议了调用 euler_enm 的方法。

下面考虑狄利克雷–诺依曼问题：

$$U_t - \alpha U_{xx} = F, \quad 0 < x < L, 0 < t \leqslant T \tag{2.3.34}$$

$$U(x,0) = \varphi(x), \quad 0 \leqslant x \leqslant L \tag{2.3.35}$$

$$U(0,t) = g_1(t), \quad U_x(L,t) = g_2(t), \quad 0 < t \leqslant T \tag{2.3.36}$$

例 2.3.9 中提供了问题(2.3.34)~(2.3.36)的函数，例 2.3.10 中说明了调用它的方法。

例 2.3.9

```
function u＝euler_edn(alpha,L,T,nx,phi,g1,g2)
% This is the function file euler_edn. m.
% Explicit Euler Method is applied to solve the Dirichlet – Neumann
% problem：
% Ut -alpha Uxx＝0,U(x,0)＝phi(x),U(0,t)＝G1(t),Ux(L,t)＝G2(t).
% The input arguments are: thermal diffusivity,length of the solid,final time,
% number of points on the space grid,initial-boundary conditions.
% The function returns a vector with the solution at the final time.

% Check data
if alpha＜＝0 ‖ L＜＝0 ‖ T＜＝0 ‖ nx＜＝2
    error('Check alpha,L,T,nx')
end
% Stability
dx＝L/nx;nt＝10;
st＝.5;
while alpha * T/nt/dx²＞st
    nt＝nt+1;
end
% Initialization
dt＝T/nt;r＝alpha * dt/dx²;
x＝linspace(0,L,nx+1);t＝linspace(0,T,nt+1);
u＝feval(phi,x);
% Explicit Euler Method
for j＝2:nt+1
    u(2:nx)＝(1-2 * r) * u(2:nx)+r * (u(1:nx-1)+u(3:nx+1));
    u(1)＝g1(t(j));% Dirichlet boundary condition
    u(nx+1)＝u(nx)+dx * g2(t(j));% Neumann boundary condition
end
end
```

例 2.3.10 考虑问题(2.3.34)~(2.3.36)：

$$U(x,0)=\varphi(x)=\bar{\varphi}=0.5, \quad 0\leqslant x\leqslant L$$

$$U(0,t)=g_1(t)=0, \quad U_x(L,t)=\frac{\bar{\varphi}}{\sqrt{\pi\alpha t}}\exp\left(-\frac{L^2}{4\alpha t}\right), \quad 0<t\leqslant T$$

下面的指令程序调用了 euler_edn 函数,解决了上述问题并绘制了解的曲线,如图 2.3.5 所示。

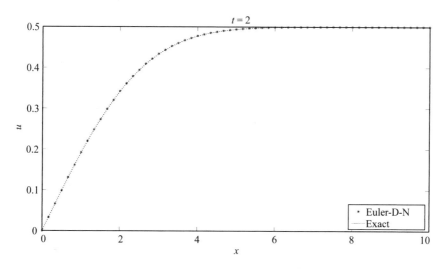

图 2.3.5 解的曲线

```
function u＝euler_edn ex1
% This is the function file euler_edn_ex1. m.
% Euler edn function is called to solve the special Dirichlet-Neumann problem：
% Ut -Uxx＝0,U(x,0)＝phibar,G1(t)＝0,
% G2(t)＝phibar * exp(-L²/(4 * alpha * t))/sqrt(pi * alpha * t).
% The approximating solution is plotted together with the exact solution：
% U＝phibar * erf(x/sqrt(4 * alpha * T)). The error is evaluated.
alpha＝1;L＝10;T＝1;nx＝60;
phibar＝.5;
phi＝@(x)           phibar * ones(1,nx+1);
g1＝@(t)            0;
g2＝@(t)            phibar * exp(-L²/(4 * alpha * t))/sqrt(pi * alpha * t);
u＝euler edn(alpha,L,T,nx,phi,g1,g2);
x＝linspace(0,L,nx+1);
U＝phibar * erf(x/sqrt(4 * alpha * T));
fprintf('Maximum error＝%g\n',max(abs(U-u)))
plot(x,u,'k * ',x,U,'r:');
xlabel('x');ylabel('u');title(['t＝',num2str(T)]);
legend('Euler-D-N','Exact','Location','SouthEast');
end
```

练习 2.4.24～练习 2.4.26 中建议其他应用。

在前面的示例中，使用了误差函数 erf(y)。其定义如下：

$$\text{erf}(y) = \frac{2}{\sqrt{\pi}} \int_0^y \exp(-\eta^2) \mathrm{d}\eta \Rightarrow \text{erf}(\infty) = \frac{2}{\sqrt{\pi}} \int_0^\infty \exp(-\eta^2) \mathrm{d}\eta = 1$$

此外，互补误差函数 erfc(y) 可以表示为

$$\text{erfc}(y) = \frac{2}{\sqrt{\pi}} \int_y^\infty \exp(-\eta^2) \mathrm{d}\eta \Rightarrow \text{erfc}(y) = 1 - \text{erf}(y)$$

下面考虑罗宾问题：

$$U_t - \alpha U_{xx} = F, \quad 0 < x < L, \, 0 < t \leqslant T \tag{2.3.37}$$

$$U(x,0) = \varphi(x), \quad 0 \leqslant x \leqslant L \tag{2.3.38}$$

$$\begin{cases} -U_x(0,t) + h_1 U(0,t) = g_1(t) \\ U_x(L,t) + h_2 U(L,t) = g_2(t) \\ 0 < t \leqslant T \end{cases} \tag{2.3.39}$$

罗宾边界条件可以精确地近似为诺依曼条件。实际上，我们可以对公式（2.3.39）应用前向和后向近似，得到以下两个方程：

$$-\frac{u_1^j - u_0^j}{\Delta x} + h_1 u_0^j = g_1^j, \quad \frac{u_n^j - u_{n-1}^j}{\Delta x} + h_2 u_n^j = g_2^j \tag{2.3.40}$$

求解关于 u_0^{j+1} 和 u_n^{j+1} 的公式（2.3.40），可以得到

$$u_0^{j+1} = \frac{u_1^{j+1} + g_1^{j+1} \Delta x}{1 + h_1 \Delta x}, \quad u_n^{j+1} = \frac{u_{n-1}^{j+1} + g_2^{j+1} \Delta x}{1 + h_2 \Delta x} \tag{2.3.41}$$

通过考虑边界条件公式（2.3.39）的中心近似，可以得到比公式（2.3.41）更精确的公式：

$$\begin{cases} -\dfrac{u_1^j - u_{-1}^j}{2\Delta x} + h_1 u_0^j = g_1^j \\ \dfrac{u_{n+1}^j - u_{n-1}^j}{2\Delta x} + h_2 u_n^j = g_2^j \end{cases} \tag{2.3.42}$$

未知值 u_{-1}^j 和 u_{n+1}^j 被消去，就像在诺依曼问题中一样，并且我们得到

$$u_0^{j+1} = [1 - 2r(1 + h_1 \Delta x)] u_0^j + 2r(u_1^j + \Delta x g_1^j) + \Delta t f_0^j \tag{2.3.43}$$

$$u_n^{j+1} = [1 - 2r(1 + h_2 \Delta x)] u_n^j + 2r(u_{n-1}^j + \Delta x g_2^j) + \Delta t f_n^j \tag{2.3.44}$$

上述方程和显式欧拉法，重写如下：

$$u_i^{j+1} = r(u_{i+1}^j + u_{i-1}^j) + (1 - 2r) u_i^j + \Delta t f_i^j, \quad i = 1, \cdots, n-1 \tag{2.3.45}$$

这是一个含 $n+1$ 个未知数 $u_0^{j+1}, \cdots, u_n^{j+1}$ 由 $n+1$ 个方程组成的方程组。方程（2.3.43）～（2.3.45）解决了罗宾问题。它可以用包含边界条件的矩阵形式表示：

$$\begin{bmatrix} u_0^{j+1} \\ u_1^{j+1} \\ \vdots \\ u_{n-1}^{j+1} \\ u_n^{j+1} \end{bmatrix} = \begin{bmatrix} H_1 & 2r & & & \\ r & 1-2r & r & & \\ & \ddots & \ddots & \ddots & \\ & & r & 1-2r & r \\ & & & 2r & H_2 \end{bmatrix} \begin{bmatrix} u_0^j \\ u_1^j \\ \vdots \\ u_{n-1}^j \\ u_n^j \end{bmatrix} + \begin{bmatrix} 2rg_1^j\Delta x + \Delta t f_0^j \\ \Delta t f_1^j \\ \vdots \\ \Delta t f_{n-1}^j \\ 2rg_2^j\Delta x + \Delta t f_n^j \end{bmatrix}$$

式中：$H_1=1-2r(1+h_1\Delta x)$，$H_2=1-2r(1+h_2\Delta x)$。它也可以用矩阵符号表示：

$$u_{j+1}=Au_j+a_j \tag{2.3.46}$$

2.3.4 多层介质中的扩散

多层介质中的扩散或热传导涉及许多工程问题。此外，含水层中渗透层或多或少的情况也很常见，多层含水层中的孔隙压力分析导致我们需要考虑类似的数学模型。下面讨论一个两层的系统，如图 2.3.6 所示。在上述情况下，物理过程由以下方程控制：

$$U_t - \alpha_1 U_{xx} = F, \quad 0 < x < x_h, 0 < t \leqslant T \tag{2.3.47}$$

$$U_t - \alpha_2 U_{xx} = F, \quad x_h < x < L, 0 < t \leqslant T \tag{2.3.48}$$

$$U(x_h^-, t) = U(x_h^+, t), \quad 0 < t \leqslant T \tag{2.3.49}$$

$$k_1 U_x(x_h^-, t) = k_2 U_x(x_h^+, t), \quad 0 < t \leqslant T \tag{2.3.50}$$

式中：$x = x_h$ 表示相间位置。公式（2.3.49）和公式（2.3.50）表示温度和热通量的连续性。当然，根据特殊问题，初始边界条件必须与公式（2.3.47）～公式（2.3.50）相关联。由于 U_x 对于 $x=x_h$ 是不连续的（见图 2.3.6），所以函数 U 不能是热方程（在经典意义上）的解。

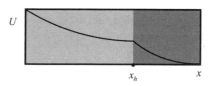

图 2.3.6 两层介质

考虑显式欧拉方法。如果设 x_h 是节点 $x_h = h\Delta x$ 的网格，那么我们可以得到问题（2.3.47）～（2.3.50）的离散型：

$$u_i^{j+1} = r_1(u_{i+1}^j + u_{i-1}^j) + (1-2r_1)u_i^j + \Delta t f_i^j, \quad 0 < i < h \tag{2.3.51}$$

$$u_i^{j+1} = r_2(u_{i+1}^j + u_{i-1}^j) + (1-2r_2)u_i^j + \Delta t f_i^j, \quad h < i < n \tag{2.3.52}$$

$$k_1(-4u_{h-1}^{j+1} + 3u_h^{j+1} + u_{h-2}^{j+1}) = k_2(4u_{h+1}^{j+1} - 3u_h^{j+1} - u_{h+2}^{j+1}) \tag{2.3.53}$$

式中：$u_h^j = U(x_h^-, t_j) = U(x_h^+, t_j)$，$r_i = \alpha_i \Delta t /(\Delta x)^2$，$i=1,2$。公式（2.3.53）通过公式（2.3.50）应用三点近似得到。公式（2.3.51）、（2.3.52）明确地分别给出了 $u_2^{j+1}, \cdots,$ u_{h-1}^{j+1} 和 $u_{h+1}^{j+1}, \cdots, u_{n-1}^{j+1}$。考虑公式（2.3.53）中的这些结果，我们发现

$$u_h^{j+1} = (4k_1 u_{h-1}^{j+1} - k_1 u_{h-2}^{j+1} - k_2 u_{h+2}^{j+1} + 4k_2 u_{h+1}^{j+1})/3(k_1 + k_2) \quad (2.3.54)$$

最后，u_0^{j+1} 和 u_n^{j+1} 值来自边界条件。

例 2.3.11 函数展示，该函数可以应用公式（2.3.51）～（2.3.54）求解问题（2.3.47）～（2.3.50）。

```
function u=layers(alpha1,alpha2,k1,k2,T,L,h,nx,phi1,phi2,g1,g2)
% This is the function file layers.m.
% Explicit Euler Method is applied to solve the problem:
% Ut=alpha1Uxx=0,x<xh,U(x,0)=phi1(x),U(0,t)=G1(t),
% Ut=alpha2Uxx=0,x>xh,U(L,0)=phi2(x),U(L,t)=G2(t),
% U(xh-,t)=U(xh+,t),k1*Ux(xh-,t)=k2*Ux(xh+,t),
% The input arguments are:thermal diffusivity coefficients,thermal
% conductivity coefficients,,final time,length of the solid,interphase
% position,number of points on the space grid,initial-boundary conditions.
% The function returns a vector with the solution at the final time.

% Check data
if any([alpha1 alpha2 k1 k2 L T nx-2]<=0)
    error('Checkalpha1,alpha2,k1,k2,L,T,nx')
end
% Stability
dx=L/nx;nt=10;st=.5;
while max([alpha1 alpha2])*T/nt/dx^2>st
    nt=nt+1;
end
% Initialization
dt=T/nt;r1=alpha1*dt/dx^2;r2=alpha2*dt/dx^2;
x=linspace(0,L,nx+1);t=linspace(0,T,nt+1);
u=[phi1(x(1:h))phi2(x(h+1:nx+1))];
% Explicit Euler Method
for j=2:nt+1
    u(2:h-1)=(1-2*r1)*u(2:h-1)+r1*(u(1:h-2)+u(3:h));
    u(h+1:nx)=(1-2*r2)*u(h+1:nx)+r2*(u(h:end-2)+u(h+2:nx+1));
    u(h)=(4*k1*u(h-1)-k1*u(h-2)+4*k2*u(h+1)...
        -k2*u(h+2))/(k1+k2)/3;
    u(1)=g1(t(j));u(nx+1)=g2(t(j));
end
end
```

例 2.3.12 下面通过简单的初始边界条件来说明一种调用 layers 的方法：

$$U(x,0) = \begin{cases} a_1 x^2 + c_1 x + V, & x < x_h \\ a_2(x-L)^2 + c_2(x-L), & x > x_h \end{cases} \quad (2.3.55)$$

$$U(0,t)=2t+V, \quad U(0,t)=2t, \quad t>0 \tag{2.3.56}$$

式中:a_1、a_2、c_1、c_2 和 V 是程序中指定的常数。解的图形绘制在图 2.3.7 中,误差已被评估。

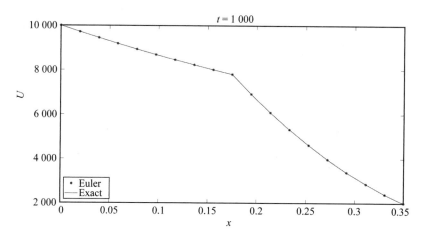

图 2.3.7　问题(2.3.51)～(2.3.56)的解的图形

```
function u=layers_ex1
% This is the function filelayers_ex1. m.
% Layers function is called to solve the special problem:
% Ut=alpha1 Uxx=0,x<xh,U(x,0)=a1 * x² +c1 * x+V,
% Ut=alpha2 Uxx=0,x>xh,U(x,0)=a2 * (x-L)² +c2 * (x-L),
% U(xh-,t)=U(xh+,t),k1 * Ux(xh-,t)=k2 * Ux(xh+,t),
%U(0,t)=2 * t+V,            U(L,t)=2 * t.
% The approximating solution is plotted together with the exact solution:
% U=2 * t+a1 * x² +c1 * x+V,x<xh,
% U=2 * T+a2 * (x-L)² +c2 * (x-L),x>xh.
% The error is evaluated.
alpha1=85. 9 * 10(-6);alpha2=12. 4 * 10(-6);k1=202. 4;k2=45;
T=10³;L=. 35;nx=18;h=10;
x=linspace(0,L,nx+1);xh=x(h);
V=8000;a1=1/alpha1;a2=1/alpha2;
c1=(-a1 * k2 * xh²-a2 * k2 * (xh-L)² +2 * k1 * a1 * xh * (xh-L)-k2 * V)/..
    (k2 * xh-k1 * (xh-L));
c2=a2 * k1 * (xh-L)² +a1 * k1 * xh²-2 * a2 * k2 * xh * (xh-L)-k1 * V)/...
    (k2 * xh-k1 * (xh-L));
phi1=@(x)          a1 * x. ² +c1 * x+V;
phi2=@(x)          a2 * (x-L). ² +c2 * (x-L);
g1=@(t)           2 * t+V;
g2=@(t)           2 * t;
u=strati(alpha1,alpha2,k1,k2,T,L,h,nx,phi1,phi2,g1,g2);
```

```
U(1:h)＝2＊T＋a1＊x(1:h).²＋c1＊x(1:h)＋V;
U(h+1:nx+1)＝2＊T＋a2＊(x(h+1:nx+1)-L).²＋c2＊(x(h+1:nx+1)-L);
    % Exact solution
fprintf('Maximumerror＝%g\n',max(abs(U-u)))
plot(x,u,'k＊',x,U,'r');
title(['t＝',num2str(T)]);
xlabel('x');ylabel('U');
legend('Euler','Exact','Location','SouthWest');
end
```

2.3.5　隐式欧拉法

本小节介绍热方程的另一种数值方法。我们首先讨论狄利克雷问题：

$$U_t - \alpha U_{xx} = F, \quad 0 < x < L, 0 < t \leqslant T \tag{2.3.57}$$

$$U(x,0) = \varphi(x), \quad 0 \leqslant x \leqslant L \tag{2.3.58}$$

$$U(0,t) = g_1(t), \quad U(L,t) = g_2(t), \quad 0 < t \leqslant T \tag{2.3.59}$$

考虑时空网格点 (x_i, t_{j+1})（见图 2.3.8），利用时间导数的后向近似和空间导数的中心近似对公式（2.3.57）进行离散，公式如下：

$$\frac{u_i^{j+1} - u_i^j}{\Delta t} - \alpha \frac{u_{i+1}^{j+1} - 2u_i^{j+1} + u_{i-1}^{j+1}}{(\Delta x)^2} = f_i^{j+1} \tag{2.3.60}$$

因此

$$-ru_{i-1}^{j+1} + (1+2r)u_i^{j+1} - ru_{i+1}^{j+1} = u_i^j + f_i^{j+1}\Delta t, \quad i = 1,\cdots,n-1 \tag{2.3.61}$$

式中引入了常参数 $r = \alpha\Delta t/(\Delta x)^2$。

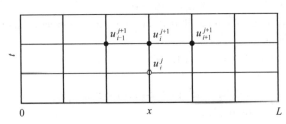

图 2.3.8　隐式欧拉法

公式（2.3.61）被命名为隐式欧拉方法（Implicit Euler Method）。该方法的特点是时间导数的后向近似。修饰词"隐式"概述了公式（2.3.61）在已知右侧的情况下无法单独确定左侧的三个未知数。然而，当所有值 $u_i^j (i=0,1,\cdots,n)$ 都已知时，公式（2.3.61）给出了一个含 $n-1$ 个未知数 $u_i^{j+1}(i=1,\cdots,n-1)$ 由 $n-1$ 个方程组成的方程组。求解这样一个方程组可得到未知数 $u_1^{j+1},\cdots,u_{n-1}^{j+1}$。该方法有效，因为未知数是从公式（2.3.61）中隐式获得的。另外，第一个点和最后一个点的值是从边界条件中获得的，如下式所示：

$$u_0^j = g_1^j = g_1(t_j), \quad u_n^j = g_2^j = g_2(t_j), \quad j = 1, 2, \cdots, m; \ m\Delta t = T$$

$$(2.3.62)$$

总之,该方法提供了含未知数的方程:

$$\begin{bmatrix} 1+2r & -r & & & \\ -r & 1+2r & -r & & \\ & \ddots & \ddots & \ddots & \\ & & & -r & 1+2r \end{bmatrix} \begin{bmatrix} u_1^{j+1} \\ u_2^{j+1} \\ \vdots \\ u_{n-1}^{j+1} \end{bmatrix} = \begin{bmatrix} u_1^j \\ u_2^j \\ \vdots \\ u_{n-1}^j \end{bmatrix} + \begin{bmatrix} rg_1^{i+1} + f_1^{j+1}\Delta t \\ f_2^{j+1}\Delta t \\ \vdots \\ rg_2^{j+1} + f_{n-1}^{j+1}\Delta t \end{bmatrix}$$

因此,其矩阵符号形式为

$$\begin{cases} \boldsymbol{B}\boldsymbol{u}_{j+1} = \boldsymbol{u}_j + \boldsymbol{b}_{j+1} \\ \boldsymbol{u}_{j+1} = \boldsymbol{A}\boldsymbol{u}_j + \boldsymbol{a}_{j+1} \quad (\boldsymbol{A} = \boldsymbol{B}^{-1}, \boldsymbol{a}_{j+1} = \boldsymbol{B}^{-1}\boldsymbol{b}_{j+1}) \end{cases} \quad (2.3.63)$$

隐式欧拉法是无条件稳定的,即在不限制参数 r 的情况下是稳定的。这一结论将在 2.3.7 小节中证明。

例 2.3.13 函数展示,该函数将隐式欧拉法应用于热方程的狄利克雷问题。

```
function u=euler_i(alpha,L,T,nx,nt,phi,g1,g2)
% This is the function file euler_i. m.
% Implicit Euler Method is applied to solve the Dirichlet problem:
% Ut=alpha * Uxx,U(x,0)=phi(x),U(0,t)=G1(t),U(L,t)=G2(t).
% The input arguments are: thermal diffusivity,length of the solid,final time,
% number of points on the space-time grid,initial-boundary conditions.
% The function returns a vector with the solution at the final time.
% Check data
if any([alpha L T nx-2 nt-2]<=0)
    error('Check alpha,L,T,nx,nt')
end
% Initialization
dx=L/nx;dt=T/nt;r=alpha * dt/dx2;
x=linspace(0,L,nx+1);t=linspace(0,T,nt+1);u=phi(x');
B=[-r * ones(nx-1,1)(1+2 * r) * ones(nx-1,1)-r * ones(nx-1,1)];
A=spdiags(B,-1:1,nx-1,nx-1);
b=zeros(nx-1,1);

% Implicit Euler Method
for j=2:nt+1
    u(1)=g1(t(j));u(nx+1)=g2(t(j));
    b(1)=r * u(1);b(nx-1)=r * u(nx+1);
    u(2:nx)=A\(u(2:nx)+b);
end
u=u';
end
```

例 2.3.14 应用 euler_i 函数的一种方法，并且调用 euler_i 须基于以下初始边界条件：

$$U(x,0) = \begin{cases} \bar{\varphi} = \text{constant}, & x \in (x_1, x_2) \subset [0, L] \\ 0, & x \in [0, L] \sim (x_1, x_2) \end{cases}$$

$$U(0,t) = \frac{\bar{\varphi}}{2} \left[\text{erf}\left(\frac{-x_1}{\sqrt{4\alpha t}}\right) + \text{erf}\left(\frac{x_2}{\sqrt{4\alpha t}}\right) \right], \quad t > 0$$

$$U(L,t) = \frac{\bar{\varphi}}{2} \left[\text{erf}\left(\frac{L - x_1}{\sqrt{4\alpha t}}\right) + \text{erf}\left(\frac{x_2 - L}{\sqrt{4\alpha t}}\right) \right], \quad t > 0$$

解的图形如图 2.3.9 所示。

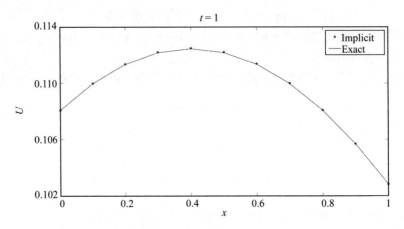

图 2.3.9 解的图形

```
function u＝euler_i_ex1
% This is the function file euler_i_ex1. m.
% Euler i function is called to solve the special Dirichlet problem：
% Ut＝alpha * Uxx,
% U(x,0)＝0,x<＝x1;U(x,0)＝phibar,x1<x<x2;U(x,0)＝0,x>＝x2；
% U(0,t)＝.5 * phibar * (erf(-x1/sqrt(4 * alpha * t))＋erf(x2/sqrt(4 * alpha * t)))，
% U(L,t)＝.5 * phibar * (erf((L-x1)/sqrt(4 * alpha * t))＋
%          erf((x2-L)/sqrt(4 * alpha * t))).
% The approximating solution is plotted together with the exact solution：
% U＝.5 * phibar * (erf((x-x1)/sqrt(4 * alpha * T))＋erf((x2-x)/sqrt(4 * alpha * T))).
% The error is evaluated.

alpha＝1;L＝1;T＝1;nx＝10;nt＝200；
x＝linspace(0,L,nx＋1);x1＝x(3);x2＝x(7);phibar＝1；
phi＝@(x)   phibar * ((x2-x)>0). * ((x-x1)>0)；
g1＝@(t)   phibar/2 * (erf(-x1/sqrt(4 * alpha * t))＋erf(x2/sqrt(4 * alpha * t)))；
g2＝@(t)   phibar/2 * (erf((L-x1)/sqrt(4 * alpha * t)＋erf((x2-L)/sqrt(4 * alpha * t)))；
```

```
u＝euler i(alpha,L,T,nx,nt,phi,g1,g2);
U＝.5 * phibar * (erf((x-x1)/sqrt(4 * alpha * T))＋erf((x2-x)/sqrt(4 * alpha * T)));
fprintf('Maximum error＝%g\n',max(abs(U-u)))
plot(x,u,'k * ',x,U,'r');
xlabel('x');ylabel('U');
title(['t＝',num2str(T)]);
legend('Implicit','Exact');
end
```

下面考虑罗宾问题,公式(2.3.57)具有初始条件(2.3.58),罗宾边界条件如下:

$$-U_x(0,t)+h_1U(0,t)=g_1(t), \quad U_x(L,t)+h_2U(L,t)=g_2(t)$$

$$(2.3.64)$$

这些条件可以简化为 $h_1=h_2=0$ 的诺依曼条件。将中心近似应用于公式(2.3.64)中的导数,可以得到

$$-\frac{u_1^{j+1}-u_{-1}^{j+1}}{2\Delta x}+h_1u_0^{j+1}=g_1^{j+1}, \quad \frac{u_{n+1}^{j+1}-u_{n-1}^{j+1}}{2\Delta x}+h_2u_n^{j+1}=g_2^{j+1} \quad (2.3.65)$$

由于未知项 u_{-1}^{j+1} 和 u_{n+1}^{j+1},公式(2.3.65)不能使用。这些未知项其实可以去掉。实际上,考虑 $i=0$ 和 $i=n$ 的公式(2.3.61),可以得到

$$-ru_{-1}^{j+1}+(1+2r)u_0^{j+1}-ru_1^{j+1}=u_0^j+f_0^{j+1}\Delta t \quad (2.3.66)$$

$$-ru_{n-1}^{j+1}+(1+2r)u_n^{j+1}-ru_{n+1}^{j+1}=u_n^j+f_n^{j+1}\Delta t \quad (2.3.67)$$

求解关于 u_{-1}^{j+1} 的公式(2.3.65)$_1$ 并将结果代入公式(2.3.66),可以得到

$$[1+2r(1+h_1\Delta x)]u_0^{j+1}-2ru_1^{j+1}=u_0^j+2r\Delta xg_1^{j+1}+f_0^{j+1}\Delta t \quad (2.3.68)$$

对另一个未知值进行类似的推理:

$$-2ru_{n-1}^{j+1}+[1+2r(1+h_2\Delta x)]u_n^{j+1}=u_n^j+2r\Delta xg_2^{j+1}+f_n^{j+1}\Delta t \quad (2.3.69)$$

公式(2.3.68)、(2.3.69)、(2.3.61)给出了一个含 $n+1$ 个未知数由 $n+1$ 个方程组成的矩阵:

$$\begin{bmatrix} H_1 & -2r & & & \\ -r & 1+2r & -r & & \\ & \ddots & \ddots & \ddots & \\ & & & -2r & H_2 \end{bmatrix} \begin{bmatrix} u_0^{j+1} \\ u_1^{j+1} \\ \vdots \\ u_n^{j+1} \end{bmatrix} = \begin{bmatrix} u_0^j \\ u_1^j \\ \vdots \\ u_n^j \end{bmatrix} + \begin{bmatrix} 2r\Delta xg_1^{j+1}+f_0^{j+1}\Delta t \\ f_1^{j+1}\Delta t \\ \vdots \\ 2r\Delta xg_2^{j+1}+f_n^{j+1}\Delta t \end{bmatrix}$$

式中:

$$H_1=1+2r(1+h_1\Delta x), \quad H_2=1+2r(1+h_2\Delta x)$$

上述方程解决了罗宾问题。其矩阵符号形式如下:

$$\begin{cases} \boldsymbol{B}\boldsymbol{u}_{j+1}=\boldsymbol{u}_j+\boldsymbol{b}_{j+1} \\ \boldsymbol{u}_{j+1}=\boldsymbol{A}\boldsymbol{u}_j+\boldsymbol{a}_{j+1} \quad (\boldsymbol{A}=\boldsymbol{B}^{-1}, \boldsymbol{a}_{j+1}=\boldsymbol{B}^{-1}\boldsymbol{b}_{j+1}) \end{cases} \quad (2.3.70)$$

练习 2.4.27 中建议应用这个问题。

除此之外,对公式(2.3.64)中的导数使用前向和后向近似也可以求解罗宾问题。

我们得到以下两个方程：

$$-\frac{u_1^j - u_0^j}{\Delta x} + h_1 u_0^j = g_1^j, \qquad \frac{u_n^j - u_{n-1}^j}{\Delta x} + h_2 u_n^j = g_2^j \qquad (2.3.71)$$

该方程以较低的准确度解决了罗宾问题。

2.3.6 克兰克-尼科尔森方法

下面考虑热方程的显式欧拉法和隐式欧拉法：

$$U_t - \alpha U_{xx} = F, \quad 0 < x < L, 0 < t \leqslant T \qquad (2.3.72)$$

为了方便，重写为

$$\frac{u_i^{j+1} - u_i^j}{\Delta t} - \alpha \frac{u_{i+1}^j - 2u_i^j + u_{i-1}^j}{(\Delta x)^2} = f_i^j$$

$$\frac{u_i^{j+1} - u_i^j}{\Delta t} - \alpha \frac{u_{i+1}^{j+1} - 2u_i^{j+1} + u_{i-1}^{j+1}}{(\Delta x)^2} = f_i^{j+1}$$

将两式相加，可得到

$$\frac{u_i^{j+1} - u_i^j}{\Delta t} = \frac{\alpha(u_{i+1}^{j+1} - 2u_i^{j+1} + u_{i-1}^{j+1} + u_{i+1}^j - 2u_i^j + u_{i-1}^j)}{2(\Delta x)^2} + \frac{1}{2}(f_i^j + f_i^{j+1})$$

$$(2.3.73)$$

这是一种新方法，公式（2.3.73）称为克兰克[①]-尼科尔森[②]方法。这种方法比其他两种方法更准确，因为时间导数近似可以被认为是中心近似。要理解这一点，请考虑方程（2.3.72）在时-空网格点（$i, j+1/2$）上，

$$(U_t)_i^{j+1/2} - \alpha(U_{xx})_i^{j+1/2} = F_i^{j+1/2}$$

并将空间导数和源项替换为点（i, j）和（$i, j+1$）上的平均值，见图 2.3.10，

$$(U_t)_i^{j+1/2} - \frac{\alpha}{2}\left[(U_{xx})_i^j + (U_{xx})_i^{j+1}\right] = \frac{1}{2}(F_i^j + F_i^{j+1})$$

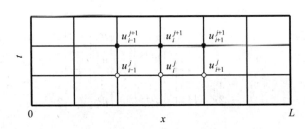

图 2.3.10 克兰克-尼科尔森方法

---

① John Crank(约翰·克兰克,1916—2006)，英国科学家，一位数学物理学家。他的科学研究集中在偏微分方程的数值解上，曾在 Courtaulds 基础研究实验室工作。

② Phyllis Lockett Nicolson(菲利斯·洛克特·尼科尔森,1917—1968)，英国科学家。她致力于偏微分方程的数值解，特别关注稳定性分析。

利用所有导数的中心近似,我们得到公式(2.3.73)。

最后,
$$-ru_{i-1}^{j+1} + 2(1+r)u_i^{j+1} - ru_{i+1}^{j+1} = ru_{i-1}^j + 2(1-r)u_i^j + ru_{i+1}^j + G_i^j$$

(2.3.74)

式中:$r = \alpha \Delta t / (\Delta x)^2$,$G_i^j = \Delta t(f_i^j + f_i^{j+1})$。克兰克-尼科尔森方法是隐式的,而且它是无条件稳定的,参见 2.3.7 小节。

考虑公式(2.3.72)的狄利克雷问题,边界条件如下:
$$U(0,t) = g_1(t), \quad U(L,t) = g_2(t), \quad t > 0 \qquad (2.3.75)$$

此时公式(2.3.74)可以表示如下:

$$
\begin{bmatrix}
2(1+r) & -r & & \\
-r & 2(1+r) & -r & \\
& \ddots & \ddots & \ddots \\
& & -r & 2(1+r)
\end{bmatrix}
\begin{bmatrix}
u_1^{j+1} \\
u_2^{j+1} \\
\vdots \\
u_{n-1}^{j+1}
\end{bmatrix}
$$

$$
=
\begin{bmatrix}
2(1-r) & r & & \\
r & 2(1-r) & r & \\
& \ddots & \ddots & \ddots \\
& & r & 2(1-r)
\end{bmatrix}
\begin{bmatrix}
u_1^j \\
u_2^j \\
\vdots \\
u_{n-1}^j
\end{bmatrix}
+
\begin{bmatrix}
r(g_1^j + g_i^{j+1}) + G_1^j \\
G_2^j \\
\vdots \\
r(g_2^j + g_2^{j+1}) + G_{n-1}^j
\end{bmatrix}
$$

$$
\begin{cases}
\boldsymbol{B}\boldsymbol{u}_{j+1} = \boldsymbol{C}\boldsymbol{u}_j + \boldsymbol{b}_j \\
\boldsymbol{u}_{j+1} = \boldsymbol{A}\boldsymbol{u}_j + \boldsymbol{a}_j \quad (\boldsymbol{A} = \boldsymbol{B}^{-1}\boldsymbol{C}, \boldsymbol{a}_j = \boldsymbol{B}^{-1}\boldsymbol{b}_j)
\end{cases}
\qquad (2.3.76)
$$

公式(2.3.76)解决了狄利克雷问题。实际上,$\boldsymbol{a}_j$ 是一个已知向量,取决于边界条件、源项和矩阵 $\boldsymbol{B}$。当给定初始条件时,可以开始计算过程,公式(2.3.76)提供了解 $\boldsymbol{u}_j$,$\forall j$。

例 2.3.15 函数展示,该函数应用克兰克-尼科尔森方法来求解热方程的狄利克雷问题。调用该函数的方法在练习 2.4.28 中给出了建议。

```
function u=crank(alpha,L,T,nx,nt,phi,g1,g2)
% This is the function file crank.m.
% Crank - Nicolson Method is applied to solve the Dirichlet problem:
% Ut=alpha*Uxx,U(x,0)=phi(x),U(0,t)=G1(t),U(L,t)=G2(t).
% The input arguments are: thermal diffusivity,length of the solid,final time,
% number of points on the space-time grid,initial-boundary conditions.
% The function returns a vector with the solution at the final time.
% Check data
if any([alpha L T nx-2]<=0)
    error('Check alpha,L,T,nx,nt')
end
% Initialization
```

```
dx=L/nx;dt=T/nt;r=alpha*dt/dx²;
x=linspace(0,L,nx+1);t=linspace(0,T,nt+1);
u=phi(x');
BB=[-r*ones(nx-1,1)2*(1+r)*ones(nx-1,1)-r*ones(nx-1,1)];
B=spdiags(BB,-1:1,nx-1,nx-1);
CC=[r*ones(nx-1,1)2*(1-r)*ones(nx-1,1)r*ones(nx-1,1)];
C=spdiags(CC,-1:1,nx-1,nx-1);
b=zeros(nx-1,1);
% Crank-Nicolson Method
for j=2:nt+1
    b(1)=r*(g1(t(j-1))+g1(t(j)));b(nx-1)=r*(g2(t(j-1))+g2(t(j)));
    u(2:nx)=B\(C*u(2:nx)+b);
    u(1)=g1(t(j));u(nx+1)=g2(t(j));
end
u=u';
end
```

我们将克兰克-尼科尔森方法应用于罗宾问题,该问题指定了下列边界条件:

$$-U_x(0,t)+h_1U(0,t)=g_1(t), \quad U_x(L,t)+h_2U(L,t)=g_2(t)$$

$$(2.3.77)$$

考虑第一个条件并对 $t=t_j$ 和 $t=t_{j+1}$ 应用中心近似:

$$-\frac{u_1^j-u_{-1}^j}{2\Delta x}+h_1u_0^j=g_1^j, \quad -\frac{u_1^{j+1}-u_{-1}^{j+1}}{2\Delta x}+h_1u_0^{j+1}=g_1^{j+1}$$

将两公式相加,整理后可得到

$$u_{-1}^j+u_{-1}^{j+1}-u_1^j-u_1^{j+1}+2\Delta xh_1(u_0^j+u_0^{j+1})=2\Delta x(g_1^j-g_1^{j+1}) \quad (2.3.78)$$

当 $i=0$ 时,未知项的 $u_{-1}^j+u_{-1}^{j+1}$ 可以通过公式(2.3.74)来消除:

$$r(u_{-1}^j+u_{-1}^{j+1})=2(1+r)u_0^{j+1}-2(1-r)u_0^j-r(u_1^j+u_1^{j+1})-G_0^j \quad (2.3.79)$$

求解公式(2.3.78)中的 $u_{-1}^j+u_{-1}^{j+1}$,并将结果代入公式(2.3.79),可以得到

$$(1+r+r\Delta xh_1)u_0^{j+1}-ru_1^{j+1}$$

$$=ru_1^j+(1-r-r\Delta xh_1)u_0^j+r\Delta x(g_1^j+g_1^{j+1})+G_0^j/2 \quad (2.3.80)$$

同理,第二个边界条件可产生

$$(1+r+r\Delta xh_2)u_n^{j+1}-ru_{n-1}^{j+1}$$

$$=ru_{n-1}^j+(1-r-r\Delta xh_2)u_n^j+r\Delta x(g_2^j+g_2^{j+1})+G_n^j/2 \quad (2.3.81)$$

由公式(2.3.80)、(2.3.81)可得

$$(1+H_1)u_0^{j+1}-ru_1^{j+1}=ru_1^j+(1-H_1)u_0^j+r\Delta x(g_1^j+g_1^{j+1})+G_0^j/2$$

$$(2.3.82)$$

$$(1+H_2)u_n^{j+1}-ru_{n-1}^{j+1}=ru_{n-1}^j+(1-H_2)u_n^j+r\Delta x(g_2^j+g_2^{j+1})+G_n^j/2$$

$$(2.3.83)$$

式中：

$$H_i = r + r\Delta x h_i, \quad i = 1, 2$$

公式(2.3.82)、(2.3.83)和(2.3.74)可以写为矩阵形式：

$$\begin{bmatrix} 1+H_1 & -r & & \\ -r & 2(1+r) & -r & \\ & \ddots & \ddots & \ddots \\ & & -r & 1+H_2 \end{bmatrix} \begin{bmatrix} u_0^{j+1} \\ u_1^{j+1} \\ \vdots \\ u_n^{j+1} \end{bmatrix} =$$

$$\begin{bmatrix} 1-H_1 & r & & \\ r & 2(1-r) & r & \\ & \ddots & \ddots & \ddots \\ & & r & 1-H_2 \end{bmatrix} \begin{bmatrix} u_0^{j} \\ u_1^{j} \\ \vdots \\ u_n^{j} \end{bmatrix} + \begin{bmatrix} r\Delta x(g_1^{j}+g_1^{j+1}) + G_0^{j}/2 \\ G_1^{j} \\ \vdots \\ r\Delta x(g_2^{j}+g_2^{j+1}) + G_n^{j}/2 \end{bmatrix}$$

$$\begin{cases} \boldsymbol{Bu}_{j+1} = \boldsymbol{Cu}_j + \boldsymbol{b}_{j,j+1} \\ \boldsymbol{u}_{j+1} = \boldsymbol{Au}_j + \boldsymbol{a}_{j,j+1} \quad (\boldsymbol{A} = \boldsymbol{B}^{-1}\boldsymbol{C}, \boldsymbol{a}_{j,j+1} = \boldsymbol{B}^{-1}\boldsymbol{b}_{j,j+1}) \end{cases} \tag{2.3.84}$$

公式(2.3.84)解决了罗宾问题。最后注意,边界条件(2.3.77)也可以用不太准确的公式来近似：

$$-\frac{u_1^j - u_0^j}{\Delta x} + h_1 u_0^j = g_1^j, \quad \frac{u_n^j - u_{n-1}^j}{\Delta x} + h_2 u_n^j = g_2^j \tag{2.3.85}$$

2.3.7　冯·诺依曼稳定性标准

冯·诺依曼[①]方法的稳定性分析是基于假设数值方法的解可以用有限的傅里叶级数表示：

$$u_i^j = \sum_{p=-(n-1)}^{n-1} b_p \xi_p^j \mathrm{e}^{\mathrm{i}p\pi i\Delta x}, \quad \mathrm{i} = \sqrt{-1} \tag{2.3.86}$$

例如,练习 2.4.29 中展示了显式欧拉法的结果。如果傅里叶级数的每一项都跟初始条件有关,那么数值解也会跟它相关,该方法是稳定的。因此,按照冯·诺依曼方法,只考虑级数中

$$u_i^j = \xi^j \mathrm{e}^{\mathrm{i}\beta i\Delta x} \tag{2.3.87}$$

的一项并研究它的稳定性就足够了。误差对时间的影响只取决于 ξ 因子。如果它是

$$|\xi| \leqslant 1 \tag{2.3.88}$$

则表示误差没有放大,该方法稳定。因此,ξ 被称为放大因子。公式(2.3.88)为判断数值稳定性的冯·诺依曼准则。其应用相对容易——它可能是偏微分方程数值方法稳定性分析中最常用的工具。公式(2.3.88)作为条件非常明确。较少的限制条件如下：

$$|\xi| \leqslant 1 + C\Delta t \tag{2.3.89}$$

---

① János von Neumann(冯·诺依曼,1903—1957),匈牙利裔美国科学家,普林斯顿大学的教授,从事数值分析和量子力学研究。

式中：正常数 C 与 Δt 和 Δx 无关。

最后，下面给出示例中常用的欧拉公式：

$$e^{iz} = \cos z + i\sin z, \quad e^{-iz} = \cos z - i\sin z \tag{2.3.90}$$

$$\cos z = (e^{iz} + e^{-iz})/2, \quad \sin z = (e^{iz} - e^{-iz})/(2i) \tag{2.3.91}$$

例 2.3.16 作为应用，首先考虑显式欧拉方法：

$$u_i^{j+1} = r(u_{i+1}^j + u_{i-1}^j) + (1 - 2r)u_i^j$$

将公式(2.3.87)代入上式，整理得到

$$\xi^{j+1} e^{i\beta i \Delta x} = \xi^j e^{i\beta i \Delta x}[1 - 2r + r(e^{-i\beta \Delta x} + e^{i\beta \Delta x})]$$

$$\xi = 1 - 2r + 2r\cos(\beta \Delta x) = 1 - 2r(1 - \cos\beta\Delta x) = 1 - 4r\sin^2(\beta\Delta x/2)$$

因此，冯·诺依曼的条件 $|\xi| \leqslant 1$ 可以写成

$$-1 \leqslant 1 - 4r\sin^2(\beta\Delta x/2) \leqslant 1$$

右边的不等式总是可以满足的，而左边的不等式等价于

$$2r\sin^2(\beta\Delta x/2) \leqslant 1$$

即如果满足

$$r \leqslant 1/2$$

显然，这个条件与 2.3.2 小节中的条件相同。

例 2.3.17 考虑隐式欧拉方法：

$$-ru_{i-1}^{j+1} + (1 + 2r)u_i^{j+1} - ru_{i+1}^{j+1} = u_i^j$$

将 $u_i^j = \xi^j e^{i\beta i \Delta x}$ 代入上式，整理得到

$$-\xi r e^{-i\beta\Delta x} + \xi(1 + 2r) - \xi r e^{i\beta\Delta x} = 1$$

$$\xi[1 + 2r - 2r\cos(\beta\Delta x)] = 1$$

$$\xi = 1/[1 + 4r\sin^2(\beta\Delta x)/2)]$$

隐式欧拉法是无条件稳定的，即对 r 的任意值都是稳定的。但由于该方法的精度为 $O((\Delta x)^2) + O(\Delta t)$，因此误差随 Δx 的增大而增大，而随 Δt 的增大而更大。

例 2.3.18 考虑克兰克-尼科尔森法：

$$-ru_{i-1}^{j+1} + 2(1 + r)u_i^{j+1} - ru_{i+1}^{j+1} = ru_{i-1}^j + 2(1 - r)u_i^j + ru_{i+1}^j$$

将 $u_i^j = \xi^j e^{i\beta i \Delta x}$ 代入上式，整理得到

$$\xi[1 + r - r\cos(\beta\Delta x)] = 1 - r + r\cos(\beta\Delta x)$$

$$\xi = [1 - 2r\sin^2(\beta\Delta x/2)]/[1 + 2r\sin^2(\beta\Delta x/2)]$$

对于任意 r 值都满足冯·诺依曼条件 $|\xi| \leqslant 1$，克兰克-尼科尔森方法是无条件稳定的。

例 2.3.19 考虑如下方程：

$$U_t + \lambda U - \alpha U_{xx} = 0, \quad \lambda \text{ 为常数} \tag{2.3.92}$$

根据显式欧拉法，我们得到

$$\frac{u_i^{j+1} - u_i^j}{\Delta t} + \lambda u_i^j - \frac{\alpha}{(\Delta x)^2}(u_{i+1}^j - 2u_i^j + u_{i-1}^j) = 0$$

$$u_i^{j+1} = (1-2r)u_i^j - \lambda \Delta t u_i^j + r(u_{i+1}^j + u_{i-1}^j) \tag{2.3.93}$$

式中：$r = \alpha \Delta t / (\Delta x)^2$。使用冯·诺依曼准则进行稳定性分析。将 $u_i^j = \xi^j e^{i\beta i \Delta x}$ 代入上述方程，整理得到

$$\xi = 1 - 2r + 2r\cos(\beta \Delta x) - \lambda \Delta t =$$
$$1 - 2r[1 - \cos(\beta \Delta x)] - \lambda \Delta t$$
$$\xi = 1 - 4r\sin^2(\beta \Delta x / 2) - \lambda \Delta t$$

如果 $r \leqslant 1/2$，则有 $|1 - 4r\sin^2(\beta \Delta x / 2)| \leqslant 1$，见例 2.3.16。因此，由上式可以得到

$$|\xi| \leqslant 1 + |\lambda| \Delta t$$

公式（2.3.89）满足条件，且公式（2.3.92）条件稳定。

注意，未知函数的变化：

$$W = U\exp(\lambda t) \Leftrightarrow U = W\exp(-\lambda t) \tag{2.3.94}$$

将公式（2.3.92）简化为热方程式：

$$W_t - \alpha W_{xx} = 0 \tag{2.3.95}$$

例 2.3.20 公式（2.3.94）、（2.3.95）表明，对于公式（2.3.92）中的函数可以很容易由 euler_e 得到，参见例 2.3.1。

```
function u=euler_el(alpha,L,T,nx,phi,g1,g2,lambda)
% This is the function file euler_el. m.
% Explicit Euler Method is applied to solve the Dirichlet problem：
% Ut+lambda * U=alpha * Uxx,U(x,0)=phi(x),U(0,t)=G1(t),U(L,t)=G2(t).
% Theinputargumentsare：thermaldiffusivity,lengthofthesolid,finaltime,
% number of points on the space grid,initial-boundary conditions,parameter
% lambda. Thefunctionreturnsavectorwiththesolutionatthefinaltime.

Same code as euler_e
% Explicit Euler Method
for j=2:nt+1
    u(2:nx)=(1-2 * r) * u(2:nx)+r * (u(1:nx-1)+u(3:nx+1));
    u(1)=g1(t(j)) * exp(lambda * t(j));
    u(nx+1)=g2(t(j)) * exp(lambda * t(j));
end
u=u * exp(-lambda * T);
end
```

下面的指令程序说明了一种应用 euler_el 的方法，其中考虑了简单的初始边界条件：

$$U(x,0) = x^2, \quad U(0,t) = 2t\exp(-\lambda t), \quad U(L,t) = (L^2 + 2t)\exp(-\lambda t) \tag{2.3.96}$$

```
function u=euler_el_ex1
% This is the function file euler_el_ex1. m
```

```
% Euler_el function is called to solve the special Dirichlet problem:
% Ut+lambda * U=Uxx,U(x,0)=x²,
% U(0,t)=2 * t * exp(-lambda * t),U(L,t)=(L²+2 * t) * exp(-lambda * t).
% The approximating solution is plotted together with the exact solution:
% U=(x²+2 * T) * exp(-lambda * T). The error is evaluated.
alpha=1;L=1;T=1;nx=10;lambda=-2;
phi=@(x)         x.²;
g1=@(t)          2 * t * exp(-lambda * t);
g2=@(t)          (L²+2 * t) * exp(-lambda * t);
u=euler_el(alpha,L,T,nx,phi,g1,g2,lambda);
x=linspace(0,L,nx+1);U=(x.²+2 * T) * exp(-lambda * T);
fprintf('Maximum error=%g\n',max(abs(U-u)))
plot(x,u,'k * ',x,U,'r');
xlabel('x');ylabel('U');
legend('Euler','Exact');
title(['time=',num2str(T)]);
end
```

练习 2.4.30 中建议了其他应用。

2.4 练习题

练习 2.4.1 执行 forward_ex1. m 两次。首先，nx=32,然后 nx=64,后者是前者数值的 2 倍。考虑第二个误差与第一个误差的比率,并解释结果。

练习 2.4.2 导出公式(2.1.7)关于后向近似。

提示:考虑 $f(x_i-\Delta x)$ 的泰勒级数。

练习 2.4.3 编写一个函数,它可以返回导数后向近似。

答案:

```
function y=backward(u,h)
% This is the function file backward. m.
% It returns the backward approximation of derivatives. Since the backward
% approximation cannot be applied in the first point,the vector length
% returned by the backward function is equal to that of vector u minus 1.
% Example
% a=0;b=1;nx=40;x=linspace(a,b,nx+1);dx=(b-a)/nx;
% u=x.^2;
% dbu=backward(u,dx)

n=length(u)-1;
```

```
y＝(u(2:n+1)-u(1:n))/h;
end
```

练习 2.4.4　编写程序,比如 backward_ex1.m,该程序可以调用并应用 backward 函数。

练习 2.4.5　执行两次 central_ex1.m。首先,nx＝32,然后 nx＝64,后者是前者数值的 2 倍。考虑第二个中心误差与第一个中心误差的比值,并解释结果。

练习 2.4.6　导出三点近似公式(2.1.9)、(2.1.10)。

答案:可考虑泰勒级数

$$f_{i+1} - f_i = f'_i h + f''_i h^2/2 + O(h^3) \tag{2.4.1}$$

$$f_{i+2} - f_i = f'_i 2h + f''_i 2h^2 + O(h^3) \tag{2.4.2}$$

利用公式(2.4.1)×4－公式(2.4.2),得到 f'_i 的结果:

$$f'_i = \frac{4f_{i+1} - 3f_i - f_{i+2}}{2h} + O(h^2)$$

其近似于公式(2.1.9)。同理可得到近似于公式(2.1.10)的式子。

练习 2.4.7　导出四点的前向和后向近似公式:

$$f'_i \approx \frac{-f_{i+2} + 6f_{i+1} - 3f_i - 2f_{i-1}}{6h}, \quad f'_i \approx \frac{f_{i-2} - 6f_{i-1} + 3f_i + 2f_{i+1}}{6h}$$

其误差为 h^3 阶。

练习 2.4.8　由 central_ex2.m 得到第一个点和最后一个点的梯度数值。试着理解用来得到这些值的近似导数。

练习 2.4.9　导出公式(2.1.12)₁关于 u_t 的前向近似。

答案:泰勒级数

$$u(x_i, t_j + \Delta t) = u(x_i, t_j) + u_t(x_i, t_j)\Delta t + O((\Delta t)^2)$$

$$u_i^{j+1} = u_i^j + (u_t)_i^j \Delta t + O((\Delta t)^2)$$

$$(u_t)_i^j = \frac{u_i^{j+1} - u_i^j}{\Delta t} + O(\Delta t)$$

练习 2.4.10　导出 u_x 和 u_t 的前向和后向三点近似公式。

练习 2.4.11　导出 u_{xx} 的中心近似公式(2.1.19)。

练习 2.4.12　导出 u_{xt} 的后向和中心近似公式(2.1.21)～(2.1.22)。

练习 2.4.13　计算函数的梯度:

$$u(x_1, x_2, x_3) = x_3 \tag{2.4.3}$$

答案:$\nabla u = (0,0,1)$。∇u 垂直于曲面 $u=0$,并且指向 $u>0$ 的区域。

练习 2.4.14　计算函数的梯度:

$$u = x_1^2 + x_2^2 + x_3^2 - R^2 \tag{2.4.4}$$

答案:$\nabla u = (2x_1, 2x_2, 2x_3)$。$\nabla u$ 垂直于曲面 $u=0$。另外,它指向 $u>0$ 所在的区域。

练习 2.4.15 函数 $\sin x$ 在 $B=[0,2\pi]$ 上是连续的，并且

$$\int_0^{2\pi} \sin x\,\mathrm{d}x = 0$$

解释为什么前面的结果并不意味着在 $[0,2\pi]$ 上 $\sin x = 0$。

练习 2.4.16 解释 $\partial u/\partial n$ 为什么与热流有关。

练习 2.4.17 显示等式：$\nabla\cdot(uv)=v\cdot\nabla u+u\,\nabla\cdot v$，由公式 (2.2.18) 导出公式 (2.2.19)。

答案：

$$\nabla\cdot(uv)=\frac{\partial(uv_1)}{\partial x_1}+\frac{\partial(uv_2)}{\partial x_2}+\frac{\partial(uv_3)}{\partial x_3}=$$

$$\frac{\partial u}{\partial x_1}v_1+\frac{\partial u}{\partial x_2}v_2+\frac{\partial u}{\partial x_3}v_3+u\,\frac{\partial v_1}{\partial x_1}+u\,\frac{\partial v_2}{\partial x_2}+u\,\frac{\partial v_3}{\partial x_3}=$$

$$\nabla u\cdot v+u\,\nabla\cdot v$$

练习 2.4.18 使用逻辑函数"any"，以简洁的方式编写 euler_e 函数的代码：

```
if alpha<=0 ‖ L<=0 ‖ T<=0 ‖ nx<=2
```

练习 2.4.19 编写一个函数，比如 euler_e_ex2，调用 euler_e 解决狄利克雷问题：

$$U_t-U_{xx}=2t-6x \tag{2.4.5}$$

$$U(x,0)=x^3,\quad U(0,t)=t^2,\quad U(L,t)=L^3+t^2 \tag{2.4.6}$$

将结果与精确解 $U=x^3+t^2$ 进行比较。

练习 2.4.20 范数 $\|v\|_\infty$ 在 MATLAB 中使用 norm(v,Inf) 命令计算。创建矢量后使用它。另外，试着使用 norm(v,2) 和 norm(v,1) 这两个命令。

练习 2.4.21 修改 euler_en 函数，考虑首项。

练习 2.4.22 修改 euler_en 函数，使其在整个计算过程中都能返回一个带有近似解的矩阵。

练习 2.4.23 调用例 2.3.8 中的 euler_enm 函数。

提示：考虑例 2.3.7 中的 euler_en_ex1 函数。

练习 2.4.24 考虑例 2.3.10 和图 2.3.5 中解的曲线，解释为什么 $x=L$ 附近的解根据诺依曼边界条件变化。

练习 2.4.25 关于诺依曼-狄利克雷问题编写一个函数，比如 euler_end，并应用它。

练习 2.4.26 写出狄利克雷-诺依曼问题和诺依曼-狄利克雷问题的矩阵形式。

练习 2.4.27 编写一个函数，解决隐式欧拉法的罗宾问题 (2.3.70)。

练习 2.4.28 编写程序，调用和应用例 2.3.15 中提供的克兰克函数的指令。

提示：考虑例 2.3.14。

练习 2.4.29 用显式欧拉法求解狄利克雷问题：

$$u_i^{j+1} = r(u_{i+1}^j + u_{i-1}^j) + (1-2r)u_i^j, \quad i = 1, 2, \cdots, n-1 \tag{2.4.7}$$

$$u_i^0 = \varphi(x_i) = \varphi_i, \quad i = 0, 1, \cdots, n; \ n\Delta x = L = 1 \tag{2.4.8}$$

$$u_0^j = 0, \quad u_n^j = 0, \quad j = 1, 2, \cdots, m \tag{2.4.9}$$

可以用有限的傅里叶级数来表示。

答案：公式(2.4.7)～(2.4.9)的解考虑采用如下形式：

$$u_i^j = \sum_{p=1}^{n-1} a_p (\xi_p)^j \sin(p\pi i \Delta x), \quad i = 0, 1, \cdots, n \tag{2.4.10}$$

式中 $a_p (p = 1, 2, \cdots, n-1)$ 为未知系数，而且

$$\xi_p = 1 - 4r\sin^2 \frac{p\pi\Delta x}{2} \tag{2.4.11}$$

假定公式(2.4.10)满足初始条件，则由公式(2.4.8)可得

$$\sum_{p=1}^{n-1} a_p \sin(p\pi i \Delta x) = \varphi_i, \quad i = 1, 2, \cdots, n-1$$

求解上述方程得到系数 a_p。除此之外，边界条件公式(2.4.9)满足；至于公式(2.4.10)中的 $i = 0$ 和 $i = n$，其遵循 $u_0^j = u_n^j = 0$。现在，利用欧拉公式(2.3.90)、(2.3.91)可以得到

$$\sin(p\pi i \Delta x) = [\mathrm{e}^{\mathrm{i}p\pi i\Delta x} - \mathrm{e}^{-\mathrm{i}p\pi i\Delta x}]/(2\mathrm{i})$$

将前面的结果代入公式(2.4.10)，可以得到

$$u_i^j = \sum_{p=1}^{n-1} (a_p/2\mathrm{i})\xi_p^j \mathrm{e}^{\mathrm{i}p\pi i\Delta x} - \sum_{p=1}^{n-1} (a_p/2\mathrm{i})\xi_p^j \mathrm{e}^{-\mathrm{i}p\pi i\Delta x}$$

$$u_i^j = \sum_{p=1}^{n-1} (a_p/2\mathrm{i})\xi_p^j \mathrm{e}^{\mathrm{i}pi\Delta x} - \sum_{p=-(n-1)}^{-1} (a_{-p}/2\mathrm{i})\xi_p^j \mathrm{e}^{\mathrm{i}p\pi i\Delta x}$$

因此

$$u_i^j = \sum_{p=-(n-1)}^{n-1} b_p \xi_p^j \mathrm{e}^{\mathrm{i}p\pi i\Delta x} \tag{2.4.12}$$

式中：

$$b_p = a_p/2\mathrm{i}, \qquad\qquad p > 0$$

$$b_0 = 0, b_p = -a_{-p}/2\mathrm{i}, \quad p < 0$$

由公式(2.4.12)可知，u_i^j 是用有限傅里叶级数表示的，但 u_i^j 作为公式(2.4.7)的解还有待证明。

$$\xi_p = 1 - 4r\sin^2\left(\frac{p\pi\Delta x}{2}\right) = 1 - 2r[1 - \cos(p\pi\Delta x)]$$

$$\xi_p = 1 - 2r + 2r\cos(p\pi\Delta x) = 1 - 2r + r(\mathrm{e}^{\mathrm{i}P\pi\Delta x} + \mathrm{e}^{-\mathrm{i}p\pi\Delta x}) \tag{2.4.13}$$

由公式(2.4.12)、(2.4.13)可以得到

$$u_i^{j+1} = \sum_{p=-(n-1)}^{n-1} b_p \xi_p \xi_p^j \mathrm{e}^{\mathrm{i}p\pi i \Delta x}$$

$$= \sum_{p=-(n-1)}^{n-1} b_p \xi_p^j \mathrm{e}^{\mathrm{i}p\pi i \Delta x} \left[1 - 2r + r(\mathrm{e}^{\mathrm{i}p\pi\Delta x} + \mathrm{e}^{-\mathrm{i}p\pi\Delta x}) \right]$$

$$= (1 - 2r)u_i^j + r(u_{i+1}^j + u_{i-1}^j)$$

这是所需要的解。

练习 2.4.30　关于方法(2.3.93)编写一个函数。

提示：考虑 euler_e 函数，见例 2.3.1。

第3章 扩散和对流

对流-扩散物理过程非常重要,因为它涉及许多工程问题。对流-扩散方程,在某些情况下被称为平流-扩散方程,在第2章中已经推导出来了。这个方程模拟了两个物理过程:扩散过程,受扩散方程支配;对流(或平流)过程,受对流(或平流)方程支配(Crank,1979)。3.1节介绍了对流-扩散方程的有限差分法(Lapidus et al.,1982;Mitchell et al.,1995;Necati Ozisik,1994)。

3.2节介绍了线性方法。该方法是偏微分方程积分的一种半离散数值方法,只对部分变量进行离散。用工程实例说明了线性方法。

3.3节专门介绍了有助于保存和加载数据和图形的 MATLAB 函数。

3.1 对流-扩散方程

3.1.1 上风法

考虑对流-扩散方程:

$$U_t + vU_x - \alpha U_{xx} = 0, \quad 0 < x < L, 0 < t \leqslant T \tag{3.1.1}$$

在 2.2.1 小节中已有介绍。对于某些具体情况,同样的方程被称为平流-扩散方程。

公式(3.1.1)模拟了扩散和平流两个物理过程。第一个过程是由抛物型偏微分方程控制的:

$$U_t - \alpha U_{xx} = 0$$

第二个过程是由双曲型偏微分方程控制的:

$$U_t + vU_x = 0$$

后者为平流方程或对流方程,表示支配物质在没有扩散的情况下的运输过程,其中参数 v 代表速度。

主要过程取决于参数 v 和 α。更准确地说,它取决于两个参数的合适比值(即 Péclet[①] 数):

$$P = vL/\alpha$$

[①] Jean Claude Eugène Péclet(1793—1857),法国科学家,巴黎 Collège de Marseille and at École Normale Supérièure 的教授。

要理解其中的原理，需要变换变量：

$$\begin{cases} \xi = \xi(x,t) \\ \tau = \tau(x,t) \end{cases} \Leftrightarrow \begin{cases} x = x(\xi,\tau) \\ t = t(\xi,\tau) \end{cases}$$

并且将公式(3.1.1)转换为无量纲形式。如练习 3.4.1 所示，将公式(3.1.1)转换为一个特殊的变量变换式

$$W_\tau + PW_\xi = W_{\xi\xi}$$

该等式显示主要过程取决于 $|P|$。$|P|$ 值较高，表明平流是主要过程；反之，$|P|$ 值较低，表明扩散是主要过程。

现在我们介绍公式(3.1.1)的上风法。如果参数 v 是正的，那么通过使用 U_t 的前向近似、U_x 的后向近似和 U_{xx} 的中心近似可以得到

$$\frac{U_i^{j+1} - U_i^j}{\Delta t} + v \frac{U_i^j - U_{i-1}^j}{\Delta x} = \alpha \frac{U_{i+1}^j - 2U_i^j + U_{i-1}^j}{(\Delta x)^2} + O(\Delta t + \Delta x)$$

因此，有限差分法

$$\frac{u_i^{j+1} - u_i^j}{\Delta t} + v \frac{u_i^j - u_{i-1}^j}{\Delta x} = \alpha \frac{u_{i+1}^j - 2u_i^j + u_{i-1}^j}{(\Delta x)^2} \tag{3.1.2}$$

与公式(3.1.1)是一致的。位置 $r = \Delta t/(\Delta x)^2$，$s = \Delta t/\Delta x$，由公式(3.1.2)可以得到

$$u_i^{j+1} = (r\alpha + sv)u_{i-1}^j + (1 - 2r\alpha - sv)u_i^j + r\alpha u_{i+1}^j \tag{3.1.3}$$

公式(3.1.3)是条件稳定的，其稳定条件如下：

$$2r\alpha + sv \leqslant 1 \tag{3.1.4}$$

如果公式(3.1.1)中的参数 v 是负的，则使用 U_t 和 U_x 的前向近似，以及 U_{xx} 的中心近似可以得到

$$\frac{u_i^{j+1} - u_i^j}{\Delta t} + v \frac{u_{i+1}^j - u_i^j}{\Delta x} = \alpha \frac{u_{i+1}^j - 2u_i^j + u_{i-1}^j}{(\Delta x)^2}$$

$$u_i^{j+1} = r\alpha u_{i-1}^j + (1 - 2r\alpha + sv)u_i^j + (r\alpha - sv)u_{i+1}^j \tag{3.1.5}$$

公式(3.1.5)是条件稳定的，其稳定条件如下：

$$2r\alpha - sv \leqslant 1 \tag{3.1.6}$$

公式(3.1.3)、(3.1.5)命名为上风法。设

$$p = \begin{cases} r\alpha + s|v|, & v \geqslant 0 \\ r\alpha, & v < 0 \end{cases}, \quad q = \begin{cases} r\alpha, & v \geqslant 0 \\ r\alpha + s|v|, & v < 0 \end{cases} \tag{3.1.7}$$

将公式(3.1.3)、(3.1.5)合为一个方程：

$$u_i^{j+1} = pu_{i-1}^j + (1 - p - q)u_i^j + qu_{i+1}^j \tag{3.1.8}$$

让我们证明上风法(3.1.8)在以下条件下是稳定的：

$$p + q \leqslant 1 \Leftrightarrow 2r\alpha + s|v| \leqslant 1 \tag{3.1.9}$$

实际上，

$$|u_i^{j+1}| \leqslant p\|\boldsymbol{u}_j\|_\infty + (1 - p - q)\|\boldsymbol{u}_j\|_\infty + q\|\boldsymbol{u}_j\|_\infty \leqslant \|\boldsymbol{u}_j\|_\infty$$

因此

$$\|\mathbf{u}_{j+1}\|_\infty \leqslant \|\mathbf{u}_j\|_\infty \leqslant \cdots \leqslant \|\mathbf{u}_0\|_\infty$$

当 $v \geqslant 0$ 时，稳定性条件(3.1.9)与(3.1.4)相同；当 $v \leqslant 0$ 时，稳定性条件(3.1.9)与(3.1.6)相同。参见练习 3.4.2。

例 3.1.1　给出一个函数，应用上风法(3.1.8)求解公式(3.1.1)的狄利克雷问题。

```
function u=upwind(alpha,v,L,T,nx,phi,g1,g2)
% This is the function file upwind. m.
% Upwind Method is applied to solve the Dirichlet problem：
% Ut＋v Ux=alpha Uxx,U(x,0)=phi(x),U(0,t)=G1(t),U(L,t)=G2(t).
% The input arguments are：thermal diffusivity,velocity v,length of the solid,
% final time,number of points on the space grid,initial-boundary conditions.
% The function returns a vector with the solution at the final time.

% Check data
if any([alpha L T nx-2]<=0)
    error('Check alpha,L,T,nx')
end

% Stability
nt=150;st=1;dx=L/nx；
while 2 * alpha * T/nt/dx2＋T/nt/dx * abs(v)＞st
    nt=nt＋1;
end

% Initialization
dt＝T/nt；r＝dt/dx2；s＝dt/dx；
x＝linspace(0,L,nx＋1)；t＝linspace(0,T,nt＋1)；
u＝feval(phi,x)；
if v＞＝0
    p＝alpha * r＋s * v；q＝alpha * r；
else
    p＝alpha * r；q＝alpha * r-s * v；
else

% Upwind Method
for j＝2：nt＋1
    u(2：end-1)＝p * u(1：end-2)＋(1 -p -q) * u(2：end-1)＋q * u(3：end);
    u(1)＝g1(t(j))；u(end)＝g2(t(j))；
end
end
```

例 3.1.2　下面的指令程序演示了调用 upwind 函数的方法。它考虑了特殊的狄利克雷问题：

$$U_t + vU_x - \alpha U_{xx} = 0, \quad 0 < x < L, 0 < t \leqslant T \tag{3.1.10}$$

$$U(x,0) = \begin{cases} 0, & x \in [0,x_1) \bigcup (x_2,L] \\ k, & x \in [x_1,x_2] \end{cases} \qquad (3.1.11)$$

$$U(0,t) = 0, \quad U(L,t) = 0, \quad 0 < t \leqslant T \qquad (3.1.12)$$

数值解的图形如图 3.1.1 所示。

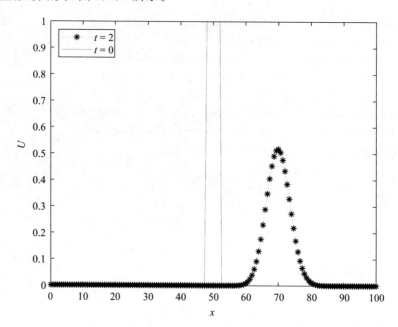

图 3.1.1　问题(3.1.10)～(3.1.12)的数值解图形

```
function u=upwind_ex1
% This is the function file upwind_ex1. m.
% Upwind function is called to solve the special Dirichlet problem：
% Ut+v Ux=alpha Uxx,U(0,t)=0,U(L,t)=0,
% U(x,0)=0,if x<x1,
% U(x,0)=k,if x1<=x<=x2,
% U(x,0)=0,if x>x2.
% The approximating solution is plotted.

alpha=. 1;v=10;L=100;T=2;nx=150;
x=linspace(0,L,nx+1);
i1=73;i2=79;x1=x(i1);x2=x(i2);k=1;
phi=@(x)          k * (x>=x1). * (x<=x2);
g1=@(t)           0 * t;
g2=@(t)           0 * t;
U=feval(phi,x);
nt=30;t=linspace(0,T,nt+1);
for j=2;nt+1
```

```
u＝upwind(alpha,v,L,t(j),nx,phi,g1,g2);
plot(x,u,'k*:',x,U,'k','LineWidth',.1);
xlabel('x');ylabel('U');
legend(['t＝',num2str(t(j))],'t＝0','Location','NorthWest');
pause(.01);
end
end
```

例 3.1.3 下面提供了另一个应用程序,考虑狄利克雷问题:

$$u_t + vU_x - \alpha U_{xx} = 0, \quad 0 < x < L, 0 < t \leqslant T \tag{3.1.13}$$

$$U(x,0) = \sin(\pi x), \quad 0 \leqslant x \leqslant L \tag{3.1.14}$$

$$\begin{cases} U(0,t) = \sin(-\pi vt)\exp(-\alpha\pi^2 t) \\ U(L,t) = \sin[\pi(L - vt)]\exp(-\alpha\pi^2 t) \end{cases}, \quad 0 < t \leqslant T \tag{3.1.15}$$

调用 upwind 函数,解决问题(3.1.13)~(3.1.15)。数值解的图形如图 3.1.2 所示,解析解如下:

$$U(x,t) = \sin[\pi(x - vt)]\exp(-\alpha\pi^2 t)$$

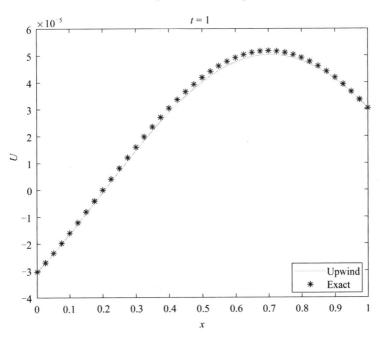

图 3.1.2 问题(3.1.13)~(3.1.15)的数值解图形

```
function u＝upwind_ex2
% This is the function file upwind_ex2.m.
% Upwind function is called to solve the special Dirichlet problem:
% Ut＋v Ux＝alpha Uxx,U(x,0)＝sin(pi*x),
```

```
% U(0,t)＝sin(-pi * v * t) * exp(-pi2 * t),
% U(L,t)＝sin(pi * (L-v * t)) * exp(-pi2 * t).
% The approximating solution is plotted. The error is evaluated.

alpha＝1;v＝.2;L＝1;T＝1;nx＝40;
phi＝@(x)        sin(pi * x);
g1＝@(t)         sin(-pi * v * t) * exp(-pi2 * t);
g2＝@(t)         sin(pi * (L-v * t)) * exp(-pi2 * t);
u＝upwind(alpha,v,L,T,nx,phi,g1,g2);
x＝linspace(0,L,nx+1);
U＝sin(pi * (x -v * T)) * exp(-pi2 * T);
plot(x,u,'k',x,U,'r * ','LineWidth',.1);
xlabel('x');ylabel('U');title(['t＝',num2str(T)]);
legend('Upwind','Exact','Location','Best');
fprintf('Maximum error＝%g\n',max(abs(U -u)))
end
```

备注 3.1.1 当 $v=0$ 时，上风法简化为显式欧拉法。公式(3.1.9)也简化为该方法的稳定性条件。此外，upwind 函数简化为 euler_e 函数(2.3.1 小节)，因此即使在 $v=0$ 的情况下调用 upwind 函数，它也可以工作，读者可以试一试。下面研究当 α 变为零时会发生什么。公式(3.1.1)简化为平流方程

$$U_t + vU_x = 0$$

并且由稳定性条件(3.1.9)可以得到

$$s\,|\,v\,|\leqslant 1$$

在 3.1.3 小节中，将证明平流方程的上风法在上述条件下是稳定的。然而，这种情况是截然不同的。实际上，平流方程是一个需要一个边界条件的一阶方程，而平流-扩散方程则是一个需要两个边界条件的二阶方程。

如前所述，当 $v=0$ 时，上风法简化为显式欧拉法。现在，给出了上风版的隐式欧拉法。如果 $v>0$，使用公式(3.1.1)中 U_t 和 U_x 的后向近似，以及 U_{xx} 的中心近似，那么会得到

$$\frac{u_i^{j+1} - u_i^j}{\Delta t} + v\,\frac{u_i^{j+1} - u_{i-1}^{j+1}}{\Delta x} = \alpha\,\frac{u_{i+1}^{j+1} - 2u_i^{j+1} + u_{i-1}^{j+1}}{(\Delta x)^2}$$

因此通过位置 $r=\Delta t/(\Delta x)^2$，$s=\Delta t/\Delta x$，可以得到

$$-(r\alpha + vs)u_{i-1}^{j+1} + (1+2r\alpha + vs)u_i^{j+1} - r\alpha u_{i+1}^{j+1} = u_i^j \tag{3.1.16}$$

如果 $v<0$，使用 U_x 的前向近似就会得到如下结果：

$$\frac{u_i^{j+1} - u_i^j}{\Delta t} + v\,\frac{u_{i+1}^{j+1} - u_i^{j+1}}{\Delta x} = \alpha\,\frac{u_{i+1}^{j+1} - 2u_i^{j+1} + u_{i-1}^{j+1}}{(\Delta x)^2}$$

$$-r\alpha u_{i-1}^{j+1} + (1+2r\alpha - vs)u_i^{j+1} - (r\alpha - sv)u_{i+1}^{j+1} = u_i^j \tag{3.1.17}$$

公式(3.1.16)、(3.1.17)是无条件稳定的,参见练习 3.4.3。此外,它们可以组合成一个公式,参见练习 3.4.4。

下面让我们证明克兰克-尼科尔森方法的上风版。当然,该方法取决于 v。如果 $v>0$,则可以得到

$$\frac{u_i^{j+1}-u_i^j}{\Delta t}+\frac{v}{2}\left(\frac{u_i^{j+1}-u_{i-1}^{j+1}}{\Delta x}+\frac{u_i^j-u_{i-1}^j}{\Delta x}\right)$$

$$=\frac{\alpha}{2}\left[\frac{u_{i+1}^{j+1}-2u_i^{j+1}+u_{i-1}^{j+1}}{(\Delta x)^2}+\frac{u_{i+1}^j-2u_i^j+u_{i-1}^j}{(\Delta x)^2}\right]$$

因此

$$-(r\alpha+sv)u_{i-1}^{j+1}+(2+2r\alpha+sv)u_i^{j+1}-r\alpha u_{i+1}^{j+1}$$

$$=(r\alpha+sv)u_{i-1}^j+(2-2r\alpha-sv)u_i^j+r\alpha u_{i+1}^j \qquad (3.1.18)$$

公式(3.1.18)是无条件稳定的,参见练习 3.4.5。类似地,当 $v<0$ 时,我们将会得到

$$-r\alpha u_{i-1}^{j+1}+(2+2r\alpha-sv)u_i^{j+1}+(vs-r\alpha)u_{i+1}^{j+1}$$

$$=r\alpha u_{i-1}^j+(2-2r\alpha+sv)u_i^j+(r\alpha-vs)u_{i+1}^j \qquad (3.1.19)$$

公式(3.1.19)也是无条件稳定的,参见练习 3.4.6。

3.1.2 对流-扩散方程的其他有限差分法

本小节介绍一些有限差分方法,使用不同的方法来近似公式(3.1.1)中的导数 U_x。第一种方法是显式欧拉法,并使用了 U_x 的中心近似,我们得到了

$$\frac{u_i^{j+1}-u_i^j}{\Delta t}+v\frac{u_{i+1}^j-u_{i-1}^j}{2\Delta x}=\alpha\frac{u_{i+1}^j-2u_i^j+u_{i-1}^j}{(\Delta x)^2}$$

$$u_i^{j+1}=(r\alpha+sv/2)u_{i-1}^j+(1-2r\alpha)u_i^j+(r\alpha-sv/2)u_{i+1}^j \qquad (3.1.20)$$

式中:

$$r=\Delta t/(\Delta x)^2,\quad s=\Delta t/\Delta x \qquad (3.1.21)$$

公式(3.1.20)可以命名为中心显式欧拉法,它在如下假设下是稳定的:

$$s\mid v\mid\leqslant 2r\alpha,\quad 2r\alpha\leqslant 1 \qquad (3.1.22)$$

实际上,如果满足公式(3.1.22)中的条件,那么括号中的项是非负的,并且

$$\mid u_i^{j+1}\mid\leqslant(r\alpha+sv/2)\parallel\boldsymbol{u}_j\parallel_\infty+(1-2r\alpha)\parallel\boldsymbol{u}_j\parallel_\infty+(r\alpha-sv/2)\parallel\boldsymbol{u}_j\parallel_\infty\leqslant\parallel\boldsymbol{u}_j\parallel_\infty$$

$$\parallel\boldsymbol{u}_{j+1}\parallel_\infty\leqslant\parallel\boldsymbol{u}_j\parallel_\infty\leqslant\cdots\leqslant\parallel\boldsymbol{u}_0\parallel_\infty$$

第二种方法源自隐式欧拉法,同样使用了 U_x 的中心近似,我们得到了

$$\frac{u_i^{j+1}-u_i^j}{\Delta t}+v\frac{u_{i+1}^{j+1}-u_{i-1}^{j+1}}{2\Delta x}=\alpha\frac{u_{i+1}^{j+1}-2u_i^{j+1}+u_{i-1}^{j+1}}{(\Delta x)^2}-$$

$$(r\alpha+vs/2)u_{i-1}^{j+1}+(1+2r\sigma)u_i^{j+1}-(r\alpha-vs/2)u_{i+1}^{j+1}=u_i^j \qquad (3.1.23)$$

其中的符号同公式(3.1.21)。公式(3.1.23)可以命名为中央隐式欧拉法。它是无条件稳定的,冯·诺依曼准则证明了这一点。实际上,将 $u_i^j=\xi^j\mathrm{e}^{\mathrm{i}\beta i\Delta x}$ 代入公式(3.1.23)可

以得到

$$\xi[1 + 2r\alpha - 2r\alpha\cos(\beta\Delta x) + vs\,i\sin(\beta\Delta x)] = 1$$

$$|\xi|^2 = 1/\{[1 + 4r\alpha\sin^2(\beta\Delta x/2)]^2 + v^2 s^2 \sin^2(\beta\Delta x)\} < 1$$

令 $p = r\alpha + sv/2, q = r\alpha - sv/2$，则公式(3.1.23)可以写为

$$-pu_{i-1}^{j+1} + (1 + p + q)u_i^{j+1} - qu_{i+1}^{j+1} = u_i^j$$

其矩阵形式如下：

$$
\begin{bmatrix}
1+p+q & -q & & & \\
-p & 1+p+q & -q & & \\
& \ddots & \ddots & \ddots & \\
& & -p & 1+p+q
\end{bmatrix}
\begin{bmatrix}
u_1^{j+1} \\
u_2^{j+1} \\
\vdots \\
u_{n-1}^{j+1}
\end{bmatrix}
=
\begin{bmatrix}
u_1^j \\
u_2^j \\
\vdots \\
u_{n-1}^j
\end{bmatrix}
+
\begin{bmatrix}
pu_0^{j+1} \\
0 \\
\vdots \\
qu_n^{j+1}
\end{bmatrix}
$$

$$
\begin{cases}
\boldsymbol{B}\boldsymbol{u}_{j+1} = \boldsymbol{u}_j + \boldsymbol{b}_{j+1} \\
\boldsymbol{u}_{j+1} = \boldsymbol{A}\boldsymbol{u}_j + \boldsymbol{a}_{j+1} \quad (\boldsymbol{A} = \boldsymbol{B}^{-1}, \ \boldsymbol{a}_{j+1} = \boldsymbol{B}^{-1}\boldsymbol{b}_{j+1})
\end{cases}
\tag{3.1.24}
$$

例 3.1.4 函数展示，应用方法(3.1.24)求解公式(3.1.1)的狄利克雷问题。

```
function u=central implicit(alpha,v,L,T,nx,phi,g1,g2)
% This is the function file central implicit. m.
% Central Implicit Euler Method is applied to solve the Dirichlet problem:
% Ut+v Ux=alpha Uxx,U(x,0)=phi(x),U(0,t)=G1(t),U(L,t)=G2(t).
% The input arguments are: thermal diffusivity,velocity v,length of the solid,
% final time,number of points on the space grid,initial-boundary conditions.
% The function returns a vector with the solution at the final time.
% Check data
if any([alpha L T nx-2]<=0)
    error('Check alpha,L,T,nx')
end
% Initialization
nt=1000;dx=L/nx;dt=T/nt;r=dt/dx^2;s=dt/dx;
p=alpha * r+v * s/2;q=alpha * r-v*s/2;
x=linspace(0,L,nx+1);t=linspace(0,T,nt+1);
b=zeros(nx-1,1);
BB=[-p * ones(nx-1,1)(1+p+q) * ones(nx-1,1)-q * ones(nx-1,1)];
B=spdiags(BB,-1:1,nx-1,nx-1);
u=feval(phi,x');
% Central Implicit Euler Method
for j=2:nt+1
    b(1)=p * g1(t(j));b(end)=q * g2(t(j));
    u(2:nx)=B\(u(2:nx)+b);
    u(1)=g1(t(j));u(end)=g2(t(j));
```

end

end

例 3.1.5 考虑狄利克雷问题(3.1.10)～(3.1.12),曾在例 3.1.2 中用上风法讨论过。下面的指令程序展示了一种方法,调用 central_implict 函数解决问题(3.1.10)～(3.1.12)。数值解的图形如图 3.1.3 所示,其振荡行为是由于 U_x 的中心近似。由于该方法是稳定的,因此振荡不会无限增长,但它们是不可取的。

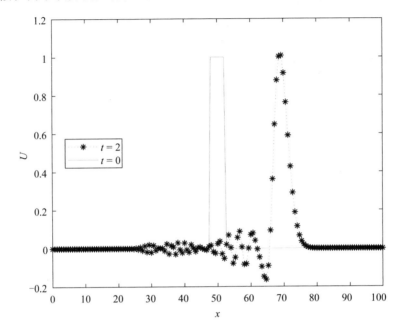

图 3.1.3 问题(3.1.10)～(3.1.12)的数值解图形

function central implicit_ex1

% This is the function file central implicit_ex1. m.

% Central implicit function is called to solve the special Dirichlet problem:

% Ut＋v Ux＝alpha Uxx,U(0,t)＝0,U(L,t)＝0,

% U(x,0)＝0,if x＜x1,

% U(x,0)＝k,if x1＜＝x＜＝x2,

% U(x,0)＝0,if x＞x2.

% The approximating solution is plotted.

alpha＝0.1;v＝10;L＝100;T＝2;nx＝150;

x＝linspace(0,L,nx＋1);

i1＝73;i2＝79;x1＝x(i1);x2＝x(i2);k＝1;

phi＝@(x)   k * (x＞＝x1). * (x＜＝x2);

g1＝@(t)   0 * t;

g2＝@(t)   0 * t;U＝feval(phi,x′);

u＝central implicit(alpha,v,L,T,nx,phi,g1,g2);

```
plot(x,u,'k*:',x,U,'k','LineWidth',.1);
xlabel('x');ylabel('U');
legend(['t=',num2str(T)],'t=0','Location','Best');
end
```

第三种方法是针对公式(3.1.1)的克兰克-尼科尔森法的中心版：

$$\frac{u_i^{j+1} - u_i^j}{\Delta t} + \frac{v}{4\Delta x}(u_{i+1}^{j+1} - u_{i-1}^{j+1} + u_{i+1}^j - u_{i-1}^j)$$

$$= \frac{\alpha}{2(\Delta x)^2}(u_{i+1}^{j+1} - 2u_i^{j+1} + u_{i-1}^{j+1} + u_{i+1}^j - 2u_i^j + u_{i-1}^j)$$

因此通过公式(3.1.21)可以得出

$$-(r\alpha + sv/2)u_{i-1}^{j+1} + 2(1+r\alpha)u_i^{j+1} - (r\alpha - sv/2)u_{i+1}^{j+1}$$

$$= (r\alpha + sv/2)u_{i-1}^j + 2(1-r\alpha)u_i^j + (r\alpha - sv/2)u_{i+1}^j \qquad (3.1.25)$$

公式(3.1.25)可以命名为克兰克-尼科尔森法。它是无条件稳定的,冯·诺依曼准则证明了这一点。将 $u_i^j = \xi^j e^{i\beta i \Delta x}$ 代入公式(3.1.25),可以得到

$$\xi\{2 + 2r\alpha[1 - \cos(\beta\Delta x)] + vs\,\mathrm{i}\sin(\beta\Delta x)\}$$

$$= 2 - 2r\alpha[1 - \cos(\beta\Delta x)] - vs\,\mathrm{i}\sin(\beta\Delta x)$$

$$|\xi|^2 = \frac{4[1 - 2r\alpha\sin^2(\beta\Delta x/2)]^2 + v^2s^2\sin^2(\beta\Delta x)}{4[1 + 2r\alpha\sin^2(\beta\Delta x/2)]^2 + v^2s^2\sin^2(\beta\Delta x)} < 1$$

此外,设置

$$p = r\alpha + sv/2, \quad q = r\alpha - sv/2 \qquad (3.1.26)$$

公式(3.1.25)可以写成

$$-pu_{i-1}^{j+1} + 2(1+r\alpha)u_i^{j+1} - qu_{i+1}^{j+1} = pu_{i-1}^j + 2(1-r\alpha)u_i^j + qu_{i+1}^j$$

并且矩阵形式如下：

$$\begin{bmatrix} 2(1+r\alpha) & -q & & & \\ -p & 2(1+r\alpha) & -q & & \\ & \ddots & \ddots & \ddots & \\ & & & -p & 2(1+r\alpha) \end{bmatrix} \begin{bmatrix} u_1^{j+1} \\ u_2^{j+1} \\ \vdots \\ u_{n-1}^{j+1} \end{bmatrix}$$

$$= \begin{bmatrix} 2(1-r\alpha) & q & & & \\ p & 2(1-r\alpha) & q & & \\ & \ddots & \ddots & \ddots & \\ & & & p & 2(1-r\alpha) \end{bmatrix} \begin{bmatrix} u_1^j \\ u_2^j \\ \vdots \\ u_{n-1}^j \end{bmatrix} + \begin{bmatrix} p(u_0^{j+1} + u_0^j) \\ 0 \\ \vdots \\ q(u_n^{j+1} + u_n^j) \end{bmatrix}$$

$$\boldsymbol{B}u_{j+1} = \boldsymbol{C}u_j + \boldsymbol{b}_j$$

$$u_{j+1} = \boldsymbol{A}u_j + \boldsymbol{a}_j \quad (\boldsymbol{A} = \boldsymbol{B}^{-1}\boldsymbol{C}, \; \boldsymbol{a}_j = \boldsymbol{B}^{-1}\boldsymbol{b}_j)$$

3.1.3 平流方程

考虑平流方程：

$$U_t + vU_x = 0 \tag{3.1.27}$$

也称为对流方程。公式(3.1.27)的上风法可以由相关公式(3.1.1)导出,作为特例。因此,如图 3.1.4 所示,当 $v>0$ 时,可以得到

$$\frac{u_i^{j+1} - u_i^j}{\Delta t} + v \frac{u_i^j - u_{i-1}^j}{\Delta x} = 0$$

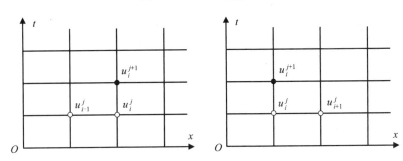

图 3.1.4 $v>0$ 时(左)和 $v<0$ 时(右)的上风法

当 $v<0$ 时,可以得到

$$\frac{u_i^{j+1} - u_i^j}{\Delta t} + v \frac{u_{i+1}^j - u_i^j}{\Delta x} = 0$$

设 $s=\Delta t/\Delta x$,则由上式可得

$$u_i^{j+1} = (1-sv)u_i^j + svu_{i-1}^j \tag{3.1.28}$$

$$u_i^{j+1} = (1+sv)u_i^j - svu_{i+1}^j \tag{3.1.29}$$

公式(3.1.28)、(3.1.29)分别命名为 FTBS(Forward in Time, Backward in Space)法和 FTFS(Forward in Time, Forward in Space)法。它们的稳定条件如下:

$$|v|s \leqslant 1 \tag{3.1.30}$$

公式(3.1.30)很容易证明,参见练习 3.4.7。当然,这是根据上风法的稳定性条件,将对流-扩散作为一种特殊情况。

考虑以下初边值问题:

$$U_t + vU_x = 0, \quad x>0, 0<t \leqslant T, v>0 \tag{3.1.31}$$

$$U(x,0) = \varphi(x), \quad x \geqslant 0 \tag{3.1.32}$$

$$U(0,t) = g(t), \quad 0<t \leqslant T \tag{3.1.33}$$

练习 3.4.8 中建议了问题(3.1.31)~(3.1.33)的解析解。

例 3.1.6 函数展示,应用方法(3.1.28)来解决问题(3.1.31)~(3.1.33)。

```
function[u,nt]=ftbs(v,L,T,nx,phi,g)
% This is the function file ftbs.m.
% FTBS Method is applied to solve the Dirichlet problem:
% Ut+v Ux=0,U(x,0)=phi(x),U(0,t)=G(t).
% The input arguments are: velocity v,length,final time,
```

```
% number of points on the space grid, initial-boundary conditions.
% It returns a matrix with the approximating solutions at tⱼ, j=1,…,nt+1.
% Check data
if any([v L T nx-2]<=0)
    error('Check v,L,T,nx')
end
% Stability
nt=5;dx=L/nx;st=1;
while v * T/nt/dx>st
nt=nt+1;
end
% Initialization
dt=T/nt;s=dt/dx;
x=linspace(0,L,nx+1);t=linspace(0,T,nt+1);
u(:,1)=feval(phi,x);
% FTBS Method
for j=2:nt+1
    u(2:nx+1,j)=(1 -s * v) * u(2:nx+1,j-1)+s * v * u(1:nx,j-1);
    u(1,j)=g(t(j));
end
end
```

例 3.1.7 考虑以下初边值问题：

$$U_t + vU_x = 0, \quad 0 < x < L, 0 < t \leqslant T, v > 0 \qquad (3.1.34)$$

$$U(x,0) = 0, \quad 0 \leqslant x \leqslant L, \quad U(0,t) = \begin{cases} K, & 0 < t \leqslant t_0 \\ 0, & t_0 \leqslant t \leqslant T \end{cases} \qquad (3.1.35)$$

问题(3.1.34)、(3.1.35)的解析解如下：

$$U(x,t) = \begin{cases} K, & v(t-t_0) < x < vt \\ 0, & x \geqslant vt \end{cases}$$

下面的指令程序调用了 ftbs 函数，解决了问题(3.1.34)、(3.1.35)。其数值解的图形如图 3.1.5 所示。

```
function u=ftbs_ex1
% This is the function file ftbs_ex1. m.
% Ftbs function is called to solve the special Dirichlet problem：
% Ut+v Ux=0,U(x,0)=0,
% U(0,t)=K,if t<t0,U(0,t)=0,if t>=t0.
% The approximating solution is plotted.
% Exact solution：
% U=K,if v * (t-t0)<x<v * t,U=0,if x>=v * t.
v=.4;L=1;T=1.4;nx=300;
```

```
t0=.5;K=1;
phi=@(x)        0 * x;
g=@(t)          K * (t0 -t>0);
[u,nt]=ftbs(v,L,T,nx,phi,g);
x=linspace(0,L,nx+1);t=linspace(0,T,nt+1);
U(:,1)=K * (x -v * (T -t0)>0). * (x -v * T<0);
for j=2:nt+1
    plot(x,u(:,j),'k',x,U,'r * :');
    axis([0 L 0 K+.201]);
    xlabel('x');ylabel('U');
    title(['t=',num2str(t(j))]);
    legend('FTBS','Exact');
    pause(.01);
end
fprintf('Maximum error=%g\n',max(abs(U -u(:,nt+1))))
end
```

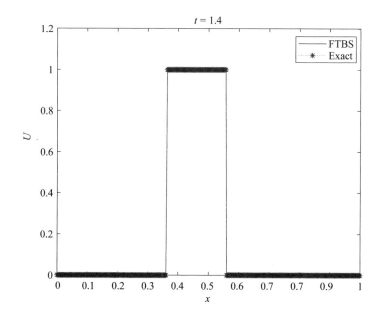

图 3.1.5 问题(3.1.34)、(3.1.35)的数值解图形

练习 3.4.9 和练习 3.4.10 中建议了其他应用。

考虑以下初边值问题：

$$U_t + vU_x = 0, \quad x < L, \ 0 < t \leqslant T, \ v < 0 \tag{3.1.36}$$

$$U(x,0) = \varphi(x), \quad x \leqslant L \tag{3.1.37}$$

$$U(L,t) = g(t), \quad 0 < t \leqslant T \tag{3.1.38}$$

练习 3.4.11 中建议了问题(3.1.36)～(3.1.38)的解析解。

例 3.1.8　函数展示，应用方法(3.1.29)求解问题(3.1.36)～(3.1.38)。

```
function[u,nt]=ftfs(v,L,T,nx,phi,g)
% This is the function file ftfs. m.
% FTFS Method is applied to solve the Dirichlet problem：
% Ut+v Ux=0,U(x,0)=phi(x),U(L,t)=G(t).
% The input arguments are：velocity v,length,final time,
% number of points on the space grid,initial-boundary conditions.
% It returns a matrix with the approximating solutions at tj,j=1,…,nt+1.

% Check data
if any([-v L T nx-2]<=0)
    error('Check v,L,T,nx')
end

% Stability
nt=5;dx=L/nx;st=1;
while abs(v) * T/nt/dx>st
    nt=nt+1;
end

% Initialization
dt=T/nt;s=dt/dx;
x=linspace(0,L,nx+1);t=linspace(0,T,nt+1);
u(:,1)=feval(phi,x);

% FTFS Method
for j=2:nt+1
    u(1:nx,j)=(1+s * v) * u(1:nx,j-1)-s * v * u(2:nx+1,j-1);
    u(nx+1,j)=g(t(j));
end
end
```

例 3.1.9　展示调用 ftfs 函数的一种方法。考虑特殊的初始边值问题：

$$U_t + vU_x = 0, \quad 0 < x < L, 0 < t \leqslant T, v < 0 \tag{3.1.39}$$

$$\begin{cases} U(x,0)=0, & 0 \leqslant x \leqslant L \\ U(L,t)=\sin \omega t, & 0 < t \leqslant T \end{cases} \tag{3.1.40}$$

其解析解如下：

$$U(x,t) = \begin{cases} \sin[\omega(t-x/v+L/v)], & x > vt+L \\ 0, & x \leqslant vt+L \end{cases}$$

下面的指令程序调用了 ftfs 函数，解决了问题(3.1.39)、(3.1.40)。其数值解的图形如图 3.1.6 所示。

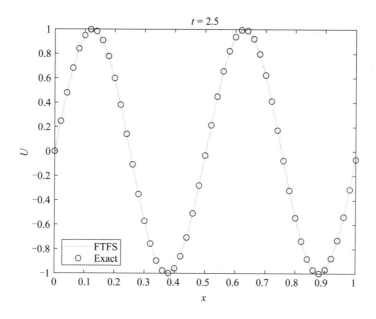

图 3.1.6 问题(3.1.39)、(3.1.40)的数值解图形

```
function u＝ftfs_ex1
％ This is the function file ftfs_ex1.m.
％ Ftfs function is called to solve the special Dirichlet problem：
％ Ut＋v Ux＝0,U(x,0)＝0,U(L,t)＝sin(om * t).
％ The approximating solution is plotted.
％ Exact solution：
％ U(x,t)＝sin(om * (t-x/v＋L/v)),if x>vt＋L,
％ U(x,t)＝0,if x<＝vt＋L.
v＝-.4;L＝1;T＝2.5;nx＝50;
om＝5;
phi＝@(x)      0 * x;
g＝@(t)        sin(om * t);
[u,nt]＝ftfs(v,L,T,nx,phi,g);
x＝linspace(0,L,nx＋1);t＝linspace(0,T,nt＋1);
U(:,1)＝sin(om * (-x/v＋L/v)). * (T -x/v＋L/v>0);
fprintf('Maximum error＝％g\n',max(abs(U -u(:,nt＋1))))
for j＝2:nt＋1
    plot(x,u(:,j),'k',x,U,'ro','LineWidth',.1);
    xlabel('x');ylabel('U');
    title(['t＝',num2str(t(j))]);
    legend('FTFS','Exact','Location','SouthWest');
    pause(.001);
end
end
```

考虑带衰减的平流方程：

$$U_t + vU_x = \lambda U \tag{3.1.41}$$

其中 λ 是衰减系数。未知函数的变化

$$W = U\exp(-\lambda t) \tag{3.1.42}$$

将公式(3.1.41)转换为

$$W_t + vW_x = 0$$

所以，因平流方程引入的所有 MATLAB 函数经过微小改动都可以很好地用于公式(3.1.41)，参见练习 3.4.12。

考虑变系数的平流方程：

$$U_t + v(x,t)U_x = 0 \tag{3.1.43}$$

式中：$v(x,t)$ 是一个给定函数。如果 $v(x,t) > 0$，那么应用 FTBS 方法可以得到

$$u_i^{j+1} = (1 - sv_i^j)u_i^j + sv_i^j u_{i-1}^j \tag{3.1.44}$$

其中 $v_i^j = v(x_i, t_j)$。方法(3.1.44)的稳定条件如下：

$$s \mid v_i^j \mid \leqslant 1, \quad \forall i, j \tag{3.1.45}$$

实际上，

$$\mid u_i^{j+1} \mid \leqslant (1 - sv_i^j) \mid u_i^j \mid + sv_i^j \mid u_{i-1}^j \mid \leqslant \parallel \boldsymbol{u}^j \parallel_\infty \Rightarrow \parallel \boldsymbol{u}^{j+1} \parallel_\infty \leqslant \parallel \boldsymbol{u}^j \parallel_\infty$$

如果 $v(x,t) < 0$，那么应用 FTFS 方法可以得到

$$u_i^{j+1} = (1 + sv_i^j)u_i^j - sv_i^j u_{i+1}^j \tag{3.1.46}$$

其在条件(3.1.45)下是稳定的。

3.2 线性方法

3.2.1 热方程

线性方法是一种用于偏微分方程数值积分的半离散有限差分方法，只有空间变量被离散化，而时间变量保持连续。下面我们通过一维热方程来说明该方法：

$$U_t = \alpha U_{xx}, \quad 0 < x < L, \ t > 0 \tag{3.2.1}$$

其中变量 x 是离散化的，而变量 t 不是。使用 U_{xx} 的中心近似可以得到

$$\dot{u}_i = p(u_{i+1} - 2u_i + u_{i-1}), \quad i = 1, 2, \cdots, n-1, \ n\Delta x = L \tag{3.2.2}$$

式中：$p = \alpha/(\Delta x)^2$，并且

$$u_i = u(x_i, t), \quad \dot{u}_i = u_t(x_i, t)$$

公式(3.2.2)是一个由 $n-1$ 个常微分方程组成的方程式，沿线 $x = x_i$ 进行积分，如图 3.2.1 所示。公式(3.2.2)有 $n+1$ 个未知函数：$u_0(t), \cdots, u_n(t)$，比方程多两个。对于狄利克雷问题，两个函数是已知的，由边界条件 $u_0 = u(0,t) = g_1(t)$、$u_n = u(L,t) = g_2(t)$ 以及微分方程可以解决。此外，公式(3.2.2)的矩阵形式如下：

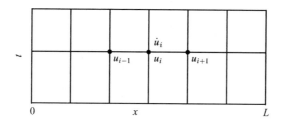

图 3.2.1　线性方法

$$\begin{bmatrix} \dot{u}_1 \\ \dot{u}_2 \\ \vdots \\ \dot{u}_{n-1} \end{bmatrix} = p \begin{bmatrix} -2 & 1 & & \\ 1 & -2 & 1 & \\ & \ddots & \ddots & \ddots \\ & & 1 & -2 \end{bmatrix} \begin{bmatrix} u_1 \\ u_2 \\ \vdots \\ u_{n-1} \end{bmatrix} + p \begin{bmatrix} u_0 \\ 0 \\ \vdots \\ u_n \end{bmatrix}$$

$$\dot{u} = Au + a \tag{3.2.3}$$

式中：a 是一个已知项。公式(3.2.3)解决了狄利克雷问题。

考虑公式(3.2.1)的诺依曼问题，其边界条件如下：

$$-U_x(0,t) = g_1(t), \quad U_x(L,t) = g_2(t) \tag{3.2.4}$$

对公式(3.2.4)中的导数应用中心近似得出：

$$-\frac{u_1 - u_{-1}}{2\Delta x} = g_1, \quad \frac{u_{n+1} - u_{n-1}}{2\Delta x} = g_2 \tag{3.2.5}$$

因为未知项 u_{-1} 和 u_{n+1}，所以公式(3.2.5)不适用。因此，考虑当 $i=0$ 和 $i=n$ 时由公式(3.2.2)获得如下方程：

$$\dot{u}_0 = p(u_1 - 2u_0 + u_{-1}), \quad \dot{u}_n = p(u_{n+1} - 2u_n + u_{n-1}) \tag{3.2.6}$$

求解关于未知项的代数方程(3.2.5)并将结果代入微分方程(3.2.6)，得到

$$\dot{u}_0 = 2p(u_1 - u_0) + 2p\Delta x g_1, \quad \dot{u}_n = 2p(u_{n-1} - u_n) + 2p\Delta x g_2 \tag{3.2.7}$$

公式(3.2.2)、(3.2.7)是解决诺依曼问题的方程式，其矩阵形式如下：

$$\begin{bmatrix} \dot{u}_0 \\ \dot{u}_1 \\ \vdots \\ \dot{u}_n \end{bmatrix} = p \begin{bmatrix} -2 & 2 & & \\ 1 & -2 & 1 & \\ & \ddots & \ddots & \ddots \\ & & 2 & -2 \end{bmatrix} \begin{bmatrix} u_0 \\ u_1 \\ \vdots \\ u_n \end{bmatrix} + 2p\Delta x \begin{bmatrix} g_1 \\ 0 \\ \vdots \\ g_2 \end{bmatrix}$$

$$\dot{u} = Au + a \tag{3.2.8}$$

另一种近似边界条件(3.2.4)的方法如下：

$$-\frac{u_1 - u_0}{\Delta x} = g_1, \quad \frac{u_n - u_{n-1}}{\Delta x} = g_2$$

其中应用了前向近似和后向近似。上述条件虽然不存在未知项，但不太准确。罗宾问题讨论与之类似。

例 3.2.1 考虑由于均匀载荷 q 导致黏土层中的固结过程，如图 3.2.2 所示。超孔隙压力 U 的演变由以下狄利克雷问题控制：

$$U_t - c_v U_{zz} = 0, \quad 0 < z < L, \ 0 < t \leqslant T \tag{3.2.9}$$

$$U(z,0) = q, \quad 0 \leqslant z \leqslant L \tag{3.2.10}$$

$$U(0,t) = 0, \quad U(L,t) = 0, \quad 0 < t \leqslant T \tag{3.2.11}$$

式中：$c_v = 10^{-7} \ \mathrm{m}^2/\mathrm{s}$ 是固结系数。

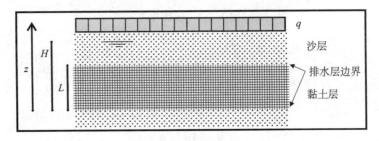

图 3.2.2 合 并

下面给出了一个函数，应用线性方法解决问题(3.2.9)～(3.2.11)。已知 $L = 8 \ \mathrm{m}$，$T = 3$ 年，数值解的图形如图 3.2.3 所示。

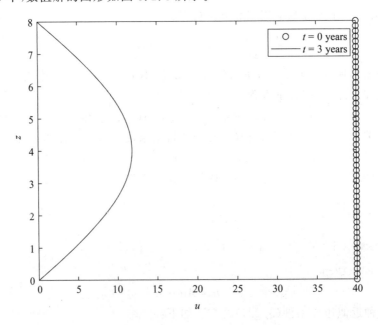

图 3.2.3 问题(3.2.9)～(3.2.11)的数值解图形

```
function u=consolidation1
% This is the function file consolidation1. m.
% Method of Lines is applied to solve the Dirichlet problem
% Ut -cv Uzz=0,U(z,0)=q,U(0,t)=U(L,t)=0.
```

```
% Initialization
cv=10^(-7);L=8;T=3*365*24*3600;   % 1 年＝365×24×3600 s
q=40;
n=50;dz=L/n;p=cv/dz^2;z=linspace(0,L,n+1);
AA=[ones(n-1,1) -2*ones(n-1,1) ones(n-1,1)];
A=p*spdiags(AA,-1:1,n-1,n-1);
u=q*ones(n+1,1);        % Vector u is initialized with the initial condition.
plot(u,z,'ro');        % The initial condition is plotted.
hold on;               % Retains plots. New plots do not delete previous plots.
% Method of Lines
[~,y]=ode45(@system,[0 T],u(2:end-1),[ ],A);
    %[t,y]=ode45(@fun,ti,ic,options,p1,p2,…)
    % This function solves the systems of ordinary differential equations;
    % fun is the local function where the differential system is defined;
    % ti is the vector containing the initial and final times;
    % ic is the vector containing the initial values;
    % The symbol[ ]replaces the structure'options' that is not used in this case;
    % p1,p2,…are other parameters passed to ode45,in this example A.
    % The function returns the column vector t and the matrix y that has the
    % same number of rows as t. In this example,t has been replaced by the
    % symbol ~ as not used. The first row in y contains the solution
    % at the initial time and the last at the final time. The other rows in y
    % contain the solution at the time specified by the corresponding row in t.
u(2:n)=y(end,:);        % The final solution is copied in u.
u(1)=0;u(n+1)=0;        % Boundary conditions.
plot(u,z,'k');
xlabel('u');ylabel('z');
year=365*24*3600;
legend('t=0 years',['t=',num2str(T/year),' years']);
hold off;               % The default behavior is restored.
end
%———— Local function ————
function Du=system(~,u,B)
    % The symbol ~ replaces the variable t that is not used in this case.
Du=B*u;
end
```

当边界条件与时间有关时,应用线性方法可能会遇到一些困难,见下例。

例 3.2.2 考虑以下狄利克雷问题:

$$U_t - \alpha U_{xx}=0, \quad 0<x<L, 0<t\leqslant T \tag{3.2.12}$$

$$U(x,0)=0, \quad 0\leqslant x\leqslant L \tag{3.2.13}$$

$$\begin{cases} U(0,t) = \begin{cases} t/t_0 - (t/t_0)^2, & t \leqslant t_0 \\ 0, & t > t_0 \end{cases} \\ U(L,t) = 0, \quad 0 < t \leqslant T \end{cases} \quad (3.2.14)$$

下面应用线性方法解决问题(3.2.12)～(3.2.14)。其数值解的图形如图 3.2.4 所示。

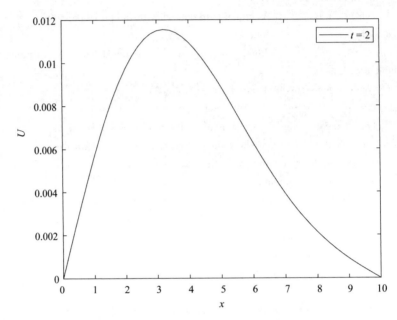

图 3.2.4 问题(3.2.12)～(3.2.14)的数值解图形

```
function u＝lines_heat1
% This is the function file lines_heat1.m.
% Method of Lines is applied to solve the Dirichlet problem：
% Ut＝alpha Uxx,U(x,0)＝0,U(L,t)＝0.
% U(0,t)＝t/t0 -t2/t02,if t<—t0,
% U(0,t)＝0,if t>t0.
% Initialization
alpha＝3；L＝10；T＝2；nx＝50；
dx＝L/nx；p＝alpha/dx2；x＝linspace(0,L,nx+1)；
AA＝[ones(nx-1,1) -2 * ones(nx-1,1) ones(nx-1,1)]；
A＝p * spdiags(AA,-1:1,nx-1,nx-1)；
a＝zeros(nx-3,1)；
u＝zeros(nx+1,1)；      % Initial condition.
% Method of Lines
tic                    % tic and toc functions measure the time elapsed between the two.
[～,y]＝ode45(@system,[0 T],u(2:end-1),[ ],A,a,p)；
```

```
u(2:nx)=y(end,:);
u(1)=g1(T);u(nx+1)=0;
toc                        % See tic
% Plot
plot(x,u,'k');
xlabel('x');ylabel('U');
legend(['t=',num2str(T)],'Location','NorthEast');
end
% ————Local functions ————-
function f=g1(t)
t0=.5;
f=(t/t0 -t^2/t0^2) * (t<=t0);
end
function Du=system(t,u,A,a,p)
Du=A*u+[p*g1(t);a;0];
end
```

练习 3.4.13～练习 3.4.17 中建议了其他应用。

下面考虑诺依曼-狄利克雷问题:

$$-U_x(0,t)=g_1(t), \quad U(L,t)=g_2(t) \tag{3.2.15}$$

线性方法的方程是由公式 $(3.2.7)_1$、$(3.2.2)$ 推导出来的,为方便起见,改写为

$$\dot{u}_0 = 2p(u_1-u_0)+2p\Delta x g_1$$

$$\dot{u}_i = p(u_{i+1}-2u_i+u_{i-1}), \quad i=1,\cdots,n-2$$

$$\dot{u}_{n-1} = p(u_{n-2}-2u_{n-1})+pg_2$$

其等价的矩阵形式如下:

$$
\begin{bmatrix} \dot{u}_0 \\ \dot{u}_1 \\ \vdots \\ \dot{u}_{n-1} \end{bmatrix}
= p
\begin{bmatrix}
-2 & 2 & & \\
1 & -2 & 1 & \\
& \ddots & \ddots & \ddots \\
& & 1 & -2
\end{bmatrix}
\begin{bmatrix} u_0 \\ u_1 \\ \vdots \\ u_{n-1} \end{bmatrix}
+ p
\begin{bmatrix} 2\Delta x g_1 \\ 0 \\ \vdots \\ g_2 \end{bmatrix}
$$

$$\dot{u}=Au+a \tag{3.2.16}$$

公式 $(3.2.16)$ 将应用于以下例子中。狄利克雷-诺依曼问题:

$$-U_x(0,t)=g_1(t), \quad U(L,t)=g_2(t) \tag{3.2.17}$$

类似以上讨论,参见练习 3.4.18。

例 3.2.3 再次考虑均匀载荷 q 引起的固结过程,参见例 3.2.1。我们讨论一种有差异的力学情况:上排水层和下不透水层之间的黏土层,如图 3.2.5 所示。超孔隙压力 U 的演变由以下诺依曼-狄利克雷问题控制:

$$U_t - c_v U_{zz}=0, \quad 0<z<L, \ 0<t\leqslant T \tag{3.2.18}$$

$$U(z,0)=q, \quad 0\leqslant z\leqslant L \tag{3.2.19}$$

$$\begin{cases} U_z(0,t)=0 \\ U(L,t)=0 \end{cases}, \quad 0 < t \leqslant T \tag{3.2.20}$$

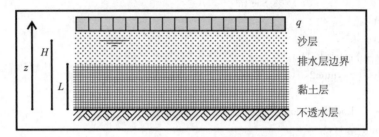

图 3.2.5　合　并

　　下面的指令程序介绍了一个函数，应用线性方法解决问题(3.2.18)～(3.2.20)。其数值解的图形如图 3.2.6 所示。

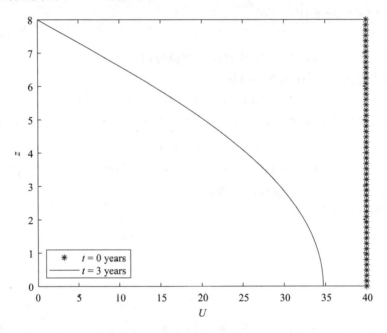

图 3.2.6　问题(3.2.18)～(3.2.20)的数值解图形

```
function u＝consolidation2
% This is the function file consolidation2. m.
% Method of Lines is applied to solve the Neumann – Dirichlet problem：
% Ut -cv * Uzz＝0,U(z,0)＝q,Ux(0,t)＝0,U(L,t)＝0.
% Initialization
cv＝10^(-7);L＝8;T＝3 * 365 * 24 * 3600;
n＝50;dz＝L/n;p＝cv/dz^2;z＝linspace(0,L,n＋1);
q＝40;z＝linspace(0,L,n＋1);
```

```
AA=[ones(n,1) -2 * ones(n,1) [0;2;ones(n-2,1)]];
A=p * spdiags(AA,-1:1,n,n);
a=zeros(n-2,1);
u=q * ones(n+1,1);
plot(u,z,'r*');
hold on;
% Method of Lines
[~,y]=ode45(@system,[0 T],u(1:end-1),[],A,a);
u(1:n)=y(end,:);
u(n+1)=0;
plot(u,z,'k');
xlabel('u');ylabel('z');
year=365 * 24 * 3600;
legend('t=0 year',['t=',num2str(T/year),' years'],'Location','SouthWest');
hold off;
end
%——— Local function ———
function Du=system(~,u,B,b)
Du=B * u+[0;b;0];
End
```

练习 3.4.19 和练习 3.4.20 中建议了其他应用。

3.2.2　非线性方程组

考虑方程:
$$U_t = \alpha U_{xx} + F(U, U_x) \tag{3.2.21}$$
其中 F 可以非线性地依赖于 U 和 U_x。例如,当 $F=-UU_x$ 时,公式(3.2.21)可化简为伯格斯[1]方程:
$$U_t + UU_x = \alpha U_{xx} \tag{3.2.22}$$
当 $F=U_x^2/(1+U)$ 时,公式(3.2.21)可化简为
$$U_t = U_x^2/(1+U) + \alpha U_{xx} \tag{3.2.23}$$
让我们将线性方法应用于公式(3.2.21)。使用空间导数的中心近似可以得到以下常微分方程组:
$$\dot{u}_i = p(u_{i+1} - 2u_i + u_{i-1}) + F(u_i, (u_{i+1} - u_{i-1})/(2\Delta x)) \tag{3.2.24}$$
式中: $p=\alpha/(\Delta x)^2$。

对于伯格斯方程(3.2.22),公式(3.2.24)可以写为

---

①　Johannes Martinus Burgers(约翰内斯·马丁斯·伯格斯,1895—1981),荷兰科学家。他提出了以他的名字命名的方程式。伯格斯方程出现在气体和流体力学以及交通流量中。

$$\dot{u}_i = p(u_{i+1} - 2u_i + u_{i-1}) - qu_i(u_{i+1} - u_{i-1}), \quad i = 1, \cdots, n-1$$

式中：$q = 1/2\Delta x$。更明确的是

$$\begin{cases} \dot{u}_1 = p(u_2 - 2u_1 + u_0) - qu_1(u_2 - u_0) \\ \dot{u}_i = p(u_{i+1} - 2u_i + u_{i-1}) - \\ \qquad qu_i(u_{i+1} - u_{i-1}), \quad i = 2, \cdots, n-2 \\ \dot{u}_{n-1} = p(u_n - 2u_{n-1} + u_{n-2}) - qu_{n-1}(u_n - u_{n-2}) \end{cases} \quad (3.2.25)$$

考虑带边界条件的狄利克雷问题：

$$U(0, t) = g_1(t), \quad U(L, t) = g_2(t) \quad (3.2.26)$$

在这种情况下，公式(3.2.25)是一个含 $n-1$ 个未知函数 $u_1, \cdots, u_{n-1}$ 由 $n-1$ 个方程组成的方程式，而函数 u_0、u_n 是已知的，并由下式给出：

$$u_0(t) = g_1(t), \quad u_n(t) = g_2(t)$$

例 3.2.4 考虑伯格斯方程(3.2.22)，具有特殊初始边界条件：

$$U(x, 0) = 2\alpha[1 - \tanh(x)] \quad 0 \leqslant x \leqslant L \quad (3.2.27)$$

$$\begin{cases} U(0, t) = 2\alpha[1 - \tanh(-2\alpha t)] \\ U(L, t) = 2\alpha[1 - \tanh(L - 2\alpha t)] \end{cases}, \quad 0 < t < T \quad (3.2.28)$$

下面介绍一个函数，应用线性方法解决问题(3.2.27)、(3.2.28)。由于不能在 MATLAB 中索引 0，因此系统(3.2.25)中的所有下标编号都要重新调整，$u_0 \rightarrow u_1$，$u_n \rightarrow u_{n+1}$，之后引入参数：

$$w(1) = u(2), \cdots, w(n-1) = u(n)$$

$$g_1 = u(1), \quad g_2 = u(n+1)$$

因此，系统(3.2.25)用 MATLAB 可表示为

Dw(1)=p*(w(2)-2*w(1)+g1(t))-q*w(1)*(w(2)-g1(t))

Dw(2:n-2)=p*(w(3:n-1)-2*w(2:n-2)+w(1:n-3))-q*w(2:n-2).*(w(3:n-1):-w(1n-3))

Dw(n-1)=p*(w(n-2)-2*w(n-1)+g2(t))-q*w(n-1)*(g2(t)-w(n-2))

应用线性方法得到的数值解图形如图 3.2.7 所示，并且精确解为 $U(x, t) = 2\alpha[1 - \tanh(x - 2\alpha t)]$。

```
function u= burgers
% This is the function file burgers. m.
% Method of Lines is applied to solve the following Dirichlet problem：
% Ut+U Ux=alpha Uxx,U(x,0)=2 * alpha -2 * alpha * tanh(x)
% U(0,t)=2 * alpha -2 * alpha * tanh(-2 * alpha * t),
% U(L,t)=2 * alpha -2 * alpha * tanh( L -2 * alpha * t),
% Analytical solution：U=2 * alpha -2 * alpha * tanh(x -2 * alpha * t).
% Initialization
L=1;alpha=1;T=1;n=2;
```

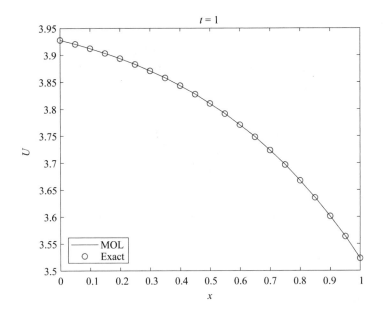

图 3.2.7 问题(3.2.27)、(3.2.28)的数值解图形

```
x=linspace(0,L,n+1);
u=2 * alpha -2 * alpha * tanh(x');
% Method of Lines
[～,y]=ode45(@system,[0 T],u(2:end-1),[ ],L,n,alpha);
u(2:n)=y(end,:);
u(1)=g1(T,alpha);
u(n+1)=g2(T,alpha,L);
U=2 * alpha -2 * alpha * tanh(x' -2 * alpha * T);
plot(x,u,'k',x,U,'ro');
title(['t=',num2str(T)]);xlabel('x');ylabel('U');
fprintf('Maximum error= %g\n',max(abs(U -u)))
legend('MOL','Exact','Location','SouthWest');
end
%———— Local functions ————
function f=g1(t,alpha)
f=2 * alpha -2 * alpha * tanh(-2 * alpha * t);
end
function f=g2(t,alpha,L)
f=2 * alpha -2 * alpha * tanh(L-2 * alpha * t);
end
function Dw=system(t,w,L,n,alpha)
dx=L/n;p=alpha/dx2;q=1/2/dx;
Dw(1,1)=p * (w(2)-2 * w(1)+g1(t,alpha))-q * w(1) * (w(2)-g1(t,alpha));
```

101

```
Dw(2:n-2,1)＝p＊(w(3:n-1)-2＊w(2:n-2)＋w(1:n-3))...
        -q＊w(2:n-2).＊(w(3:n-1)-w(1:n-3));
Dw(n-1,1)＝p＊(w(n-2)-2＊w(n-1)＋g2(t,alpha,L))...
        -q＊w(n-1)＊(g2(t,alpha,L)-w(n-2));
% Note that w(1)＝u(2),...,w(n-1)＝u(n),g1＝u(1),g2＝u(n+1).
end
```

考虑非线性方程(3.2.23)。方程(3.2.24)可简化为

$$\dot{u}_i = p(u_{i+1} - 2u_i + u_{i-1}) + \frac{p(u_{i+1} - u_{i-1})^2}{4(1+u_i)}, \quad i = 1,\cdots,n-1 \quad (3.2.29)$$

并且更明确的是

$$\begin{cases} \dot{u}_1 = p(u_2 - 2u_1 + u_0) + p(u_2 - u_0)^2/4(1+u_1) \\ \dot{u}_i = p(u_{i+1} - 2u_i + u_{i-1}) + \\ \quad p(u_{i+1} - u_{i-1})^2/4(1+u_i), \quad i = 2,\cdots,n-2 \\ \dot{u}_{n-1} = p(u_n - 2u_{n-1} + u_{n-2}) + p(u_n - u_{n-2})^2/4(1+u_{n-1}) \end{cases} \quad (3.2.30)$$

在带边界条件(3.2.26)的狄利克雷问题中，函数 u_0 和 u_n 是已知的：

$$u_0(t) = g_1(t), \quad u_n(t) = g_2(t)$$

并且方程(3.2.30)包含 $n-1$ 个未知函数 $u_1,\cdots,u_{n-1}$。

例3.2.5 考虑公式(3.2.23)，初始边界条件如下：

$$U(x,0) = -1 + \sqrt{1+2x^2}, \quad 0 \leqslant x \leqslant L \quad (3.2.31)$$

$$\begin{cases} U(0,t) = -1 + \sqrt{1+4t} \\ U(L,t) = -1 + \sqrt{1+2(L^2+2t)} \end{cases}, \quad 0 < t < T \quad (3.2.32)$$

给出一个函数，应用线性方法求解问题(3.2.31)、(3.2.32)。由于在 MATLAB 中不能索引 0，故方程(3.2.30)中所有下标都要重新调整：$u_0 \rightarrow u_1, u_n \rightarrow u_{n+1}$，之后引入参数：

$$w(1) = u(2),\cdots,w(n-1) = u(n), \quad g_1 = u(1), \quad g_2 = u(n+1)$$

因此，方程(3.2.30)用 MATLAB 可表示为

```
Dw(1)＝p＊(w(2)-2＊w(1)＋g1(t))＋p/4＊(w(2)-g1(t))²/(1+w(1))
Dw(2:n-2,1)＝p＊(w(3:n-1)-2＊w(2:n-2)＋w(1:n-3))...
        ＋p/4＊(w(3:n-1)-w(1:n-3)).²./(1+w(2:n-2))
Dw(n-1)＝p＊(w(n-2)-2＊w(n-1)＋g2(t,L))...
        ＋p/4＊(g2(t)-w(n-2))²/(1+w(n-1))
Dw(1)＝p＊(w(2)-2＊w(1)＋g1(t))＋p/4＊(w(2)-g1(t))²/(1+w(1))
Dw(2:n-2,1)＝p＊(w(3:n-1)-2＊w(2:n-2)＋w(1:n-3))...
        ＋p/4＊(w(3:n-1)-w(1:n-3)²../(1+w(2:n-2))
Dw(n-1)＝p＊(w(n-2)-2＊w(n-1)＋g2(t,L))...
        ＋p/4＊(g2(t)-w(n-2))²/(1+w(n-1))
```

应用线性方法得到的数值解图形如图 3.2.8 所示,并且精确解为

$$U(x,t) = -1 + \sqrt{1 + 2(x^2 + 2t)}$$

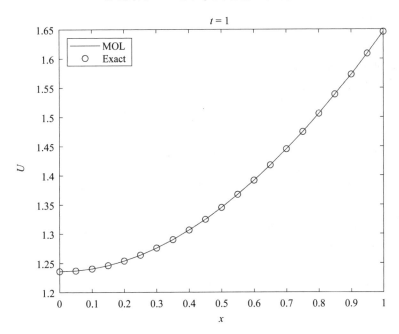

图 3.2.8　问题(3.2.31)、(3.2.32)的数值解图形

function u＝nonlinear

% This is the function file nonlinear. m.

% Method of Lines is applied to solve the following Dirichlet problem:

% Ut＝(Ux)^2/(1+U),Uxx,U(x,0)=-1+sqrt(1+2 * x^2),

% U(0,t)=-1+sqrt(1+4 * t),U(L,t)=-1+sqrt(1+2 * (L^2＋2 * t)).

% Analytical solution:U=-1+sqrt(1+2 * (x^2＋2 * t)),

% Initialization

L＝1;T＝1;n＝20;

x＝linspace(0,L,n+1);

u=-1＋sqrt(1+2 * x'.^{2});

% Method of Lines

[～,y]＝ode15s(@system,[0 T],u(2:end-1),[ ],L,n);

% For stiff problems ode15 scan work better than ode45

u(2:n)＝y(end,:);

u(1)＝g1(T);u(n+1)＝g2(T,L);

U=-1＋sqrt(1+2 * (x'.^{2}＋2 * T));

plot(x,u,'k',x,U,'ro');

title(['t＝',num2str(T)]);xlabel('x');ylabel('U');

legend('MOL','Exact','Location','NorthWest');

```
fprintf('Maximum error=%g\n',max(abs(U -u)))end
% ———— Local functions ————
function f=g1(t)
f=-1+sqrt(1+4 * t);end
function f=g2(t,L)
f=-1+sqrt(1+2 * (L² +2 * t));end
functionDw=system(t,w,L,n)
dx=L/n;p=1/dx²;
Dw(1,1)=p * (w(2)-2 * w(1)+g1(t))+p/4 * (w(2)-g1(t))²/(1+w(1));
Dw(2:n-2,1)=p * (w(3:n-1)-2 * w(2:n-2)+w(1:n-3))...
                +p/4 * (w(3:n-1)-w(1:n-3))²../(1+w(2:n-2));
Dw(n-1,1)=p * (w(n-2)-2 * w(n-1)+g2(t,L))...
                +p/4 * (g2(t,L)-w(n-2))²/(1+w(n-1));
% Note that w(1)=u(2),...,w(n-1)=u(n),g1=u(1),g2=u(n+1).
end
```

练习 3.4.21 中建议了其他应用。

最后，给出一种针对以下方程的有限差分方法：

$$U_t = \alpha U_{xx} + F(U, U_x) \tag{3.2.33}$$

使用时间导数的前向近似和空间导数的中心近似，可以得到

$$u_i^{j+1} = (1-2r\alpha)u_i^j + r\alpha(u_{i+1}^j + u_{i-1}^j) + \Delta t F\left(u_i^j, \frac{u_{i+1}^j - u_{i-1}^j}{2\Delta x}\right) \tag{3.2.34}$$

式中：$r = \Delta t / (\Delta x)^2$。可以证明，方法（3.2.34）的稳定条件如下：

$$1 - M\Delta t - 2r\alpha \geqslant 0, \quad r\alpha - M_1 s/2 \geqslant 0$$

式中：

$$M = \sup_{(x,t)} |F_u|, \quad M_1 = \sup_{(x,t)} |F_{u_x}|, \quad s = \Delta t / \Delta x$$

3.2.3 可变扩散系数

考虑具有可变扩散系数的一维热方程：

$$U_t - \alpha(x,t)U_{xx} = 0, \quad 0 < x < L, 0 < t \leqslant T \tag{3.2.35}$$

其中 $\alpha(x,t)$ 是严格的正函数。让我们将线性方法应用于公式（3.2.35），可以得到以下常微分方程式：

$$\dot{u}_i = p_i(u_{i+1} - 2u_i + u_{i-1}), \quad i=1,\cdots,n-1 \tag{3.2.36}$$

式中：

$$u_i(t) = u(x_i, t), \quad \alpha_i(t) = \alpha(x_i, t), \quad p_i(t) = \alpha_i(t)/(\Delta x)^2, \quad i=1,\cdots,n-1$$

方程（3.2.36）可以写成矩阵形式：

$$\begin{bmatrix} \dot{u}_1 \\ \dot{u}_2 \\ \vdots \\ \dot{u}_{n-1} \end{bmatrix} = \begin{bmatrix} -2p_1 & p_1 & & \\ p_2 & -2p_2 & p_2 & \\ & \ddots & \ddots & \ddots \\ & & p_{n-1} & -2p_{n-1} \end{bmatrix} \begin{bmatrix} u_1 \\ u_2 \\ \vdots \\ u_{n-1} \end{bmatrix} + \begin{bmatrix} p_1 u_0 \\ 0 \\ \vdots \\ p_{n-1} u_n \end{bmatrix}$$

$$\dot{u}=A(p)u+a(p) \tag{3.2.37}$$

式中:$A(p)$、$a(p)$分别表示 A 和 a 依赖于 $p=(p_1,\cdots,p_{n-1})$。

例 3.2.6 函数展示,应用线性方法解决以下狄利克雷问题:

$$U_t-(1+t)U_{xx}=0, \quad 0<x<L, 0<t\leqslant T \tag{3.2.38}$$

$$U(x,0)=\sin(\pi x/L), \quad 0\leqslant x\leqslant L \tag{3.2.39}$$

$$U(0,t)=0, \quad U(L,t)=0, \quad t>0 \tag{3.2.40}$$

数值解的图形如图 3.2.9 所示,其解析解为

$$U(x,t)=\sin(\pi x/L)\exp[-(\pi/L)^2(t+t^2/2)]$$

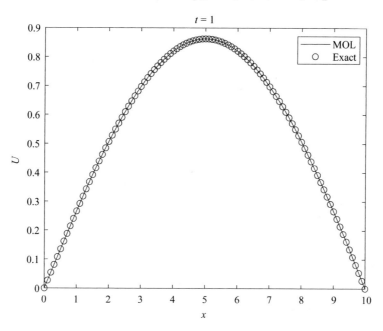

图 3.2.9 问题(3.2.38)~(3.2.40)的数值解图形

```
function u=variable1
% This is the function file variable1. m.
% Method of Lines is applied to solve the following Dirichlet problem:
% Ut=(1+t)Uxx,U(x,0)=sin(pi * x/L),U(0,t)=0,U(L,t)=0.
% Analytical solution:U=sin(pi * x/L) * exp(-(pi/L)^2 * (t+t^2/2)).
% Initialization
L=10;T=1;n=100;
x=linspace(0,L,n+1);
u=sin(pi * x'/L);
U=sin(pi * x'/L) * exp(-(pi/L)^2 * (T+T^2/2));
% Method of Lines
[~,y]=ode45(@system,[0T],u(2:end-1),[],L,n);
u(2:n)=y(end,:);
```

```
plot(x,u,'k',x,U,'ro');
xlabel('x');ylabel('U');
title(['t=',num2str(T)]);legend('MOL','Exact');
fprintf('Maximum error=%g\n',max(abs(U -u)))
end
% ————-Local function ————
function Du=system(t,u,L,n)
dx=L/n;
p=(1+t) * ones(n+1,1)/dx²;
AA=[p(3:n+1) -2 * p(2:n) p(1:n-1)];
A=spdiags(AA,-1:1,n-1,n-1);
Du=A * u+[0;zeros(n-3,1);0];
end
```

练习 3.4.22 中建议了其他应用。

最后，给出了公式(3.2.35)的有限差分方法。该方法源自显式欧拉方法，并且表示如下：

$$\frac{u_i^{j+1} - u_i^j}{\Delta t} = \alpha_i^j \frac{u_{i+1}^j - 2u_i^j + u_{i-1}^j}{\Delta x^2} \tag{3.2.41}$$

式中：$\alpha_i^j = \alpha(x_i,t_j)$。因此，通过位置 $r = \Delta t / \Delta x^2$，可以得到

$$u_i^{j+1} = (1-2r\alpha_i^j)u_i^j + r\alpha_i^j(u_{i+1}^j + u_{i-1}^j) \tag{3.2.42}$$

方法(3.2.42)的稳定条件如下：

$$2r\alpha_i^j \leqslant 1, \quad \forall i,j \tag{3.2.43}$$

参见练习 3.4.23 和练习 3.4.24。

3.2.4 对流-扩散方程

考虑对流-扩散方程：

$$U_t + vU_x - \alpha U_{xx} = 0, \quad 0 < x < L, 0 < t \leqslant T \tag{3.2.44}$$

用 3.1.1 小节上风法讨论。线性方法用于公式(3.2.44)将会出现不同的表达式，而这取决于 U_x 的近似。

如果 $v > 0$，则使用后向近似，我们可以得到

$$\dot{u}_i = -\frac{v}{\Delta x}(u_i - u_{i-1}) + \frac{\alpha}{(\Delta x)^2}(u_{i+1} - 2u_i + u_{i-1}), \quad i = 1,\cdots,n-1 \tag{3.2.45}$$

如果 $v < 0$，则使用前向近似可以得到

$$\dot{u}_i = -\frac{v}{\Delta x}(u_{i+1} - u_i) + \frac{\alpha}{(\Delta x)^2}(u_{i+1} - 2u_i + u_{i-1}), \quad i = 1,\cdots,n-1 \tag{3.2.46}$$

由公式(3.2.45)、(3.2.46)可以得到

$$\dot{u}_i = \left[\frac{\alpha}{(\Delta x)^2} + \frac{v}{\Delta x}\right] u_{i-1} - \left[\frac{2\alpha}{(\Delta x)^2} + \frac{v}{\Delta x}\right] u_i + \frac{\alpha}{(\Delta x)^2} u_{i+1}, \quad i = 1, \cdots, n-1$$

$$\dot{u}_i = \frac{\alpha}{(\Delta x)^2} u_{i-1} - \left[\frac{2\alpha}{(\Delta x)^2} - \frac{v}{\Delta x}\right] u_i + \left[\frac{\alpha}{(\Delta x)^2} - \frac{v}{\Delta x}\right] u_{i+1}, \quad i = 1, \cdots, n-1$$

将以上两式合并成一个方程:

$$\dot{u}_i = p u_{i-1} - (p+q) u_i + q u_{i+1}, \quad i = 1, \cdots, n-1 \qquad (3.2.47)$$

式中:

$$p = \begin{cases} \alpha/(\Delta x)^2 + |v|/\Delta x, & v > 0 \\ \alpha/(\Delta x)^2, & v < 0 \end{cases}$$

$$q = \begin{cases} \alpha/(\Delta x)^2, & v > 0 \\ \alpha/(\Delta x)^2 + |v|/\Delta x, & v < 0 \end{cases}$$

公式(3.2.47)是公式(3.2.44)线性方法的上风版,它可以写成如下矩阵形式:

$$\begin{bmatrix} \dot{u}_1 \\ \dot{u}_2 \\ \vdots \\ \dot{u}_{n-1} \end{bmatrix} = \begin{bmatrix} -(p+q) & q & & \\ p & -(p+q) & q & \\ & \ddots & \ddots & \ddots \\ & & p & -(p+q) \end{bmatrix} \begin{bmatrix} u_1 \\ u_2 \\ \vdots \\ u_{n-1} \end{bmatrix} + \begin{bmatrix} p u_0 \\ 0 \\ \vdots \\ q u_n \end{bmatrix}$$

$$\dot{u} = Au + a \qquad (3.2.48)$$

当然,也可以使用 U_x 的中心近似。在这种情况下,线性方法用于公式(3.2.44)可以得到

$$\dot{u}_i = -\frac{v}{2\Delta x}(u_{i+1} - u_{i-1}) + \frac{\alpha}{(\Delta x)^2}(u_{i+1} - 2u_i + u_{i-1}), \quad i = 1, \cdots, n-1$$

$$(3.2.49)$$

例 3.2.7 考虑狄利克雷问题:

$$U_t + vU_x - \alpha U_{xx} = 0, \quad v > 0, 0 < x < L, 0 < t \leqslant T \qquad (3.2.50)$$

$$U(x, 0) = 0, \quad 0 \leqslant x \leqslant L \qquad (3.2.51)$$

$$U(0, t) = \begin{cases} t/t_0 - (t/t_0)^2, & t \leqslant t_0 \\ 0, & t > t_0 \end{cases}, \quad U(L, t) = 0, \quad t > 0 \qquad (3.2.52)$$

以下程序中有函数应用,其应用方法(3.2.48)解决了问题(3.2.50)~(3.2.52)。其数值解的图形如图 3.2.10 所示。

```
function u=lines_c_d_1
% This is the function file lines_c_d_1. m. m.
% Method of Lines is applied to solve the special Dirichlet problem:
% Ut+v * Ux=alpha * Uxx,U(x,0)=0,U(L,t)=0.
% U(0,t)=t/t0 -t^2/t0^2,if t<t0,
% U(0,t)=0,if t>=t0.
% Initialization
```

```
alpha=0.01;v=10;L=100;T=4;n=150;
if v<=0
    error('v must be positive')
end
dx=L/n;x=linspace(0,L,n+1);
t0=.5;
g1=@(t)(t/t0 -t2/t02). * (t<t0);
p=alpha/dx2+v/dx;q=alpha/dx2;
a=zeros(n-3,1);
AA=[p * ones(n-1,1) -(p+q) * ones(n-1,1) q * ones(n-1,1)];
A=spdiags(AA,-1:1,n-1,n-1);
u=zeros(n+1,1);
% Method of Lines
[~,y]=ode45(@system,[0 T],u(2:end-1),[ ],A,a,p,g1);
u(2:n)=y(end,:);u(1)=g1(T);
plot(x,u,'k');xlabel('x');ylabel('U');
legend(['t=',num2str(T)]);
end
% ————-Local function ————-
function Du=system(t,u,A,a,p,g1)
Du=A * u+[p * g1(t);a;0];
end
```

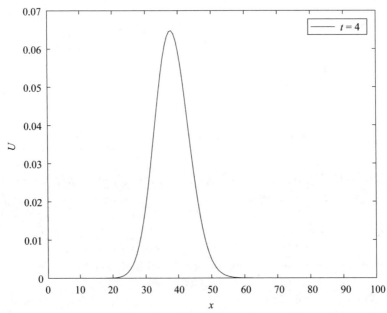

图 3.2.10　问题(3.2.50)～(3.2.52)的数值解图形

例 3.2.8 考虑狄利克雷问题：

$$U_t + vU_x - \alpha U_{xx} = 0, \quad 0 < x < L, 0 < t \leqslant T \tag{3.2.53}$$

$$U(x,0) = \begin{cases} 0, & x \in [0,x_1) \cup (x_2,L] \\ k, & x \in [x_1,x_2] \end{cases} \tag{3.2.54}$$

$$U(0,t) = 0, \quad U(L,t) = 0, \quad t > 0 \tag{3.2.55}$$

以下程序中有函数应用,应用方法(3.2.48)解决了问题(3.2.53)~(3.2.55)。其数值解的图形如图 3.2.11 所示。

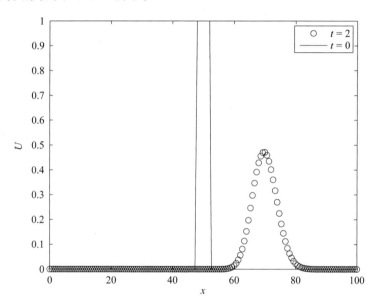

图 3.2.11 问题(3.2.53)~(3.2.55)的数值解图形

```
function u＝lines_c_d_2
％ This is the function file lines_c_d_2. m. m.
％ Method of Lines is applied to solve the special Dirichlet problem：
％ Ut＋v Ux＝alpha Uxx,U(0,t)＝0,U(L,t)＝0,
％ U(x,0)＝0,if x＜x1,
％ U(x,0)＝k,if x1<＝x<＝x2,
％ U(x,0)＝0,if x＞x2.
％ Initialization
alpha＝0. 1;v＝10;L＝100;T＝2;n＝150;
dx＝L/n;x＝linspace(0,L,n+1);
if v＞＝0
    p＝alpha/dx2+v/dx;q＝alpha/dx²;
else
    p＝alpha/dx2;q＝alpha/dx2 -v/dx；
end
```

```
i1=73;i2=79;x1=x(i1);x2=x(i2);
k=1;
phi=@(x)    k*(x>=x1).*(x<=x2);
U=feval(phi,x);
a=zeros(n-3,1);
AA=[p*ones(n-1,1) -(p+q)*ones(n-1,1) q*ones(n-1,1)];
A=spdiags(AA,-1:1,n-1,n-1);
% Method of Lines
[~,y]=ode45(@system,[0 T],U(2:end-1),[ ],A,a);
u(2:n)=y(end,:);u(1)=0;u(n+1)=0;
plot(x,u,'ko',x,U,'k','LineWidth',2);
xlabel('x');ylabel('U');
legend(['t=',num2str(T)],'t=0');
end
% ————-Local function ————-
function Du=system(~,u,A,a)
Du=A*u+[0;a;0];
end
```

练习 3.4.25 和练习 3.4.26 中建议了其他应用。

考虑具有衰减的对流-扩散方程：

$$U_t + vU_x = \alpha U_{xx} - \lambda U \tag{3.2.56}$$

式中：λ 是衰减系数。未知函数的变化

$$W = Ue^{\lambda t} \tag{3.2.57}$$

简化了公式(3.2.56)的对流-扩散方程：

$$W_t + vW_x = \alpha W_{xx} \tag{3.2.58}$$

因此，如练习 3.4.27 中所建议的，可以使用变换(3.2.56)将线性方法应用于方程(3.2.56)，并且得到

$$\dot{u}_i = pu_{i-1} - (p+q+\lambda)u_i + qu_{i+1}, \quad i=1,\cdots,n-1 \tag{3.2.59}$$

最后注意，结果(3.2.58)即使在 $\lambda = \lambda(t)$ 时也成立，参见练习 3.4.28。

3.3 保存数据和图形

3.3.1 save 函数

在命令窗口中创建的变量可以使用 save 函数保存。最简单的语法如下：

```
save name_of_file var1 var2 ....
```

例如,在创建变量之后,

a=1;M=[1 2;3 4];s='string';

使用命令

save sv_1 a M s

可以在当前目录中创建 sv_1 mat 文件,并将变量 a、M、s 保存在该文件中。如前所述,扩展名 mat 可以省略。使用该命令可以检查保存在文件中的变量:

whos-file name_of_file

例如,在 sv_1 文件中保存 a、M、s 后,使用命令

whos-file sv_1

可以产生

Name	Size	Bytes	Class	Attributes
M	2×2	32	double	
a	1×1	8	double	
s	1×6	12	char	

如果文件已经存在,则 save 函数会覆盖该文件并且之前的内容会丢失,参见练习 3.4.29。如果用户想在现有文件中保存新变量,则使用命令

save-append name_of_file n_var1 n_var2 ...

在上面的命令中,"n_var1 n_var2 ..."是将附加到已保存变量的新变量。如果文件中已经有一些新变量,则更新它们的值,参见练习 3.4.30。使用命令

save name_of_file

可以以 file 文件名保存命令窗口的所有变量。如前所述,该命令不需要指定变量。

上面的命令可以缩减为

save

也可将所有变量保存在 MATLAB.mat 文件中,参见练习 3.4.31。

save 函数以二进制格式保存变量。可以通过如下命令指定以 ASCII 格式保存变量:

save name_of_file-ascii.

例如,在创建变量"a=pi;"之后,命令

save sv_4.txt a -ascii

可使用 8 位、ASCII 格式保存 a。请注意,whos 命令不适用于这些文件。但是,它们可以用任何文本编辑器或 MATLAB 命令打开:

type('sv_4. txt')

参见练习 3.4.32。调用 save 函数也可以使用典型的函数语法：

save('name_of_file','var1','var2',...)

因此，与上面介绍的命令等效的命令如下：

save('name_of_file','n_var1','n_var2','-append')
save('name_of_file','var1','var2','-ascii')

参见练习 3.4.33。保存功能在真正感兴趣的应用程序中可能很有用。由于执行复杂的程序可能会持续数天，因此保存最终结果和中间结果非常重要。

3.3.2　load 函数

load 函数是执行 save 函数相反的操作，在命令行窗口中用它可以导入用 save 函数保存的变量。调用 load 函数的语法类似于 save，如下所示：

load name_of_file var1 var2 ...

同样地，调用 load 函数也可以使用典型的函数语法：

load('name_of_file','var1','var2',...)

如果 load 函数加载命令行窗口中已经存在的变量，则更新该变量的值，并且该变量采用它在加载文件中的值。例如，创建变量"x＝pi;"之后，从 sv_1. mat 文件中加载变量 x：

load sv_1 x

请注意，现在是

x＝15

如果 load 函数中指示的文件中不存在该变量，则 MATLAB 会发送一条错误消息，参见练习 3.4.34。以下命令

load name_of_file

可以在命令行窗口中导入 name_of_file 文件的所有变量。注意，此处省略了变量名称。上述命令仅适用于二进制文件，即带有 mat 扩展名的文件。

3.3.3　保存图片

保存图片最简单的方法是在菜单中选择 File→Save as，然后指定名称、目录和扩展名（fig,eps,jpg,pdf,tif,…）。例如，让我们用命令

fplot(@sin,[-pi pi])

生成一个图片,并且在当前目录中保存为 figure_1. fig 。保存的图片可以通过 MATLAB 菜单选项打开、查找文件。或者,也可以使用以下命令:

open($'$C:\\... \\current_directory\\figure_1. fig$'$)

　　MATLAB 生成的图片可以很容易地复制到其他程序中。在 Figure 菜单中选择 File→Preferences 并按照指示进行操作。

3.4 练习题

　　练习 3.4.1 导出公式(3.1.1)的无量纲形式。

　　答案:考虑以下变量转化:

$$\begin{cases} \xi = x/L \\ \tau = \alpha t/L^2 \end{cases} \iff \begin{cases} x = L\xi \\ t = L^2\tau/\alpha \end{cases} \tag{3.4.1}$$

和参数

$$W(\xi,\tau) = U(x(\xi,\tau), t(\xi,\tau)) \iff U(x,t) = W(\xi(x,t), \tau(x,t)) \tag{3.4.2}$$

　　由公式(3.4.1)、(3.4.2),我们可以得到

$$U_x = W_\xi/L, \quad U_{xx} = W_{\xi\xi}/L^2, \quad U_t = W_\tau\alpha/L^2$$

将上式代入公式(3.1.1)中,可以得到

$$W_\tau + PW_\xi = W_{\xi\xi}, \quad (P = vL/\alpha)$$

　　练习 3.4.2 直接由公式(3.1.3)导出稳定性条件(3.1.4),以及由公式(3.1.5)导出稳定性条件(3.1.6)。

　　练习 3.4.3 证明方法(3.1.16)、(3.1.17)的无条件稳定性。

　　提示:应用冯·诺依曼准则。将 $u_i^j = \xi^j e^{i\beta i \Delta x}$ 代入公式(3.1.16),可以得到

$$\xi[1 + 2r\alpha + vs - 2r\alpha\cos(\beta\Delta x) - vs\exp(-i\beta\Delta x)] = 1$$

$$\xi\{1 + 2r\alpha + vs - 2r\alpha\cos(\beta\Delta x) - vs[\cos(\beta\Delta x) + i\sin(\beta\Delta x)]\} = 1$$

$$|\xi|^2 = 1/\{[1 + 4r\alpha\sin^2(\beta\Delta x/2) + 2vs\sin^2(\beta\Delta x/2)]^2 + v^2s^2\sin^2(\beta\Delta x)\} < 1$$

同样的结果证明适用于方法(3.1.17)。

　　练习 3.4.4 将方法(3.1.16)和(3.1.17)合并为一个方程。

　　答案:

$$-pu_{i-1}^{j+1} + (1 + p + q)u_i^{j+1} - qu_{i+1}^{j+1} = u_i^j \tag{3.4.3}$$

式中:

$$p = \begin{cases} r\alpha + s|v|, & v \geqslant 0 \\ r\alpha, & v < 0 \end{cases}, \quad q = \begin{cases} r\alpha, & v \geqslant 0 \\ r\alpha + s|v|, & v < 0 \end{cases} \tag{3.4.4}$$

练习 3.4.5 证明方法(3.1.18)的无条件稳定性。

答案：应用冯·诺依曼准则，可以得到

$$|\xi|^2 = \frac{4[1-(2r\alpha+vs)\sin^2(\beta\Delta x/2)]^2 + v^2 s^2 \sin^2(\beta\Delta x)}{4[1+(2r\alpha+vs)\sin^2(\beta\Delta x/2)]^2 + v^2 s^2 \sin^2(\beta\Delta x)} < 1$$

练习 3.4.6 证明方法(3.1.19)的无条件稳定性。

练习 3.4.7 导出稳定性条件(3.1.30)。

练习 3.4.8 验证以下函数是问题(3.1.31)~(3.1.33)的解：

$$U(x,t) = \begin{cases} \varphi(x-vt), & x \geqslant vt \\ g(t-x/v), & x < vt \end{cases} \tag{3.4.5}$$

提示：如图 3.4.1 所示。

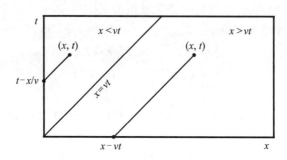

图 3.4.1 $x<vt$ 和 $x>vt$ 的区域

练习 3.4.9 考虑使用 ftbs_ex1 函数编程，将 $T=0.4$ 替换为 $T=3.4$ 并执行指令程序，解释发生了什么。

提示：需要考虑误差。

练习 3.4.10 考虑狄利克雷问题：

$$U_t + vU_x = 0, \quad 0 < x < L, 0 < t \leqslant T, v > 0 \tag{3.4.6}$$

$$\begin{cases} U(x,0) = \begin{cases} 0, & x \in [0,x_1) \cup (x_2,L] \\ K, & x \in [x_1,x_2] \end{cases} \\ U(0,t) = 0, \quad 0 < t \leqslant T \end{cases} \tag{3.4.7}$$

其解析解如下：

$$U = \begin{cases} 0, & x \in [0,x_1+vt) \cup (x_2+vt,L] \\ K, & x \in [x_1+vt,x_2+vt] \end{cases}$$

编写程序，比如 ftbs_ex2，应用 ftbs 函数来解决问题(3.4.6)、(3.4.7)。

练习 3.4.11 验证以下函数是问题(3.1.36)~(3.1.38)的解：

$$U(x,t) = \begin{cases} \varphi(x-vt), & x \leqslant vt+L \\ g[t+(L-x)/v], & x > vt+L \end{cases} \tag{3.4.8}$$

提示：如图 3.4.2 所示。

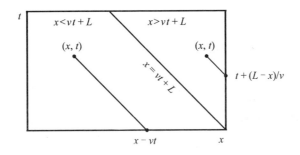

图 3.4.2 $x < vt + L$ 和 $x > vt + L$ 的区域

练习 3.4.12 编写程序，例如 ftbs_ex3，调用 fbfs 函数并解决以下初始边值问题：

$$U_t + vU_x = \lambda U, \quad 0 < x < L, \ 0 < t \leqslant T, \ v > 0 \tag{3.4.9}$$

$$\begin{cases} U(x,0) = \begin{cases} \sin(\pi x / x_1), & 0 \leqslant x \leqslant 2x_1 \\ 0, & 2x_1 < x \leqslant L \end{cases} \\ U(0,t) = 0, \quad 0 < t \leqslant T \end{cases} \tag{3.4.10}$$

问题(3.4.9)、(3.4.10)的解析解如下：

$$U(x,t) = \begin{cases} 0, & 0 \leqslant x \leqslant vt \\ \exp(\lambda t)\sin[\pi(x - vt)/x_1], & vt < x \leqslant vt + 2x_1 \\ 0, & vt + 2x_1 < x \leqslant L \end{cases}$$

提示：只提供了部分指令，数值解的图形如图 3.4.3 所示。

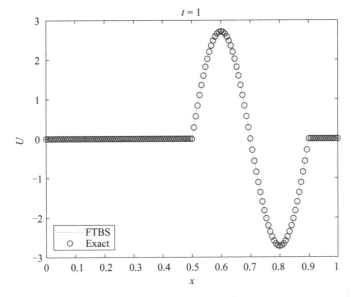

图 3.4.3 问题(3.4.9)、(3.4.10)的数值解图形

```
function u=ftbs_ex3
v=.5;L=1;T=1;nx=150;
x1=0.2;lambda=1;
phi=@(x)          sin(pi * x/x1). * (2 * x1>=x);
g=@(t)            0 * t;
[u,nt]=ftbs(v,L,T,nx,phi,g);
x=linspace(0,L,nx+1);t=linspace(0,T,nt+1);
U(1:nx+1,1)=exp(lambda * T) * sin(pi * (x-v * T)/x1). * (2 * x1+v * T>=x). * (x>=
v * T);
for j=1:nt+1
    u(:,j)=u(:,j). * exp(lambda * t(j));
end
...
end
```

练习 3.4.13 编写程序，比如 consolidation1_ee，调用例 2.3.1 中的 euler_e 函数解决合并问题(3.2.9)~(3.2.11)。

提示：参见例 2.3.2，引入初始条件的方法是

```
phi=@(z)          q * ones(1,nz+1);
```

练习 3.4.14 编写程序，比如 consolidation_ie，调用例 2.3.13 中的 euler_i 函数解决合并问题(3.2.9)~(3.2.11)。

提示：参见例 2.3.14。引入初始条件的另一种方法是

```
phi=@(z)          0 * z+q;
```

练习 3.4.15 编写程序，比如 consolidation1_c，调用例 2.3.15 中的 crank 函数解决合并问题(3.2.9)~(3.2.11)。

练习 3.4.16 编写程序，比如 lines_heat2，应用线性方法解决以下问题：

$$U_t - U_{xx} = 0, \quad 0 < x < L, \quad 0 < t \leqslant T \tag{3.4.11}$$

$$U(x,0) = x^2, \quad 0 \leqslant x \leqslant L \tag{3.4.12}$$

$$U(0,t) = 2t, \quad U(L,t) = 2t + L^2, \quad 0 < t \leqslant T \tag{3.4.13}$$

练习 3.4.17 编写程序，调用 euler_e、euler_i 和 crank 函数来解决问题 (3.4.11)~(3.4.13)。

练习 3.4.18 考虑狄利克雷-诺依曼问题(3.2.17)，写出类似于公式(3.2.16) 矩阵形式的线性方法的方程。

练习 3.4.19 编写程序，比如 consolidation2_end，使用显式欧拉方法解决合并问题(3.2.18)~(3.2.20)。

练习 3.4.20 编写程序，使用隐式欧拉方法解决合并问题(3.2.18)~(3.2.20)。

练习 3.4.21 验证 $U = -1 - \sqrt{1 + 2(x^2 + 2t)}$ 是公式(3.2.23)的解。为公

式(3.2.23)编写一个以 U 为解的狄利克雷问题。然后,提供一个函数,应用线性方法解决上述狄利克雷问题。

练习 3.4.22 编写一个函数,应用线性方法求解狄利克雷问题:

$$U_t - (1 + 2t)U_{xx} = 0, \quad 0 < x < L, 0 < t \leqslant T \tag{3.4.14}$$

$$U(x, 0) = x^2, \quad 0 \leqslant x \leqslant L \tag{3.4.15}$$

$$\begin{cases} U(0, t) = 2t + 2t^2 \\ U(L, t) = L^2 + 2t + 2t^2 \end{cases}, \quad t > 0 \tag{3.4.16}$$

并且其解析解如下:

$$U(x, t) = x^2 + 2t + t^2$$

提示:下面提供了一些程序代码。

```
function u = variable2
...
g1 = @(t)        2 * t + t2;
g2 = @(t)        2 * t + t2 + L2;
% Method of Lines
[~,y] = ode15s(@system,[0 T],u(2:end-1),[ ],L,n,g1,g2);
...
end
% ——— Local function ———
function Du = system(t,u,L,n,g1,g2)
    dx = L/n;
    p = (1 + t) * ones(n + 1,1)/dx2;
    AA = [p(3:n + 1) -2 * p(2:n) p(1:n-1)];
    A = spdiags(AA,-1:1,n-1,n-1);
    Du = A * u + [p(2) * g1(t);zeros(n-3,1);p(n) * g2(t)];
end
```

练习 3.4.23 证明稳定性条件(3.2.43)。

练习 3.4.24 编写一个函数,应用方法(3.2.42)解决问题(3.2.38)~(3.2.40)。

提示:请注意,如果 $2rM \leqslant 1$,则满足稳定性条件(3.2.43),其中 M 是函数 $\alpha(x, t)$ 的最大值。

练习 3.4.25 考虑狄利克雷问题:

$$U_t + vU_x - \alpha U_{xx} = 0, \quad v < 0, 0 < x < L, 0 < t \leqslant T \tag{3.4.17}$$

$$U(x, 0) = 0, \quad 0 \leqslant x \leqslant L \tag{3.4.18}$$

$$U(0, t) = 0, \quad U(L, t) = \begin{cases} t/t_0 - (t/t_0)^2, & t \leqslant t_0 \\ 0, & t > t_0 \end{cases}, \quad t > 0 \tag{3.4.19}$$

编写一个函数,应用方法(3.2.48)解决问题(3.4.17)~(3.4.19)。

练习 3.4.26 考虑狄利克雷问题:

$$U_t + vU_x - \alpha U_{xx} = 0, \quad 0 < x < L, 0 < t \leqslant T \tag{3.4.20}$$

$$U(x,0) = x^2, \quad 0 \leqslant x \leqslant L \tag{3.4.21}$$

$$U(0,t) = v^2 t^2 + 2t, \quad U(L,t) = (L - vt)^2 + 2t, t > 0 \tag{3.4.22}$$

编写一个函数，应用方法(3.2.48)解决上述问题。问题(3.4.20)～(3.4.22)的解析解是 $U = (x - vt)^2 + 2t$。

练习 3.4.27　编写一个函数，应用线性方法(3.2.48)求解公式(3.2.56)，使用转换公式(3.2.57)、(3.2.58)。

练习 3.4.28　将公式(3.2.56)简化为对流-扩散方程，其中 $\lambda = \lambda(t)$。

提示：使用未知函数的变化式

$$W = U\exp\left(\int_0^t \lambda(\tau)\mathrm{d}\tau\right)$$

并且可以得到

$$W_t = U_t \exp\left(\int_0^t \lambda(\tau)\mathrm{d}\tau\right) + \lambda(t)U\exp\left(\int_0^t \lambda(\tau)\mathrm{d}\tau\right)$$

$$W_x = U_x \exp\left(\int_0^t \lambda(\tau)\mathrm{d}\tau\right), \quad W_{xx} = U_{xx}\exp\left(\int_0^t \lambda(\tau)\mathrm{d}\tau\right)$$

练习 3.4.29　创建变量"x＝15;"，使用"save sv_1 x"命令将其保存到已经存在的文件中，使用"who -file sv 1"命令验证"sv_1 x"文件是否已经更新。

练习 3.4.30　创建变量"a＝pi;"，使用"save sv_2 a"命令保存；然后创建向量"v＝[1 2 3];"并将其附加到同一个文件中；检查 sv_2 文件，将 v 修改为"v＝123;"。在 sv_2 文件中附加 v 并再次检查该文件。

练习 3.4.31　使用以下指令：

```
save sv_3
save
```

并验证这两个文件具有相同的内容。

练习 3.4.32　创建变量"a＝pi;"并将其保存在 sv_4.txt 文件中，之后使用命令

```
save sv_5.txt a -ascii -double
```

保存相同的变量。打开这两个文件并注意它们的区别。

练习 3.4.33　尝试执行以下指令：

```
save('name_of_file','var1','var2',...)
save('name_of_file','n_var1','n var2','-append')
```

练习 3.4.34　使用 load sv_1 z 命令加载 sv_1 文件中不存在的变量 z。注意以下消息

```
Warning：Variable 'z' not found
```

第 4 章 有限元法

本章介绍了有限元法(Finite Element Method,FEM;Hutton,2004)。FEM 的科学研究始于第二次世界大战后,并得到了美国航空航天工业的部分支持。当 FEM 这个词第一次出现在 Clough(1960)的论文中时,工程界立刻感受到了新方法的作用。结构工程师为其发展做出了巨大贡献。诸如刚度矩阵、载荷向量和其他最初用于结构力学的表达式,都是今天不同科学领域的 FEM 应用(Fenner,2005)。在这本书中还介绍了 MATLAB 应用程序(Kwon et al. ,2000)。

微分方程的弱解的概念与有限元法密切相关。本章将讨论导致考虑弱解的工程应用示例,将证明 FEM 在这些情况下也能够提供令人满意的答案。

4.1 节专门讨论 FEM 应用中经常出现的数值积分。

4.1 数值积分

首先考虑在区间 (a,b) 上定义且可积的函数 $f(x)$。回顾积分的相加性,区间 (a,b) 被划分为 n 个子区间 (x_i,x_{i+1}),$x_0=a$,$x_n=b$,$h=x_{i+1}-x_i$,间距相等。对每个子区间分别进行数值积分,(a,b) 上的积分是由所有分部积分的和得到的。

最简单的数值积分方法是矩形法,如图 4.1.1(左)所示。该方法通过将 $f(x)$ 替换为零阶多项式,即常数函数 $p_0(x)=f(x_i)=f_i$,在 (x_i,x_{i+1}) 上近似积分:

$$\int_{x_i}^{x_{i+1}} f(x)\mathrm{d}x \approx \int_{x_i}^{x_{i+1}} p_0(x)\mathrm{d}x = hf_i$$

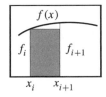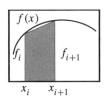

图 4.1.1 矩形法(左)和梯形法(右)

与之类似的方法还有梯形法,如图 4.1.1(右)所示。该方法通过将 $f(x)$ 替换为一阶多项式,即线性函数 $p_1(x)=\dfrac{x-x_i}{h}(f_{i+1}-f_i)+f_i$,在 (x_i,x_{i+1}) 上近似积分:

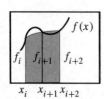

$$\int_{x_i}^{x_{i+1}} f(x)\,\mathrm{d}x \approx \int_{x_i}^{x_{i+1}} p_1(x)\,\mathrm{d}x = \frac{h}{2}(f_{i+1} + f_i)$$

这两种方法很少应用，因为它们提供的近似积分值不能令人满意。

更精确的方法是辛普森[①]积分法则，见图 4.1.2。该方法通过将 $f(x)$ 替换为二阶多项式在 (x_i, x_{i+2}) 上近似

图 4.1.2 辛普森积分法则

积分，即抛物线 $p_2(x)$ 通过点 (x_i, f_i)，(x_{i+1}, f_{i+1})，(x_{i+2}, f_{i+2})，

$$p_2(x) = \frac{f_i + f_{i+2} - 2f_{i+1}}{2h^2}(x - x_{i+1})^2 + \frac{f_{i+2} - f_i}{2h}(x - x_{i+1}) + f_{i+1}$$

$$(4.1.1)$$

参见练习 4.4.1。因此，$f(x)$ 在 (x_i, x_{i+2}) 上的近似积分为

$$\int_{x_i}^{x_{i+2}} f(x)\,\mathrm{d}x \approx \int_{x_i}^{x_{i+2}} p_2(x)\,\mathrm{d}x = \frac{f_i + f_{i+2} - 2f_{i+1}}{2h^2}\int_{x_i}^{x_{i+2}}(x - x_{i+1})^2\,\mathrm{d}x +$$

$$\frac{f_{i+2} - f_i}{2h}\int_{x_i}^{x_{i+2}}(x - x_{i+1})\,\mathrm{d}x + 2hf_{i+1}$$

$$= \frac{h}{3}(f_i + 4f_{i+1} + f_{i+2}) \qquad (4.1.2)$$

反复应用公式(4.1.2)可以获得 (a, b) 上的积分。由于辛普森法则单独应用需要两个子区间，因此很明显子区间的总数必须是偶数。最后，得到 $f(x)$ 在 (a, b) 上的积分：

$$\int_a^b f(x)\,\mathrm{d}x \approx \frac{h}{3}(f_0 + 4f_1 + 2f_2 + \cdots + 2f_{n-2} + 4f_{n-1} + f_n) \qquad (4.1.3)$$

此处我们介绍两个能够计算定积分的 MATLAB 函数：integral 和 int。int 函数使用符号计算。以下是两个函数的基本语法。

integral(f,a,b)	int(f(x),x,a,b)
f integrand function	f(x) integrand function
a,b integration limits	a,b integration limits
	x integration variable

例 4.1.1　考虑以下积分

$$\int_a^b (px + q)\,\mathrm{d}x, \qquad \int_a^b \frac{x+1}{\sqrt{x}}\,\mathrm{d}x \qquad (4.1.4)$$

程序中应用了 integral 和 int 函数来计算积分式(4.1.4)。在第一个积分式里，

[①]　Thomas Simpson(托马斯·辛普森，1710—1761)，英国科学家。

匿名函数用于定义被积函数；第二个积分式使用了局部函数。

```
function integral_1
% This is the function file integral_1. m.
% Integral and intMATLAB functions are applied to calculate two integrals.
% Anonymous functions are used to define integrand functions.
a=1;b=4;p=1 ;q=2;
f1=@(x)        p. * x+q;
f2=@(x)        (1+x). /sqrt(x);
Q1=integral(f1,a,b);
Q2=integral(f2,a,b);
fprintf('integral_1=%g;integral_2=%g\n',Q1,Q2)
x=sym('x');           % The int function needs symbolic variables.
E1=int(f1(x),x,a,b);
E2=int(f2(x),x,a,b);
fprintf('int_1=%g;int_2=%g\n',double(E1),double(E2))
end

function integral_2
% This is the function file integral_2. m.
% Integral and intMATLAB functions are applied to calculate two integrals.
% Local functions are used to define integrand functions.
a=1;b=4;p=1 ;q=2;
Q1=integral(@(x)f1(x,p,q),a,b);
Q2=integral(@(x)f2(x),a,b);
x=sym('x')
    E1=int(f1(x,p,q),x,a,b);
    E2=int(f2(x),x,a,b);
fprintf('integral 1=%g;integral 2=%g\n',Q1,Q2)
fprintf('int 1=%g;int 2=%g\n',double(E1),double(E2))
end
% ——— Local functions ———
function f=f1(x,p,q)
f=p. * x+q;
end
function f=f2(x)
f=(1+x). /sqrt(x);
end
```

练习 4.4.2 中建议了其他应用。

例 4.1.2 函数展示，应用辛普森法则计算积分。

```
function integral=simpson(f,a,b,n,varargin)
% This is the function file simpson. m.
```

```
% Simpson Rule is applied to calculate integrals.
% integral=simpson(f,a,b,n,p1,p2,...)
% f is the integrand function,
% a,b are the integration limits,
% n is an even number,
% p1,p2,... are parameters different from the previous ones.
nn=n;                      % The input value of n is saved in nn.
w=0;                       % The test variable w is initialized.
n=double(uint16(abs(n)));  % n is modified to a positive integer,if it is not.
if n ~=nn
    w=1;                   % if n∫=nn,the value of w changes to 1.
end
if rem(n,2)~=0
    n=n+1;                 % n is modified to an even number,if it is not.
    w=1;
end
if n==0
    n=20;                  % if n=0,the value of n changes to 20.
    w=1;
end
x=linspace(a,b,n+1);h=(b -a)/n;integral=0;
for i=1:2:n-1                % Simpson Rule.
    fi=feval(f,x(i),varargin{:});
    fip1=feval(f,x(i+1),varargin{:});
    fip2=feval(f,x(i+2),varargin{:});
    integral=integral+(fi+4 * fip1+fip2) * h/3;
end
if w>0                     % This means that n is changed. The change must be sent to user.
    msg='n must be a positive even number;input n changed to:';
    msg=strcat(msg,num2str(n));
    warning(msg);          % The message is sent to the User.
end
end
```

例 4.1.3　程序中应用 simpson 函数来计算积分式(4.1.4)。

```
function integral_3
% This is the function file integral_3. m.
% Simpson function is called to calculate two integrals.
a=1;b=4;p=1;q=2;n=18;
f1=@(x)        p. * x+q;
f2=@(x)        (1+x). /sqrt(x);
S1=simpson(f1,a,b,n);
S2=simpson(f2,a,b,n);
```

fprintf($'$simpson 1＝％g；simpson 2＝％g\n$'$,S1,S2)

　　end

　　下面的示例是考虑 $n＝1$ 的贝塞尔[1]函数 J_n。贝塞尔函数 J_n 具有正弦特性。J_0、J_1 和 J_2 曲线绘制在图 4.1.3 中。练习 4.4.3 中建议了生成图 4.1.3 的 MAT-LAB 代码。

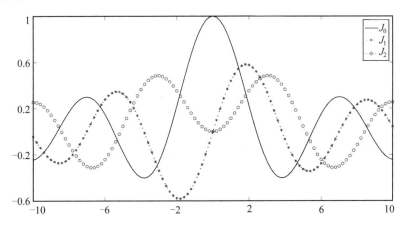

图 4.1.3　贝塞尔函数

例 4.1.4　考虑以下积分函数：

$$g(x)=\int_0^{1-x}(x/z)\sin t \cdot J_1(z)\mathrm{d}t, \quad z=\sqrt{(1-t)^2-x^2}, \quad 0\leqslant x\leqslant 1$$

　　程序中应用 integral 函数和 simpson 函数来计算 $g(x)$,然后生成 $g(x)$ 曲线,如图 4.1.4 所示。参见练习 4.4.4 指令程序中出现的限制。

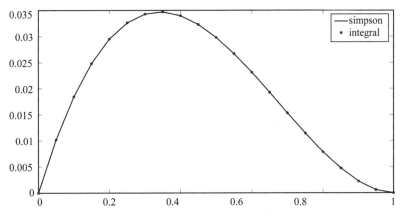

图 4.1.4　积分函数图形(1)

———————

　　① Friedrich Wilhelm Bessel(1784—1846),德国科学家。他与 Daniel Bernoulli 一起发明了以他的名字命名的函数。

```
function Q=integral_4
% This is the function file integrale4. m.
% Integral and simpson functions are called to calculate the integral function.
L=1;n=10;nx=20;
x=linspace(0,L,nx+1);a=x(1);
S=zeros(nx+1,1);Q=zeros(nx+1,1);
for i=1;nx+1
    b=1-x(i);
    S(i)=simpson(@f,a,b,n,x(i));
    Q(i)=integral(@(t)f(t,x(i)),a,b);
end
plot(x,S,'k',x,Q,'r*','LineWidth',2);
legend('simpson','integral','Location','NorthEast');end
% ———— Local function ————
function y=f(t,x)
z=sqrt((1-t).2 -x.2);
if z>0
    y=sin(t). * besselj(1,z). * x. /z;
else
y=sin(t). * x/2;     % besselj(1,z)/z -> .5 when z ->0. See Exercise 4.4.4.
end
end
```

考虑以下二重积分：

$$\int_a^b \mathrm{d}x \int_{\alpha(x)}^{\beta(x)} f(x,y)\mathrm{d}y \qquad (4.1.5)$$

让我们给出两个能够计算积分式（4.1.5）的 MATLAB 函数：integral2 和 int。它们的一般语法如下所示。

integral2(f,a,b,α,β)	int(int(f(x,y),y,α,β),x,a,b)
f integrand function	f(x,y) integrand function
	a,b integration limits on x
	α,β integration limits on y
	x,y integration variables

例 4.1.5 考虑以下积分：

$$\int_a^b \mathrm{d}x \int_{x^2/4}^{2\sqrt{x}} xy\,\mathrm{d}y \qquad (4.1.6)$$

程序中应用了 integral2 和 int 函数来计算积分式（4.1.6）。

```
function integral_2D_1
% This is the function file integral_2D_1. m.
% Integral2 and int functions are called to calculate the integral.
% Anonymous functions are used to define f(x,y),alfa(x),beta(x).

a=0;b=4;
alfa=@(x)        x.^2/4;
beta=@(x)        2*sqrt(x);
f=@(x,y)         x.*y;
Q=integral2(f,a,b,alfa,beta);
x=sym('x');y=sym('y');
E=int(int(f(x,y),y,alfa,beta),x,a,b);
fprintf('integral2=%g;int=%g\',Q,double(E))
end
```

练习 4.4.5 中建议了其他应用。

考虑积分式(4.1.5),通过设置

$$g(x) = \int_{a(x)}^{\beta(x)} f(x,y) \mathrm{d}y \tag{4.1.7}$$

积分式(4.1.5)可简化为

$$\int_{a}^{v} \mathrm{d}x \int_{a(x)}^{\beta(x)} f(x,y) \mathrm{d}y = \int_{a}^{b} g(x) \mathrm{d}x \tag{4.1.8}$$

公式(4.1.8)用于将辛普森法则推广到二维积分式(4.1.5)。区间(a,b)被分成 n 个子区间(x_i, x_{i+1}),$x_0 = a$,$x_n = b$,$h = x_{i+1} - x_i$,间距相等,见图 4.1.5。此外,对于任何 $i = 0, \cdots, n$,区间$(\alpha_i, \beta_i) = (\alpha(x_i), \beta(x_i))$被分成 m 个子区间(y_i^j, y_i^{j+1}),$y_i^0 = \alpha_i$,$y_i^m = \beta_i$,h_i 间距相等。我们应用辛普森法则并征用 n 和 m(必须是偶数)。通过公式(4.1.8),积分式(4.1.5)近似为

$$\int_{a}^{b} \mathrm{d}x \int_{a(x)}^{\beta(x)} f(x,y) \mathrm{d}y \approx \frac{h}{3}(g_0 + 4g_1 + 2g_2 + \cdots + 2g_{n-2} + 4g_{n-1} + g_n)$$

$$\tag{4.1.9}$$

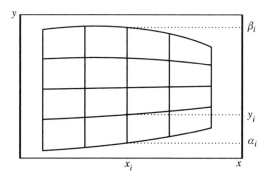

图 4.1.5　二维积分的网格

并且 g_i 由下式给出：

$$g_i \approx \frac{h_i}{3}(f_i^0 + 4f_i^1 + 2f_i^2 + \cdots + 2f_i^{m-2} + 4f_i^{m-1} + f_i^m) \qquad (4.1.10)$$

下面示例演示了一个将 simpson 函数推广到二维的函数。

例 4.1.6 程序中的函数应用公式(4.1.9)、(4.1.10)求解积分式(4.1.5)。

```
function integral=simpson2d(f,a,b,alfa,beta,n,m,varargin)
% This is the function file simpson2d.m.
% Simpson Rule is applied to calculate double integrals.
% integral=simpson2d(f,a,b,alfa,beta,n,m,p1,p2,...)
% f is the integrand function,
% a,b are the integration limits on x,
% alfa,beta are the integration limits on y,
% n,m are even numbers,
% p1,p2,... are parameters different from the previous ones.
nn=n;mm=m;
w=0;
n=double(uint16(abs(n)));m=double(uint16(abs(m)));
if n ~=nn || m ~=mm
    w=1;
end
if rem(n,2)~=0
    n=n+1;w=1;
end
if rem(m,2)~=0
    m=m+1;w=1;
end
if n==0
    n=10;w=1;
end
if m==0
    m=10;w=1;
end
x=linspace(a,b,n+1);h=(b-a)/n;
g=zeros(n+1,1);
for i=1:n+1
    xx=x(i);c=feval(alfa,xx);d=beta(xx);
    yi=linspace(c,d,m+1);hi=(d-c)/m;
    for j=1:2:m-1
        fi=feval(f,xx,yi(j),varargin{:});
        fip1=feval(f,xx,yi(j+1),varargin{:});
        fip2=feval(f,xx,yi(j+2),varargin{:});
```

```
        g(i)=g(i)+(fi+4*fip1+fip2)*hi/3;
    end
end
integral=0;
for i=1:2:n-1
    integral=integral+(g(i)+4*g(i+1)+g(i+2))*h/3;
end
if w>0
    msg='n,m must be positive even numbers;n,m changed to:';
    msg=strcat(msg,num2str(n),';',num2str(m));
    warning(msg);
end
end
```

例 4.1.7 程序展示,调用 simpson2d 函数计算积分式(4.1.6)。

```
function integral_2D_3
% This is the function file integral_2D_3. m.
% Simpson2d function is called to calculate the integral.
% Anonymous functions are used to define f(x,y),alfa(x),beta(x).
a=0;b=4;m=10;n=30;
alfa=@(x)        x.^2/4;
beta=@(x)        2*sqrt(x);
f=@(x,y)        x.*y;
S=simpson2d(f,a,b,alfa,beta,n,m);
fprintf('simpson2d=%g\n',S)
end
```

例 4.1.8 考虑以下积分函数:

$$g(x)=\int_x^L d\xi \int_0^{x-\xi+L} f(\xi,t)J_0(z)dt, \quad 0<x<L$$

式中:

$$z=\sqrt{(L-t)^2-(x-\xi)^2}, \quad f(\xi,\tau)=\begin{cases} \sin(t-\xi), & \tau>\xi \\ 0, & \tau\leqslant\xi \end{cases}$$

程序展示,调用 integral2 和 simpson2d 函数计算 $g(x)$,然后生成 $g(x)$ 曲线,如图 4.1.6 所示。

```
function integral_2D_4
% This is the function file integral 2D 4. m.
% Simpson2d and integral2 functions are called to calculate
% the integral function.
L=5;m=20;n=44;
nx=20;x=linspace(0,L,nx+1);
```

```
alfa=@(xi)      0 * xi;
S=zeros(nx+1,1);Q=zeros(nx+1,1)
for i=1:nx+1
    a=x(i);
    beta=@(xi)      a+L -xi;
    f=@(xi,t)    besselj(0,sqrt((L -t).^2-(a -xi).^2)). * sin(t -xi). * (t -xi>0);
    Q(i)=integral2(f,a,L,alfa,beta);
    S(i)=simpson2d(f,a,L,alfa,beta,n,m);
end
plot(x,S,'k',x,Q,'r * ','LineWidth',2);
legend('simpson2d','integral2','Location','SouthWest');
end
```

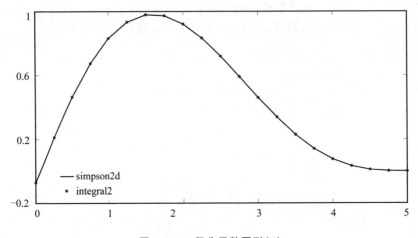

图 4.1.6　积分函数图形(2)

4.2　有限元法概述

4.2.1　杆的轴向运动

考虑具有直纵轴和恒定截面积 A 的柱杆的轴向运动,单位长度受到轴向分布力 $F(x,t)$。在图 4.2.1 中,$U(x,t)$ 是位移,$\sigma(x,t)$ 是应力。

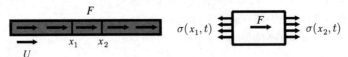

图 4.2.1　轴向运动

根据牛顿第二定律,杆的轴向运动方程为

$$A\int_{x_1}^{x_2}\rho\,\frac{\partial^2 U}{\partial t^2}\mathrm{d}x = A\sigma(x_2,t) - A\sigma(x_1,t) + \int_{x_1}^{x_2}F\,\mathrm{d}x \qquad (4.2.1)$$

式中:ρ 是杆的密度。由方程(4.2.1)可以得到

$$A\int_{x_1}^{x_2}\rho\,\frac{\partial^2 U}{\partial t^2}\mathrm{d}x = A\int_{x_1}^{x_2}\frac{\partial\sigma}{\partial x} + \int_{x_1}^{x_2}F\,\mathrm{d}x$$

注意,该方程适用于任何控制体积 $V = A(x_2 - x_1)$。因此,这意味着

$$A\rho\,\frac{\partial^2 U}{\partial t^2} = A\,\frac{\partial\sigma}{\partial x} + F \qquad (4.2.2)$$

如果杆是线弹性材料,则应力 σ 和应变 $\varepsilon = \partial U/\partial x$ 之间的关系可由胡克[1]定律给出:

$$\sigma = E\varepsilon = E\,\frac{\partial U}{\partial x} \qquad (4.2.3)$$

式中:E 是杨氏[2]模量。将公式(4.2.3)代入公式(4.2.2)中,可以得到杆的轴向运动方程:

$$A\rho\,\frac{\partial^2 U}{\partial t^2} = A\,\frac{\partial}{\partial x}\left(E\,\frac{\partial U}{\partial x}\right) + F \qquad (4.2.4)$$

公式(4.2.4)称为波动方程,它是一个双曲偏微分方程。如果 E 是常数,则公式(4.2.4)简化为

$$A\rho\,\frac{\partial^2 U}{\partial t^2} - AE\,\frac{\partial^2 U}{\partial x^2} = F \qquad (4.2.5)$$

$$\frac{\partial^2 U}{\partial t^2} - c^2\,\frac{\partial^2 U}{\partial x^2} = F/A\rho$$

式中:$c = \sqrt{E/\rho}$ 是波的传播速度。

假设杆也受到轴向集中力的作用:

$$\{(P_i, F_i), i = 1, \cdots, N\}$$

在这种情况下,公式(4.2.1)可写为

$$A\int_{x_1}^{x_2}\rho\,\frac{\partial^2 U}{\partial t^2}\mathrm{d}x = A\sigma(x_2,t) - A\sigma(x_1,t) + \int_{x_1}^{x_2}F\,\mathrm{d}x + \sum_{i=n_1}^{n_2}F_i \qquad (4.2.6)$$

式中:$F_i(i = n_1, \cdots, n_2)$ 是 x_1 和 x_2 之间的轴向集中力。为了了解在这种情况下会发生什么,让我们考虑只有一个集中力的区间,比如 (x_h, F_h)。假设,不失一般性,有 $x_1 = x_h - \Delta x$ 和 $x_2 = x_h + \Delta x$,那么公式(4.2.6)可写成

$$A\int_{x_h-\Delta x}^{x_h+\Delta x}\rho\,\frac{\partial^2 U}{\partial t^2}\mathrm{d}x = A\sigma(x_h+\Delta x,t) - A\sigma(x_h-\Delta x,t) + \int_{x_h-\Delta x}^{x_h+\Delta x}F\,\mathrm{d}x + F_h$$

---

[1] Robert Hooke(1635—1761),英国科学家。他提出了弹性定律,以他的名字命名。

[2] Thomas Young(1773—1829),英国科学家。他提出了弹性常数,以他的名字命名。

当 $\Delta x \to 0$ 时,可得到

$$A\sigma(x_h^+, t) - A\sigma(x_h^-, t) = -F_h \tag{4.2.7}$$

也就是说,对于 $x = x_h$,应力 σ 是不连续的。因此,对于 $x = x_h$,σ 不能微分,并且 U 不能是公式(4.2.5)的(经典)解。

在静力学中,公式(4.2.5)简化为

$$-AEU''(x) = F(x) \tag{4.2.8}$$

公式(4.2.8)关联适当的边界条件。例如,对于两端固定杆,如图 4.2.2 所示,有

$$U(x_A) = 0, \quad U(x_B) = 0 \tag{4.2.9}$$

图 4.2.2　两端固定杆

此外,约束反作用力 R_A 和 R_B 表示为

$$\begin{cases} R_A = -A\sigma(x_A) = -AEU'(x_A) \\ R_B = A\sigma(x_B) = AEU'(x_B) \end{cases} \tag{4.2.10}$$

公式(4.2.10)$_1$ 是由公式(4.2.1)控制体积 $V = A(x_2 - x_1)$ 导出的,其中 $x_1 = x_A$ 和 $x_2 = x_A + \Delta x$,

$$A\sigma(x_A + \Delta x) + R_A + \int_{x_A}^{x_A + \Delta x} F \,\mathrm{d}x = 0$$

当 $\Delta x \to 0$ 时,由上式可得到公式(4.2.10)$_1$。公式(4.2.10)$_2$ 也可以类似地推导出来。

考虑悬臂杆。如果自由端受到已知的外力 F_B 作用,则边界条件(见图 4.2.3(左))为

$$U(x_A) = 0, \quad AEU'(x_B) = F_B \tag{4.2.11}$$

第二个边界条件来自公式(4.2.10)$_2$。如果 $F_B = 0$,则边界条件(4.2.11)简化(见图 4.2.3(右))为

$$U(x_A) = 0, \quad U'(x_B) = 0$$

参见练习 4.4.6～练习 4.4.10。

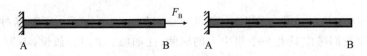

图 4.2.3　悬臂杆

4.2.2　弱　解

控制杆的轴向位移的方程将被假定为引入 FEM 的方程模型。因此,考虑方程:

$$-U''(x) = F(x), \quad 0 < x < L \tag{4.2.12}$$

其中常数 AE 包含在 F 中。公式(4.2.12)乘以平滑函数 $v(x)$ 被称为测试函数,并且在 $[0,L]$ 上积分:

$$-\int_0^L U''(x)v(x)\mathrm{d}x = \int_0^L F(x)v(x)\mathrm{d}x \qquad (4.2.13)$$

分部积分,第一个可以得到

$$\int_0^L U'(x)v'(x)\mathrm{d}x = \int_0^L F(x)v(x)\mathrm{d}x + [U'v]_0^L \qquad (4.2.14)$$

公式(4.2.14)是微分方程(4.2.12)的弱形式。相比之下,原形式被命名为强形式。需要注意的是,分部积分降低了最大的微分阶数,虽然现在弱形式的解存在,但没有必要按照规律性来成为强形式的解。弱形式的解称为弱解,强形式的解称为经典解或强解。

FEM 考虑的是弱形式。近似解 u 表示有限级数:

$$u(x) = \sum_{j=0}^n u_j \Phi_j(x) \qquad (4.2.15)$$

式中:u_j 是未知系数;Φ_j 是已知函数。假设 u 满足公式(4.2.14)且 $v=\Phi_i$,则 $\forall \Phi_i$ 就有

$$\sum_{j=0}^n u_j \int_0^L \Phi_j'(x)\Phi_i'(x)\mathrm{d}x = \int_0^L F(x)\Phi_i(x)\mathrm{d}x + [u'\Phi_i]_0^L, \quad \forall \Phi_i$$

$$(4.2.16)$$

通过引入定义

$$K_{ij} = \int_0^L \Phi_i'(x)\Phi_j'(x)\mathrm{d}x, \quad f_i = \int_0^L F(x)\Phi_i(x)\mathrm{d}x + [u'\Phi_i]_0^L \qquad (4.2.17)$$

公式(4.2.16)可以用矩阵分量符号表示:

$$\sum_{j=0}^n K_{ij}u_j = f_i, \quad i = 0, \cdots, n \qquad (4.2.18)$$

其符号形式如下:

$$\boldsymbol{Ku} = \boldsymbol{f} \qquad (4.2.19)$$

式中:$\boldsymbol{u}$ 和 $\boldsymbol{f}$ 是列向量;矩阵 $\boldsymbol{K}$ 被命名为刚度矩阵;向量 $\boldsymbol{f}$ 为载荷向量。这些名称来自最初引入 FEM 的结构力学。

考虑公式(4.2.13)。如果 F 是力,v 是位移,则公式(4.2.13)是虚拟工作原理。由 FEM 得到的近似解与这种原则的弱形式是一致的。虚拟工作原理是由拉格朗日[1]提出的。

4.2.3　形函数

如图 4.2.4 所示,形函数 Φ_i 是由下式定义的线性函数:

---

[1]　Giuseppe Luigi Lagrange(1736—1813),意大利科学家,曾就读于都灵大学,是巴黎大学和柏林大学的教授。他在力学和变分法方面做出了重大贡献。曾发表 *Mécanique Analitique*,这是自牛顿力学发明以来关于力学的最全面的论文。

$$\Phi_i(x) = \begin{cases} (x - x_{i-1})/(x_i - x_{i-1}), & x_{i-1} \leqslant x \leqslant x_i \\ (x_{i+1} - x)/(x_{i+1} - x_i), & x_i \leqslant x \leqslant x_{i+1} \\ 0, & x \notin [x_{i-1}, x_{i+1}] \end{cases} \qquad (4.2.20)$$

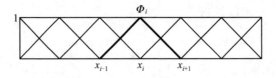

图 4.2.4　形函数

对于步长 $h = x_{i+1} - x_i$ 的规则网格，公式(4.2.20)简化为

$$\Phi_i(x) = \begin{cases} (x - x_{i-1})/h, & x_{i-1} \leqslant x \leqslant x_i \\ (x_{i+1} - x)/h, & x_i \leqslant x \leqslant x_{i+1} \\ 0, & x \notin [x_{i-1}, x_{i+1}] \end{cases} \qquad (4.2.21)$$

此外，导数是

$$\Phi_i'(x) = \begin{cases} 1/h, & x_{i-1} < x < x_i \\ -1/h, & x_i < x < x_{i+1} \\ 0, & x \notin (x_{i-1}, x_{i+1}) \end{cases} \qquad (4.2.22)$$

由定义(4.2.20)可以得出

$$\Phi_i(x_j) = \delta_{ij} = \begin{cases} 1, & i = j \\ 0, & i \neq j \end{cases} \qquad (4.2.23)$$

式中：δ_{ij} 是 Kronecker[①] δ 函数。性质(4.2.23)表征形函数。事实上，如果假设 Φ_i 是线性的，即

$$\Phi_i(x) = a_i x + b_i \qquad (4.2.24)$$

并且具有性质(4.2.23)，那么 Φ_i 由公式(4.2.20)给出。为了证明上面是正确的，在公式(4.2.24)中使用性质(4.2.23)并且可以得到

$$\begin{cases} \Phi_i(x_i) = 1, & a_i x_i + b_i = 1 \\ \Phi_i(x_{i+1}) = 0, & a_i x_{i+1} + b_i = 0 \end{cases}, \quad x_i \leqslant x \leqslant x_{i+1}$$

求解 a_i、b_i 并将结果代入公式(4.2.24)，可以得到

$$\Phi_i(x) = -\frac{x}{x_{i+1} - x_i} + \frac{x_{i+1}}{x_{i+1} - x_i} = \frac{x_{i+1} - x}{x_{i+1} - x_i}, \quad x_i \leqslant x \leqslant x_{i+1}$$

这是预期结果的第一部分。同样，如果有

$$\begin{cases} \Phi_i(x_i) = 1, & a_i x_i + b_i = 1 \\ \Phi_i(x_{i-1}) = 0, & a_i x_{i-1} + b_i = 0 \end{cases}, \quad x_{i-1} \leqslant x \leqslant x_i$$

则可以得到

---

① Leopold Kronecker(1823—1891)，德国科学家。他在代数和逻辑方面做出了重要贡献。

$$\Phi_i(x) = \frac{x - x_{i-1}}{x_i - x_{i-1}}, \quad x_{i-1} \leqslant x \leqslant x_i$$

在 FEM 上下文中,区间 $[x_i, x_{i+1}]$ 被命名为元素,点 x_i 被命名为节点。形函数是定义在单元上的线性函数的基础(见图 4.2.5)。

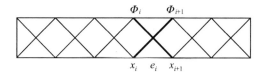

图 4.2.5　元素上的形函数

事实上,考虑线性函数:

$$u(x) = ax + b, \quad x \in e_i = [x_i, x_{i+1}] \tag{4.2.25}$$

并且令 $u_i = u(x_i)$ 为节点 x_i 中 u 的值。考虑以下方程,系数 a 和 b 可以用 u_i 和 u_{i+1} 来表示:

$$\begin{cases} ax_i + b = u_i \\ ax_{i+1} + b = u_{i+1} \end{cases}$$

对 a 和 b 求解,代入公式(4.2.25),可以得到

$$u(x) = \frac{u_{i+1} - u_i}{x_{i+1} - x_i}x + \frac{u_i x_{i+1} - u_{i+1} x_i}{x_{i+1} - x_i} = \frac{x - x_i}{x_{i+1} - x_i}u_{i+1} + \frac{x_{i+1} - x}{x_{i+1} - x_i}u_i$$

$$u(x) = u_i\Phi_i(x) + u_{i+1}\Phi_{i+1}(x), \quad x \in e_i = [x_i, x_{i+1}] \tag{4.2.26}$$

由此证明 u 是 Φ_i 的线性组合。但仍然要证明

$$u(x) = 0, x \in e_i = [x_i, x_{i+1}] \Leftrightarrow u_i = u_{i+1} = 0 \tag{4.2.27}$$

条件 $\Leftarrow$ 是显而易见的,要证明的是 $\Rightarrow$。由公式(4.2.26)计算 $u(x_i)$ 并获得 $u(x_i) = u_i$。假设 $u(x_i) = 0$ 则意味着 $u_i = 0$。类似地,$u_{i+1} = 0$ 是从 $u(x_{i+1}) = 0$ 推导出来的。

假设 $u(x)$ 是定义在 $[0, L]$ 上的连续函数。如果函数在每个元素 $e_i = [x_i, x_{i+1}]$ 上是线性的,则该函数称为分段线性。考虑 FEM 中的近似解:

$$u(x) = \sum_{j=0}^{n} u_j\Phi_j(x), \quad x \in [0, L] \tag{4.2.28}$$

式中:Φ_j 是形函数。根据上面的推理,我们立即意识到形函数是 $[0, L]$ 上分段线性函数的基础。因此,FEM 可以用分段线性函数来逼近精确解。

4.2.4　边值问题

下面我们讨论狄利克雷问题:

$$-U'' = F(x), \quad 0 < x < L, \quad U(0) = U_0, \quad U(L) = U_L \tag{4.2.29}$$

根据上一小节中定义的形函数而编写的弱形式:

$$\int_0^L u'(x)\Phi_i'(x)\mathrm{d}x = \int_0^L F(x)\Phi_i(x)\mathrm{d}x + [u'\Phi_i]_0^L, \quad i = 0,1,2,\cdots,n$$

$$(4.2.30)$$

近似解 u 表示为

$$u(x) = \sum_{j=0}^n u_j \Phi_j(x) \qquad (4.2.31)$$

其中 u_j 为未知系数。请注意，

$$u(0) = u_0, \quad u(L) = u_n$$

是因为形函数的性质(4.2.23)。因此，如果假设

$$u_0 = U_0, \quad u_n = U_L$$

那么近似解满足公式(4.2.29)中的边界条件，并且可以写成

$$u(x) = \sum_{j=1}^{n-1} u_j \Phi_j(x) + U_0 \Phi_0(x) + U_L \Phi_n(x) \qquad (4.2.32)$$

其中最后两项是已知的。将公式(4.2.32)代入公式(4.2.30)中，可以得到

$$\sum_{j=1}^{n-1} u_j \int_0^L \Phi_i'(x)\Phi_j'(x)\mathrm{d}x + U_0 \int_0^L \Phi_i'(x)\Phi_0'(x)\mathrm{d}x + U_L \int_0^L \Phi_i'(x)\Phi_n'(x)\mathrm{d}x$$

$$= \int_0^L F(x)\Phi_i(x)\mathrm{d}x, \quad \forall \Phi_i, \quad i = 1,\cdots,n-1 \qquad (4.2.33)$$

源于

$$\Phi_i(0) = 0, \quad \Phi_i(L) = 0, \quad i = 1,\cdots,n-1$$

令

$$K_{ij} = \int_0^L \Phi_i'(x)\Phi_j'(x)\mathrm{d}x, \quad f_i = \int_0^L F(x)\Phi_i(x)\mathrm{d}x, \quad i,j = 1,\cdots,n-1$$

$$g_i = U_0 \int_0^L \Phi_i'(x)\Phi_0'(x)\mathrm{d}x + U_L \int_0^L \Phi_i'(x)\Phi_n'(x)\mathrm{d}x, \quad i = 1,\cdots,n-1$$

则公式(4.2.33)可写为

$$\sum_{j=1}^{n-1} K_{ij}u_j = f_i - g_i, \quad i = 1,\cdots,n-1$$

这是一个含 $n-1$ 个未知数 $u_1,\cdots,u_{n-1}$ 由 $n-1$ 个方程组成的线性代数方程式。

下面让我们评估对称矩阵的元素 $K_{i,j}$。考虑主对角线

$$K_{i,i} = \int_{x_{i-1}}^{x_{i+1}} [\Phi_i'(x)]^2 \mathrm{d}x = \int_{x_{i-1}}^{x_{i+1}} (1/h^2)\mathrm{d}x = \frac{2}{h}, \quad i = 1,\cdots,n-1$$

$$(4.2.34)$$

源于 Φ_i 的支持区间是 $[x_{i-1}, x_{i+1}]$。

下面考虑 $K_{i,i+1}$，即

$$K_{i,i+1} = \int_{x_i}^{x_{i+1}} \Phi_i'(x)\Phi_{i+1}'(x)\mathrm{d}x = -\int_{x_i}^{x_{i+1}} \frac{\mathrm{d}x}{h^2} = -\frac{1}{h}, \quad i = 1,\cdots,n-2$$

$$(4.2.35)$$

源于 $\Phi_i \Phi_{i+1}$ 的支持区间是 $[x_i, x_{i+1}]$。剩下的元素为零。

例如,考虑

$$K_{1,3} = \int_0^L \Phi_1'(x) \Phi_3'(x) \mathrm{d}x$$

因为 Φ_1 的支持区间是 $[x_0, x_2]$,Φ_3 的支持区间是 $[x_2, x_4]$,它们的交集是空,所以 $K_{1,3} = 0$。

下面让我们评估矢量 g_i 的元素。考虑

$$g_1 = U_0 \int_0^L \Phi_1'(x) \Phi_0'(x) \mathrm{d}x + U_L \int_0^L \Phi_1'(x) \Phi_n'(x) \mathrm{d}x \qquad (4.2.36)$$

因为 Φ_0、Φ_1、Φ_n 的支持区间分别为 $[x_0, x_1]$、$[x_0, x_2]$、$[x_{n-1}, x_n]$,所以公式(4.2.36)可以简化为

$$g_1 = U_0 \int_{x_0}^{x_1} \Phi_0'(x) \Phi_1'(x) \mathrm{d}x = -U_0/h \qquad (4.2.37)$$

考虑

$$g_{n-1} = U_0 \int_0^L \Phi_{n-1}'(x) \Phi_0'(x) \mathrm{d}x + U_L \int_0^L \Phi_{n-1}'(x) \Phi_n'(x) \mathrm{d}x \qquad (4.2.38)$$

因为 Φ_0、Φ_{n-1}、Φ_n 的支持区间分别是 $[x_0, x_1]$、$[x_{n-2}, x_n]$、$[x_{n-1}, x_n]$,所以公式(4.2.38)可以简化为

$$g_{n-1} = U_L \int_{x_{n-1}}^{x_n} \Phi_{n-1}'(x) \Phi_n'(x) \mathrm{d}x = -U_L/h \qquad (4.2.39)$$

除此之外,$g_i = 0(i = 2, \cdots, n-2)$,例如考虑

$$g_2 = U_0 \int_0^L \Phi_2'(x) \Phi_0'(x) \mathrm{d}x + U_L \int_0^L \Phi_2'(x) \Phi_n'(x) \mathrm{d}x$$

因为 Φ_0、Φ_2、Φ_n 的支持区间分别为 $[x_0, x_1]$、$[x_1, x_3]$、$[x_{n-1}, x_n]$,积分项为零,所以 $g_2 = 0$。总之,根据公式(4.2.34)~(4.2.39),可以得到一个含未知系数 u_j 的代数方程:

$$\frac{1}{h} \begin{bmatrix} 2 & -1 & & & \\ -1 & 2 & -1 & & \\ & \ddots & \ddots & \ddots & \\ & & & -1 & 2 \end{bmatrix} \begin{bmatrix} u_1 \\ u_2 \\ \vdots \\ u_{n-1} \end{bmatrix} = \begin{bmatrix} f_1 \\ f_2 \\ \vdots \\ f_{n-1} \end{bmatrix} + \frac{1}{h} \begin{bmatrix} U_0 \\ 0 \\ \vdots \\ U_L \end{bmatrix} \qquad (4.2.40)$$

例 4.2.1 程序中展示了一个函数,将 FEM 应用于狄利克雷问题(4.2.29)。

```
functionu = fem_dd(L,u0,uL,F,n)
% This is the function file fem_dd. m.
% FEM is applied to solve the Dirichlet problem:
% -U''(x) = F(x),U(0) = U0,U(L) = UL.
% The input arguments are: length,boundary conditions,forcing term,
% number of elements. The function returns a vector with the solution.
% Initialization
```

```
h＝L/n;x＝linspace(0,L,n+1);
u＝zeros(n+1,1);f＝zeros(n-1,1);
Phil＝@(xi,x1,x2)    (xi-x1)/(x2-x1);
Phir＝@(xi,x2,x3)    -(xi-x3)/(x3-x2);
% FEM
KK＝[-ones(n-1,1) 2 * ones(n-1,1) -ones(n-1,1)];
K＝spdiags(KK,-1:1,n-1,n-1)/h;
for i＝2:n
    f(i-1)＝integral(@(xi)F(xi). * Phil(xi,x(i-1),x(i)),x(i-1),x(i));
    f(i-1)＝f(i-1)+integral(@(xi)F(xi). * Phir(xi,x(i),x(i+1)),x(i),x(i+1));
end
f(1)＝f(1)+u0/h;f(n-1)＝f(n-1)+uL/h;
u(2:end-1)＝K\f;
u(1)＝u0;u(n+1)＝uL;
end
```

例 4.2.2　考虑狄利克雷问题：

$$-U'' = c \sin \omega x, \quad 0 < x < L, \quad U(0) = U_0, \quad U(L) = U_L \quad (4.2.41)$$

程序中将 fem_dd 函数应用于问题(4.2.41)，然后生成近似解的图形如图 4.2.6 所示。

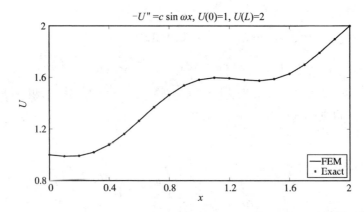

图 4.2.6　问题(4.2.41)的近似解图形

```
function u＝fem_dd_ex1
% This is the function file fem_dd_ex1. m.
% fem_dd function is called to solve the special Dirichlet problem:
% -U"(x)＝c * sin(om * x),U(0)＝U0,U(L)＝UL.
% Analytical solution:
% U＝c * sin(om * x)/om2+x * (UL-U0 -c * sin(om * L)/om2)/L+U0;
L＝2;n＝20;U0＝1;UL＝2;om＝5;c＝-3;
F＝@(xi)         c * sin(xi * om);
```

```
u＝fem_dd(L,U0,UL,F,n);
x＝linspace(0,L,n＋1);
U＝c * sin(om * x′)/om2＋x′ * (UL -U0 -c * sin(om * L)/om2)/L＋U0;
fprintf(′Maximum error＝%g\n′,max(abs(U -u)))
plot(x,u,′k′,x,U,′r * ′,′LineWidth′,2);
legend(′FEM′,′Exact′,′Location′,′SouthEast′);
xlabel(′x′);ylabel(′U′);
title([′-U″＝c sin(\omega x),U(0)＝′,num2str(U0),′,U(L)＝′,num2str(UL)]);
end
```

练习 4.4.11 建议了其他应用。

让我们讨论以下狄利克雷-诺依曼问题：

$$-U''=F(x), \quad 0<x<L, \quad U(0)=U_0, \quad U'(L)=U'_L \quad (4.2.42)$$

首先考虑弱形式：

$$\int_0^L u'(x)\Phi'_i(x)\mathrm{d}x=\int_0^L F(x)\Phi_i(x)\mathrm{d}x+U'_L\Phi_i(L)-$$
$$U'(0)\Phi_i(0), \quad i=0,1,\cdots,n \quad (4.2.43)$$

满足边界条件 $u(0)=U_0$ 的近似解 $u(x)$ 如下：

$$u(x)=\sum_{j=1}^n u_j\Phi_j(x)+U_0\Phi_0(x) \quad (4.2.44)$$

将公式(4.2.44)代入公式(4.2.43)，由于 $\Phi_i(0)=0(i=1,2,\cdots,n)$，所以得到

$$\sum_{j=1}^n u_j\int_0^L \Phi'_i(x)\Phi'_j(x)\mathrm{d}x+U_0\int_0^L \Phi'_i(x)\Phi'_0(x)\mathrm{d}x$$
$$=U'_L\Phi_i(L)+\int_0^L F(x)\Phi_i(x)\mathrm{d}x, \quad \forall \Phi_i, \quad i=1,2,\cdots,n \quad (4.2.45)$$

通过定义

$$K_{ij}=\int_0^L \Phi'_i(x)\Phi'_j(x)\mathrm{d}x, \quad f_i=\int_0^L F(x)\Phi_i(x)\mathrm{d}x, \quad i,j=1,2,\cdots,n$$

$$g_i=U'_L\Phi_i(L)-U_0\int_0^L \Phi'_i(x)\Phi'_0(x)\mathrm{d}x, \quad i=1,2,\cdots,n$$

公式(4.2.45)可以写成

$$\sum_{j=1}^n K_{ij}u_j=f_i+g_i, i=1,2,\cdots,n \Leftrightarrow \boldsymbol{Ku}=\boldsymbol{f}+\boldsymbol{g} \quad (4.2.46)$$

这是一个含 n 个未知数 $u_1,\cdots,u_n$ 由 n 个方程组成的线性代数方程式。与 $K_{n,n}$ 不同的 K 元素按公式(4.2.34)~(4.2.35)计算。下面让我们评估 $K_{n,n}$，由于 Φ_n 的支持区间是 $[x_{n-1},x_n]$，所以

$$K_{n,n}=\int_{x_{n-1}}^{x_n} \Phi'^2_n(x)\mathrm{d}x=\int_{x_{n-1}}^{x_n}(1/h^2)\mathrm{d}x=1/h \quad (4.2.47)$$

向量 $\boldsymbol{f}$ 的元素由下式给出：

$$\begin{cases} f_i = \int_{x_{i-1}}^{x_{i+1}} F(x)\Phi_i(x)\mathrm{d}x, & i=1,\cdots,n-1 \\ f_n = \int_{x_{n-1}}^{x_n} F(x)\Phi_n(x)\mathrm{d}x \end{cases} \qquad (4.2.48)$$

源于 $\Phi_i(i=1,\cdots,n-1)$ 的支持区间是 $[x_{i-1},x_{i+1}]$，Φ_n 的支持区间是 $[x_{n-1},x_n=L]$。

下面评估向量 $\boldsymbol{g}$ 的元素。考虑 g_1 并注意到 $\Phi_1(L)=0$，因此

$$g_1 = -U_0 \int_{x_0}^{x_1} \Phi_1'(x)\Phi_0'(x)\mathrm{d}x = U_0/h$$

考虑 g_n，并注意到 $\Phi_n(L)=1$ 且 $\Phi_n'(x)\Phi_0'(x)$ 的支持区间是无效的，因此

$$g_n = U_L'$$

除此之外，由于 $\Phi_i(L)=0(i=2,\cdots,n-1)$，并且 $\Phi_i'(x)\Phi_0'(x)(i=2,\cdots,n-1)$ 的支持区间是无效的，所以

$$g_i = 0 \quad (i=2,\cdots,n-1)$$

综合考虑上述结果，线性方程(4.2.46)被指定为

$$\frac{1}{h}\begin{bmatrix} 2 & -1 & & & & \\ -1 & 2 & -1 & & & \\ & \ddots & \ddots & \ddots & & \\ & & -1 & 2 & -1 \\ & & & -1 & 1 \end{bmatrix}\begin{bmatrix} u_1 \\ u_2 \\ \vdots \\ u_{n-1} \\ u_n \end{bmatrix} = \begin{bmatrix} f_1 \\ f_2 \\ \vdots \\ f_{n-1} \\ f_n \end{bmatrix} + \begin{bmatrix} U_0/h \\ 0 \\ \vdots \\ 0 \\ U_L' \end{bmatrix}$$

$$(4.2.49)$$

例 4.2.3 程序中展示了一个函数，将 FEM 应用于狄利克雷-诺依曼问题(4.2.42)。

```
function u=fem_dn(L,u0,uxL,F,n)
% This is the function file fem_dn. m.
% The FEM is applied to solve the Dirichlet - Neumann problem：
% -U"(x)=F(x),U(0)=U0,Ux(L)=UxL.
% The input arguments are：length,boundary conditions,forcing term,
% number of elements. The function returns a vector with the solution.
% Initialization
h=L/n;x=linspace(0,L,n+1);
u=zeros(n+1,1);f=zeros(n,1);
Phil=@(xi,x1,x2)    (xi-x1)/(x2-x1);
Phir=@(xi,x2,x3)    -(xi-x3)/(x3-x2);
% FEM
KK=[-ones(n,1) [2 * ones(n-1,1);1] -ones(n,1)];
K=spdiags(KK,-1:1,n,n)/h;
for i=2:n
    f(i-1)=integral(@(xi)F(xi). * Phil(xi,x(i-1),x(i)),x(i-1),x(i));
    f(i-1)=f(i-1)+integral(@(xi)F(xi). * Phir(xi,x(i),x(i+1)),x(i),x(i+1));
```

```
end
f(n)＝integral(@(xi)F(xi). * Phil(xi,x(n),x(n+1)),x(n),x(n+1))+uxL；
f(1)＝f(1)+u0/h；
u(2:end)＝K\f；
u(1)＝u0；
end
```

例 4.2.4　考虑以下狄利克雷–诺依曼问题：

$$-U'' = cx^2, \quad 0 < x < L, \quad U(0) = U_0, \quad U'(L) = U'_L \qquad (4.2.50)$$

程序展示,将 fem_dn 函数应用于问题(4.2.50),然后生成近似解的图形,如图 4.2.7 所示。

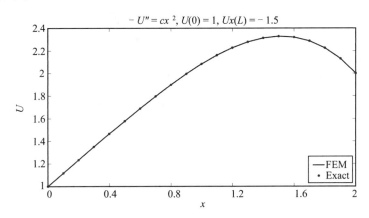

图 4.2.7　问题(4.2.50)的近似解图形

```
function u＝fem_dn_ex1
% This is the function file fem_dn_ex1. m.
% fem dn function is called to solve the special Dirichlet-Neumann problem：
% -U"(x)＝c * x^2,U(0)＝U0,Ux(L)＝UxL.
% Analytical solution：U=-c * x.^4/12+(c * L^3/3+UxL) * x+U0；
L=2；n=20；U0=1；UxL=-1.5；c=1；
F＝@(xi)        c * xi.^2；
u＝fem dn(L,U0,UxL,F,n)；
x＝linspace(0,L,n+1)；
U＝-c * x'.^4/12+(c * L^3/3+UxL) * x'+U0；
fprintf('Maximum error＝%g\n',max(abs(U -u)))
plot(x,u,'k',x,U,'r * ','LineWidth',2)；
legend('FEM','Exact','Location','SouthEast')；
xlabel('x')；ylabel('U')；
title(['-U"＝c x^2,U(0)＝',num2str(U0),',Ux(L)＝',num2str(UxL)])；
end
```

139

练习 4.4.12 中建议了其他应用。

下面考虑纯诺依曼问题：

$$-U'' = F(x), \quad 0 < x < L, \quad U'(0) = U'_0, \quad U'(L) = U'_L \qquad (4.2.51)$$

首先利用边界条件对微分方程 $(0, L)$ 积分：

$$U'_0 - U'_L = \int_0^L F(x)\,\mathrm{d}x \qquad (4.2.52)$$

其中两个常数 U'_0 和 U'_L 以及函数 $F(x)$ 是已知的分配数据。因此，公式 $(4.2.52)$ 是问题 $(4.2.51)$ 的相容条件。如果数据不满足这样的条件，则纯诺依曼问题无解。此外，假设条件 $(4.2.52)$ 得到满足，让 U_1 成为问题 $(4.2.51)$ 的解。考虑函数

$$U_2 = U_1 + c \qquad (4.2.53)$$

式中：c 是一个常数。由于 U_2 的导数与 U_1 的导数相同，函数 U_2 也是问题 $(4.2.51)$ 的解。综上所述，除非满足条件 $(4.2.52)$，否则问题 $(4.2.51)$ 没有解。当满足数据的相容性条件时，问题 $(4.2.51)$ 有无限解，与公式 $(4.2.53)$ 一致。公式 $(4.2.52)$ 和 $(4.2.53)$ 在静力学中有一个有趣的含义，如下所示。

使用静力学中杆的轴向位移方程重写公式 $(4.2.51)$：

$$\begin{cases} -AEU'' = q(x), \quad 0 < x < L \\ -AEU'(0) = F_0 \\ AEU'(L) = F_L \end{cases} \qquad (4.2.54)$$

式中：$q(x)$ 是轴向载荷；F_0 和 F_L 是已知的外力，如图 4.2.8 所示。在 $(0, L)$ 上积分微分方程并使用边界条件

$$F_0 + F_L + \int_0^L q(x)\,\mathrm{d}x = 0 \qquad (4.2.55)$$

公式 $(4.2.55)$ 为条件 $(4.2.52)$ 在静态力学中的兼容版本。平衡意味着力的总和必须为零。静力学中公式 $(4.2.53)$ 的含义也很清楚。除非刚性平移不影响应力，否则位移是确定的。

图 4.2.8　静力学中的纯诺依曼问题

4.2.5　杆的轴向位移和应力

考虑静力学中杆的轴向位移方程（见 4.2.1 小节）：

$$-AEU'' = q(x), \quad 0 < x < L \qquad (4.2.56)$$

式中：$q(x)$ 是轴向载荷；L 是杆的长度。

适当的边界条件与公式 $(4.2.56)$ 相关联。例如，对于图 4.2.9 中两端固定的杆，边界条件为

$$\begin{cases} U(0) = 0 \\ U(L) = 0 \end{cases} \tag{4.2.57}$$

边值问题$(4.2.56)$、$(4.2.57)$与前面已经讨论过的问题类似。因此,FEM 能够提供杆的轴向位移。现在,考虑在工程应用中可能更为重要的轴向应力 $\sigma = EU'$。我们希望 FEM 可以至少以与 U 相同的精度计算 σ,下面证明 σ 可以通过再次使用系数 u_i 来计算,即具有相同的精度。考虑元素 $e_i = [x_i, x_{i+1}]$ 和相关的近似解

$$u = u_i \Phi_i + u_{i+1} \Phi_{i+1}$$

在限制为 e_i 的弱公式中插入前一个函数将会得到(参见 4.2.2 小节)

$$u_i \int_{x_i}^{x_{i+1}} \Phi_i' \Phi_i' \, \mathrm{d}x + u_{i+1} \int_{x_i}^{x_{i+1}} \Phi_{i+1}' \Phi_i' \, \mathrm{d}x = \int_{x_i}^{x_{i+1}} F \Phi_i \, \mathrm{d}x + [U' \Phi_i]_{x_i}^{x_{i+1}}$$

$$u_i \int_{x_i}^{x_{i+1}} \Phi_i' \Phi_{i+1}' \, \mathrm{d}x + u_{i+1} \int_{x_i}^{x_{i+1}} \Phi_{i+1}' \Phi_{i+1}' \, \mathrm{d}x = \int_{x_i}^{x_{i+1}} F \Phi_{i+1} \, \mathrm{d}x + [U' \Phi_{i+1}]_{x_i}^{x_{i+1}}$$

因此

$$\begin{cases} (u_i - u_{i+1})/h = \int_{x_i}^{x_{i+1}} F \Phi_i \, \mathrm{d}x - U'(x_i) \\ (-u_i + u_{i+1})/h = \int_{x_i}^{x_{i+1}} F \Phi_{i+1} \, \mathrm{d}x + U'(x_{i+1}) \end{cases} \tag{4.2.58}$$

找到 u_i 后,方程$(4.2.58)$给出任何元素 e_i 两端的应力。最后,反作用力由公式$(4.2.10)$导出。

例 4.2.5 考虑图 4.2.9 中两端固定杆和相关边值问题$(4.2.56)$、$(4.2.57)$。假设杆受到梯形载荷作用:

$$q(x) = q_A + (q_B - q_A)x/L \tag{4.2.59}$$

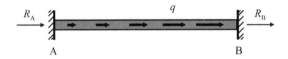

图 4.2.9　两端固定杆承受轴向载荷作用

程序中展示了应用 FEM 计算位移,使用公式$(4.2.58)$计算应力以及反作用力,最后生成解的图形,如图 4.2.10 所示。练习 4.4.6 中提供了解析解。

```
function[u,sigma]=stress_1
% This is the function file stress_1. m.
% FEM is applied to solve the following problem:
% -AEU''(x)=q(x),q(x)=qA+(qB -qA) * x/L,U0=U(L)=0,
% Analytical solution:
% U=qA/2/A/E * (Lx -x²)+(qB -qA)/6/A/E/L(L²x -x³);
% Initialization
n=10;u0=0;uL=0;
```

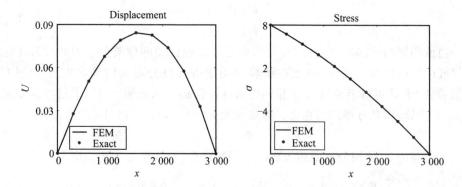

图 4.2.10 在轴向载荷(4.2.59)作用下杆的位移和应力曲线

```
L=3000;                    % mm
E=80000;                   % N/mm²
A=1000;                    % mm²
qA=4;                      % N/mm
qB=8;                      % N/mm
Phil=@(xi,x1,x2)    (xi-x1)/(x2-x1);
Phir=@(xi,x2,x3)    -(xi-x3)/(x3-x2);
F=@(xi)    qA/A/E+(qB -qA)*xi/L/A/E;
h=L/n;x=linspace(0,L,n+1);
u=zeros(n+1,1);sigma=zeros(n+1,1);f=zeros(n-1,1);
U=qA/2/A/E*(L*x'-x'.²)+(qB -qA)/6/A/E/L*(L²*x' -x'.³);
S=qA/A*(L/2-x')+(qB -qA)/A*(L/6-x'.²/2/L);        % Exact stress
% FEM
KK=[-ones(n-1,1) 2*ones(n-1,1) -ones(n-1,1)];
K=spdiags(KK,-1:1,n-1,n-1)/h;
for i=2:n
    f(i-1)=integral(@(xi)F(xi).*Phil(xi,x(i-1),x(i)),x(i-1),x(i));
    f(i-1)=f(i-1)+integral(@(xi)F(xi).*Phir(xi,x(i),x(i+1)),x(i),x(i+1));
end
f(1)=f(1)+u0/h;f(n-1)=f(n-1)+uL/h;
u(2:end-1)=K\f;
u(1)=u0;u(n+1)=uL;
for i=1:n
    sigma(i,1)=E*integral(@(xi)F(xi).*Phir(xi,x(i),x(i+1)),x(i),x(i+1))...
              -u(i)*E/h+u(i+1)*E/h;
end
sigma(i+1)=-E*integral(@(xi)F(xi).*Phil(xi,x(n),x(n+1)),x(n),x(n+1))...
          -u(n)*E/h;
rA=-A*sigma(1);rB=A*sigma(n+1);% Reactive forces
plot(x,u,'k',x,U,'r*','LineWidth',2);
```

```
legend('Fem','Exact','Location','SouthWest');
xlabel('x');ylabel('U');title('Displacement');
figure(2);plot(x,sigma,'k',x,S,'r*','LineWidth',2);
legend('Fem','Exact','Location','SouthWest');xlabel('x');
ylabel('\sigma');title('Stress');
fprintf('RA=%f\n',rA)
fprintf('RB=%f\n',rB)
fprintf('Maximum error for displacement=%g\n',max(abs(U -u)))
fprintf('Maximum error for stress=%g\n',max(abs(S -sigma)))
end
```

例 4.2.6 考虑图 4.2.11 中的悬臂杆和相关边值问题:

$$-AEU'' = q(x), \quad 0 < x < L, \quad U(0) = 0, \quad U'(L) = 0 \quad (4.2.60)$$

式中:$q(x)$ 是三角载荷,$q(x) = q_A(L - x)/L$。练习 4.4.7 给出了问题(4.2.60)的解析解。练习 4.4.13 中说明了一个应用 FEM 计算位移和应力的函数。位移和应力图如图 4.2.12 所示。

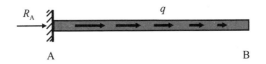

图 4.2.11　悬臂杆承受轴向分布载荷作用

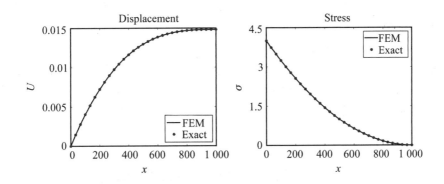

图 4.2.12　在三角载荷作用下杆的位移和应力曲线

4.2.6　集中力和 δ 函数

考虑一个紧支撑 K 的函数 $v(x)$,定义狄拉克[①]函数 δ 为

---

① Maurice Dirac(狄拉克,1902—1984),英国科学家,剑桥大学教授。他最重要的著作是《量子力学原理》。1933 年,他被授予诺贝尔物理学奖。

$$\int_K \delta(x - \bar{x}) v(x) \mathrm{d}x = v(\bar{x}) \tag{4.2.61}$$

对于 $\bar{x} = 0$，定义（4.2.61）给出

$$\int_K \delta(x) v(x) \mathrm{d}x = v(0) \tag{4.2.62}$$

δ 函数由狄拉克在量子力学中引入。几年后，有人概述了 δ 函数是一个广义函数，或 Schwartz(1950) 分布。

下面证明 δ 可以模拟杆上的集中力。考虑静力学中两端固定杆，如图 4.2.13 所示。杆的长度为 L 并受到轴向集中力 (x_h, F_h) 的作用。轴向位移公式将在练习 4.4.9 中推导，其表示如下：

$$U(x) = \begin{cases} (L - x_h) F_h x / (AEL), & 0 < x < x_h \\ (L - x) F_h x_h / (AEL), & x_h < x < L \end{cases} \tag{4.2.63}$$

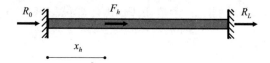

图 4.2.13　两端固定杆承受轴向集中力作用

因此，应力和反作用力如下：

$$\sigma(x) = EU'(x) = \begin{cases} (L - x_h) F_h / (AL), & 0 < x < x_h \\ - F_h x_h / (AL), & x_h < x < L \end{cases} \tag{4.2.64}$$

$$R_0 = -(L - x_h) F_h / L, \quad R_L = -F_h x_h / L \tag{4.2.65}$$

注意，U' 在 x_h 中是不连续的，所以有

$$AEU'(x_h^+) - AEU'(x_h^-) = -F_h \tag{4.2.66}$$

公式（4.2.66）由一般结果（4.2.7）得到，当然，这也是根据具体的结果（4.2.64）而定的。因此，U 不能是整个区间 $(0, L)$ 上杆方程的经典解，让我们证明 U 是弱解。实际上，考虑一个支持 $K = [0, L]$ 的平滑测试函数 v，并注意到

$$\int_0^L U'v' \mathrm{d}x = \int_0^{x_h} U'v' \mathrm{d}x + \int_{x_h}^L U'v' \mathrm{d}x$$

$$= \frac{(L - x_h) F_h}{AEL} v(x_h) + \frac{F_h x_h}{AEL} v(x_h)$$

$$= \frac{F_h v(x_h)}{AE}$$

根据公式（4.2.61），所以

$$\int_0^L U'v' \mathrm{d}x = \frac{F_h}{AE} \int_0^L \delta(x - x_h) v(x) \mathrm{d}x \tag{4.2.67}$$

由式（4.2.67）可知，U 是

$$- AEU'' = F_h \delta(x - x_h) \tag{4.2.68}$$

的弱解。由于有限元法考虑弱解，故可用于计算轴向集中力作用下杆的轴向位移。

例 4.2.7 作为第一个应用，首先考虑图 4.2.13 。轴向位移是公式(4.2.68)的弱解，并且具有齐次边界条件：

$$U(0)=0, \quad U(L)=0 \tag{4.2.69}$$

让我们应用 FEM，则近似解可以表示为

$$u(x)=\sum_{j=1}^{n-1} u_j \Phi_j(x)$$

通过求解以下方程找到未知系数 u_j：

$$\frac{1}{h}\begin{bmatrix} 2 & -1 & & & \\ -1 & 2 & -1 & & \\ & \ddots & \ddots & \ddots & \\ & & & -1 & 2 \end{bmatrix}\begin{bmatrix} u_1 \\ u_2 \\ \vdots \\ u_{n-1} \end{bmatrix}=\begin{bmatrix} f_1 \\ f_2 \\ \vdots \\ f_{n-1} \end{bmatrix} \tag{4.2.70}$$

式中：

$$f_i=\frac{F_h}{AE}\int_0^L \delta(x-x_h)\Phi_i(x)\,\mathrm{d}x=\frac{F_h}{AE}\Phi_i(x_h)$$

由于只有当 $x_h \in (x_{i-1}, x_{i+1})$ 时 $\Phi_i(x_h)\neq 0$，所以可以方便地考虑 x_h 与节点相同的网格。因此，我们得到

$$f_i=\Phi_i(x_h)F_h/(AE)=\begin{cases} F_h/(AE), & i=h \\ 0, & i\neq h \end{cases}$$

此外，由于期望有线性位移，我们可以考虑图 4.2.14 所示的简单网格，其中 $x_h=h=L/3$。在这种情况下，方程(4.2.70)可以简化为

$$\begin{cases} 2u_1/h-u_2/h=F_h/(AE) \\ -u_1/h+2u_2/h=0 \end{cases}$$

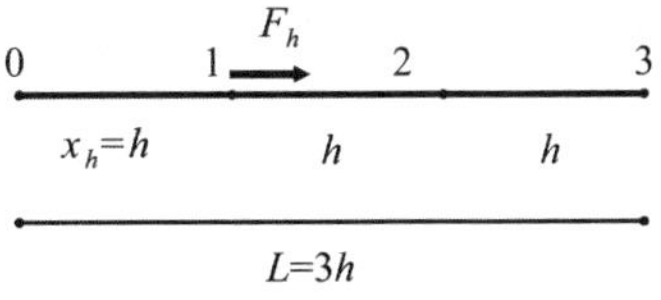

图 4.2.14 $x_h=x_1$ 的简单网格

计算可以得到

$$u_1=2hF_h/(3AE), \quad u_2=hF_h/(3AE)$$

u_i 的值与从公式(4.2.63)中获得的 U_i 相同。为了有助于理解，让我们回顾一下 FEM 用分段线性函数逼近精确解。如果解析解也是分段线性的，那么 $U_i=u_i$。最后，快速计算表明应力和反作用力也是准确的，正如预期的那样。

例 4.2.8 另一个应用是静力学中的悬臂杆，如图 4.2.15 所示。杆的长度为 L 并受到轴向集中力 (x_h, F_h) 的作用。轴向位移是公式(4.2.68)的弱解，并且具有边界条件：

$$U(0)=0, \quad U'(L)=0 \tag{4.2.71}$$

解析解在练习 4.4.10 中推导，此处位移表示为

$$U(x)=\begin{cases} F_h x/(AE), & 0<x<x_h \\ F_h x_h/(AE), & x_h<x<L \end{cases} \tag{4.2.72}$$

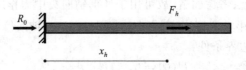

图 4.2.15　悬臂杆承受轴向集中力作用

因此,应力和反作用力为

$$\sigma(x) = \begin{cases} F_h/A, & 0 < x < x_h \\ 0, & x_h < x < L \end{cases}, \quad R_0 = -F_h \tag{4.2.73}$$

下面考虑使用有限元法。近似解（参见 4.2.4 节）表示为

$$u(x) = \sum_{j=1}^{n} u_j \Phi_j(x)$$

未知系数满足以下方程组：

$$\frac{1}{h} \begin{bmatrix} 2 & -1 & & & & \\ -1 & 2 & -1 & & & \\ & \ddots & \ddots & \ddots & & \\ & & -1 & 2 & -1 \\ & & & -1 & 1 \end{bmatrix} \begin{bmatrix} u_1 \\ u_2 \\ \vdots \\ u_{n-1} \\ u_n \end{bmatrix} = \begin{bmatrix} f_1 \\ f_2 \\ \vdots \\ f_{n-1} \\ f_n \end{bmatrix} \tag{4.2.74}$$

式中

$$f_i = \frac{F_h}{AE} \int_0^L \delta(x - x_h) \Phi_i(x) \mathrm{d}x = \frac{F_h}{AE} \Phi_i(x_h)$$

考虑图 4.2.16 中的简单网格。它是

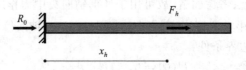

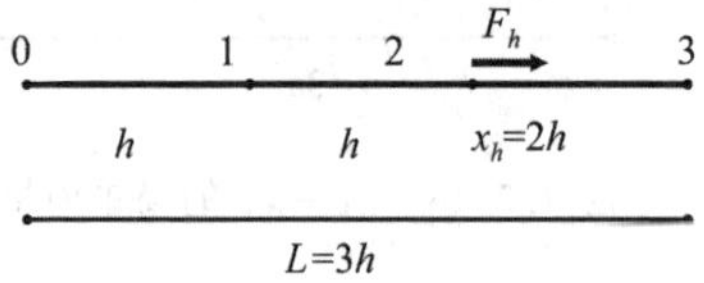

图 4.2.16　$x_h = x_2$ 的简单网格

$$f_i = \begin{cases} F_h/(AE), & i = h \\ 0, & i \neq h \end{cases}$$

和

$$\begin{cases} 2u_1/h - u_2/h = 0 \\ -u_1/h + 2u_2/h - u_3/h = F_h/(AE) \\ -u_2/h + u_3/h = 0. \end{cases}$$

计算上述公式可以得到

$$u_1 = hF_h/(AE), \quad u_2 = u_3 = 2hF_h/(AE)$$

这些值与公式(4.2.72)中的解析值相同,与预期相同。练习 4.4.14 建议了其他应用。

4.3　偏微分方程

本节介绍一些抛物型和双曲型偏微分方程的有限元方法。

4.3.1　扩散方程

考虑扩散方程的狄利克雷问题：

$$U_t - \alpha U_{xx} = F(x,t)，\quad 0 < x < L，\quad 0 < t \leqslant T \tag{4.3.1}$$

$$U(x,0) = \varphi(x)，\quad 0 \leqslant x \leqslant L \tag{4.3.2}$$

$$U(0,t) = G_1(t)，\quad U(L,t) = G_2(t)，\quad 0 < t \leqslant T \tag{4.3.3}$$

公式(4.3.1)乘以平滑测试函数 $v(x)$，可以得到

$$U_t v - \alpha U_{xx} v - Fv = 0 \Leftrightarrow U_t v - \alpha (U_x v)_x + \alpha U_x v' - Fv = 0$$

并且在 $[0,L]$ 上积分，可以得到

$$\int_0^L U_t v \, \mathrm{d}x + \int_0^L \alpha U_x v' \, \mathrm{d}x = \int_0^L Fv \, \mathrm{d}x + \alpha [U_x v]_{x=0}^{x=L} \tag{4.3.4}$$

公式(4.3.4)是公式(4.3.1)的弱形式，相比之下公式(4.3.1)称为强形式。有限元方法考虑公式(4.3.4)，狄利克雷问题的近似解表示为有限级数：

$$u(x,t) = \sum_{j=0}^{n} u_j(t) \Phi_j(x) \tag{4.3.5}$$

式中：$u_j(t)(j=0,1,\cdots,n)$ 是未知函数；$\Phi_j(x)(j=0,1,\cdots,n)$ 是 4.2.3 小节中介绍的形函数。注意，$u(0,t) = u_0(t)$ 和 $u(L,t) = u_n(t)$ 是因为形函数的属性，即公式(4.2.23)。因此，如果假设 $u_0(t) = G_1(t)$ 且 $u_n(t) = G_2(t)$，则函数 u 满足边界条件(4.3.3)。结果

$$u(x,t) = \sum_{j=1}^{n-1} u_j(t) \Phi_j(x) + G_1(t) \Phi_0(x) + G_2(t) \Phi_n(x) \tag{4.3.6}$$

其中最后两个项目是已知的。将 $u(x,t)$ 代入公式(4.3.4)并假设 $v = \Phi_i(i=1,\cdots,n-1)$，则

$$\sum_{j=1}^{n-1} \dot{u}_j(t) \int_0^L \Phi_j \Phi_i \, \mathrm{d}x + \sum_{j=1}^{n-1} u_j(t) \int_0^L \alpha \Phi_j' \Phi_i' \, \mathrm{d}x$$

$$= \int_0^L F \Phi_i \, \mathrm{d}x - \dot{G}_1(t) \int_0^L \Phi_0 \Phi_i \, \mathrm{d}x -$$

$$\dot{G}_2(t) \int_0^L \Phi_n \Phi_i \, \mathrm{d}x - \alpha G_1(t) \int_0^L \Phi_0' \Phi_i' \, \mathrm{d}x -$$

$$\alpha G_2(t) \int_0^L \Phi_n' \Phi_i' \, \mathrm{d}x，\quad i = 1,\cdots,n-1$$

源于 $\Phi_i(0) = 0, \Phi_i(L) = 0, i = 1,\cdots,n-1$。因此，其矩阵分量符号形式如下：

$$\sum_{j=1}^{n-1} M_{ij} \dot{u}_j(t) + \sum_{j=1}^{n-1} K_{ij} u_j(t) = f_i(t) - g_i(t)，\quad i = 1,\cdots,n-1 \tag{4.3.7}$$

式中：

$$\begin{cases} M_{ij} = \int_0^L \Phi_j \Phi_i \, \mathrm{d}x \\ K_{ij} = \int_0^L \alpha \Phi_j' \Phi_i' \, \mathrm{d}x \end{cases}，\quad i,j = 1,\cdots,n-1 \tag{4.3.8}$$

$$\begin{cases} f_i(t) = \displaystyle\int_0^L F\Phi_i \, \mathrm{d}x \\[2mm] g_i(t) = \dot{G}_1(t) \displaystyle\int_0^L \Phi_0 \Phi_i \, \mathrm{d}x + \dot{G}_2(t) \displaystyle\int_0^L \Phi_n \Phi_i \, \mathrm{d}x + \\[2mm] \qquad \alpha G_1(t) \displaystyle\int_0^L \Phi_0' \Phi_i' \, \mathrm{d}x + \alpha G_2(t) \displaystyle\int_0^L \Phi_n' \Phi_i' \, \mathrm{d}x, \quad i = 1, \cdots, n-1 \end{cases} \tag{4.3.9}$$

公式 (4.3.7) 的矩阵符号形式如下：

$$M\ddot{u}(t) + Ku(t) = f(t) - g(t) \tag{4.3.10}$$

式中：u、f、g 是列向量；矩阵 M 在力学中称为质量矩阵。常微分方程 (4.3.10) 的初始条件 $u_i(0)$ 是由公式 (4.3.2) 导出的。事实上，还要注意

$$u(x_i, 0) = \sum_{j=1}^n u_j(0) \Phi_j(x_i) = u_i(0), \quad i = 1, 2, \cdots, n$$

因此，由公式 (4.3.2) 可知

$$u_i(0) = \varphi(x_i) = \varphi_i, \quad i = 1, 2, \cdots, n \tag{4.3.11}$$

向量 f 的元素 $f_i(t)$ 可由下式得到

$$f_i(t) = \int_{x_{i-1}}^{x_{i+1}} F(x, t) \Phi_i(x) \, \mathrm{d}x, \quad i = 1, \cdots, n-1 \tag{4.3.12}$$

源于 Φ_i 的支持区间是 $[x_{i-1}, x_{i+1}]$。

让我们计算向量 g。考虑 $g_1(t)$，并注意到 Φ_0、Φ_1、Φ_n 的支持区间分别为 $[x_0, x_1]$、$[x_0, x_2]$、$[x_{n-1}, x_n]$，所以

$$g_1(t) = \dot{G}_1(t) \int_{x_2}^{x_1} \Phi_0(x) \Phi_1(x) \, \mathrm{d}x + \alpha G_1(t) \int_{x_0}^{x_1} \Phi_0'(x) \Phi_1'(x) \, \mathrm{d}x$$

$$g_1(t) = \dot{G}_1(t) h/6 - \alpha G_1(t)/h \tag{4.3.13}$$

考虑 $g_{n-1}(t)$，并注意到 Φ_0、Φ_{n-1}、Φ_n 的支持区间分别是 $[x_0, x_1]$、$[x_{n-2}, x_n]$、$[x_{n-1}, x_n]$，所以

$$g_{n-1}(t) = \dot{G}_2(t) \int_{x_{n-1}}^{x_n} \Phi_n(x) \Phi_{n-1}(x) \, \mathrm{d}x + \alpha G_2(t) \int_{x_{n-1}}^{x_n} \Phi_n'(x) \Phi_{n-1}'(x) \, \mathrm{d}x$$

$$g_{n-1}(t) = \dot{G}_2(t) h/6 - \alpha G_2(t)/h \tag{4.3.14}$$

向量 g 的剩余元素是零，即

$$g_i(t) = 0, \quad i = 2, \cdots, n-2 \tag{4.3.15}$$

矩阵 M 和 K 由下式给出：

$$M = \frac{h}{3} \begin{bmatrix} 2 & 1/2 & & & \\ 1/2 & 2 & 1/2 & & \\ & \ddots & \ddots & \ddots & \\ & & & 1/2 & 2 \end{bmatrix}, \quad K = \frac{\alpha}{h} \begin{bmatrix} 2 & -1 & & & \\ -1 & 2 & -1 & & \\ & \ddots & \ddots & \ddots & \\ & & & -1 & 2 \end{bmatrix} \tag{4.3.16}$$

矩阵 K 已在 4.2.4 小节中评估，M 的元素在练习 4.4.15 中评估。质量矩阵是

非奇异的。方程(4.3.10)还可以写成

$$\dot{\boldsymbol{u}}(t) = -\boldsymbol{M}^{-1}\boldsymbol{K}\boldsymbol{u}(t) + \boldsymbol{M}^{-1}\big[\boldsymbol{f}(t) - \boldsymbol{g}(t)\big] \qquad (4.3.17)$$

例 4.3.1 程序中展示了一个函数,将 FEM 应用于问题(4.3.1)~(4.3.3),初始边界条件如下:

$$U(x,0) = \sin(\pi x / L), \quad 0 \leqslant x \leqslant L \qquad (4.3.18)$$

$$U(0,t) = 0, \quad U(L,t) = 0, \quad 0 < t \leqslant T \qquad (4.3.19)$$

轻松修改代码即可用于其他应用程序。数值解的图形如图 4.3.1 所示。

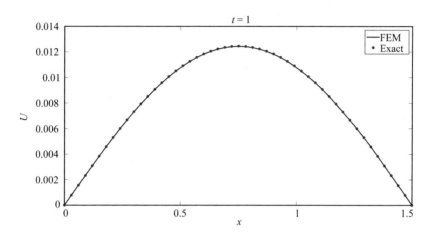

图 4.3.1 问题(4.3.18)、(4.3.19)的数值解图形

```
function u=diffusion_d
% This is the function file diffusion_d. m.
% FEM is applied to the following Dirichlet problem:
% Ut -alpha Uxx=0,U(x,0)=phi(x),U(0,t)=G1(t),U(L,t)=G2(t),
% where phi(x)=sin(pi * x),G1(t)=0,G2(t)=0.
% Analytical solution:U=sin(pi * x) * exp(-pi^2 * t).
% The code can be easily modified for other applications. It is
% enough to modify the lines related to the initial-boundary conditions
% and to eliminate the line related to the analytical solution.
% Initialization
alpha=1;L=1. 5;T=1;nx=50;
phi=@(x)        sin(pi * x/L);
G1=@(t)        0 * t;
G2=@(t)        0 * t;
G1t=@(t)       0 * t;
G2t=@(t)       0 * t;
dx=L/nx;x=linspace(0,L,nx+1);
KK=[-ones(nx-1,1) 2 * ones(nx-1,1) -ones(nx-1,1)];
K=spdiags(KK,-1:1,nx-1,nx-1) * alpha/dx;
MM=[ones(nx-1,1)/6 2/3 * ones(nx-1,1) ones(nx-1,1)/6];
```

```
M＝spdiags(MM,-1:1,nx-1,nx-1) * dx;
B＝M^(-1);A＝B * K;
g＝zeros(nx-1,1);u＝feval(phi,x');
% FEM
[～,y]＝ode45(@system,[0 T],u(2:nx),[ ],A,B,g,dx,alpha,G1,G2,G1t,G2t);
u(2:nx)＝y(end,:);
u(1)＝G1(T);u(nx＋1)＝G2(T);
U＝sin(pi * x'/L) * exp(-(pi/L)^2 * T);
plot(x,u,'k',x,U,'r * ','LineWidth',2);
legend('FEM','Exact');xlabel('x');ylabel('U');
title(['t＝',num2str(T)]);
fprintf('Maximum error＝%g\n',max(abs(U -u)))
end
% ——— Local function ———
function Du＝system(t,u,A,B,g,dx,alpha,G1,G2,G1t,G2t)
g(1)＝G1t(t) * dx/6 -alpha * G1(t)/dx;
g(end)＝G2t(t) * dx/6 -alpha * G2(t)/dx;
Du=-A * u -B * g;
end
```

练习 4.4.16 建议了其他应用。

下面考虑诺依曼问题：

$$U_t - \alpha U_{xx} = F(x,t), \quad 0 < x < L, \; 0 < t \leqslant T \tag{4.3.20}$$

$$U(x,0) = \varphi(x), \quad 0 \leqslant x \leqslant L \tag{4.3.21}$$

$$-U_x(0,t) = G_1(t), \quad U_x(L,t) = G_2(t), \quad 0 < t \leqslant T \tag{4.3.22}$$

弱形式由下式给出：

$$\int_0^L U_t v \, dx + \int_0^L \alpha U_x v' \, dx = \int_0^L F v \, dx + \alpha G_1(t) v(0) + \alpha G_2(t) v(L) \tag{4.3.23}$$

诺依曼问题的近似解用有限级数表示：

$$u(x,t) = \sum_{j=0}^n u_j(t) \Phi_j(x) \tag{4.3.24}$$

式中：$u_j(t)(j=0,1,\cdots,n)$ 是未知函数；$\Phi_j(x)(j=0,1,\cdots,n)$ 是 4.2.3 小节中介绍的形函数。将 $u(x,t)$ 代入公式(4.3.23)并假设 $v = \Phi_i(i=0,1,\cdots,n)$，则有

$$\sum_{j=0}^n \dot{u}_j(t) \int_0^L \Phi_j \Phi_i \, dx + \sum_{j=0}^n u_j(t) \int_0^L \alpha \Phi'_j \Phi'_i \, dx$$

$$= \int_0^L F \Phi_i \, dx + \alpha G_1(t) \Phi_i(0) + \alpha G_2(t) \Phi_i(L), \quad \forall \Phi_I, \quad i=0,1,\cdots,n$$

因此，矩阵分量符号表达式为

$$\sum_{j=0}^n M_{ij} \dot{u}_j(t) + \sum_{j=0}^n K_{ij} u_j(t) = f_i(t) + g_i(t), \quad i=0,1,\cdots,n \tag{4.3.25}$$

式中：

$$M_{ij} = \int_0^L \Phi_j \Phi_i \, \mathrm{d}x, \quad K_{ij} = \int_0^L \alpha \Phi_j' \Phi_i' \, \mathrm{d}x$$

$$f_i(t) = \int_0^L F\Phi_i \, \mathrm{d}x, \quad i, j = 0, 1, \cdots, n$$

$$g_i(t) = \alpha G_1(t)\Phi_i(0) + \alpha G_2(t)\Phi_i(L), \quad i = 0, 1, \cdots, n$$

方程(4.3.25)的矩阵符号形式为

$$\boldsymbol{M}\ddot{\boldsymbol{u}}(t) + \boldsymbol{K}\boldsymbol{u}(t) = \boldsymbol{f}(t) + \boldsymbol{g}(t) \tag{4.3.26}$$

式中:$\boldsymbol{u}$、$\boldsymbol{f}$、$\boldsymbol{g}$ 是列向量。因为 Φ_0 的支持区间是 $[x_0, x_1]$,Φ_n 的支持区间是 $[x_{n-1}, x_n]$,$\Phi_i(i=1, \cdots, n-1)$ 的支持区间是 $[x_{i-1}, x_{i+1}]$,所以 $\boldsymbol{f}$ 的元素是

$$f_0(t) = \int_{x_0}^{x_1} \Phi_i \, \mathrm{d}x, \quad f_n(t) = \int_{x_{n-1}}^{x_n} F\Phi_i \, \mathrm{d}x$$

$$f_i(t) = \int_{x_{i-1}}^{x_{i+1}} F\Phi_i \, \mathrm{d}x, \quad i = 1, \cdots, n-1$$

此外,$\boldsymbol{g}$ 的元素出下式给出:

$$g_0(t) = \alpha G_1(t), \quad g_n(t) = \alpha G_2(t), \quad g_i(t) = 0, \quad i = 1, \cdots, n-1 \tag{4.3.27}$$

下面让我们评估质量矩阵 $\boldsymbol{M}$。首先考虑 $M_{0,0}$,因为 Φ_0 的支持区间是 $[x_0, x_1]$,所以

$$M_{0,0} = \int_{x_0}^{x_1} \Phi_0^2(x) \, \mathrm{d}x = \int_0^h \frac{(h-x)^2}{h^2} \, \mathrm{d}x = \int_0^h \frac{\xi^2}{h^2} \, \mathrm{d}\xi = h/3$$

此外,由于 Φ_n 的支持区间是 $[x_{n-1}, x_n]$,所以

$$M_{n,n} = \int_{x_{n-1}}^{x_n} \Phi_n^2(x) \, \mathrm{d}x = \int_{x_{n-1}}^{x_n} \frac{(x - x_{n-1})^2}{h^2} \, \mathrm{d}x = \int_0^h \frac{\xi^2}{h^2} \, \mathrm{d}\xi = h/3$$

$(n+1)(n+1)$ 阶矩阵 $\boldsymbol{M}$ 的其他元素见公式(4.3.16)。总之,

$$\boldsymbol{M} = \frac{h}{3} \begin{bmatrix} 1 & 1/2 & & & \\ 1/2 & 2 & 1/2 & & \\ & \ddots & \ddots & \ddots & \\ & & 1/2 & 2 & 1/2 \\ & & & 1/2 & 1 \end{bmatrix} \tag{4.3.28}$$

下面让我们计算刚度矩阵 $\boldsymbol{K}$。首先考虑 $K_{0,0}$,因为 Φ_0 的支持区间是 $[x_0, x_1]$,所以

$$K_{0,0} = \alpha \int_{x_0}^{x_1} \Phi_0'^2(x) \, \mathrm{d}x = \alpha/h$$

此外,由于 Φ_n 的支持区间是 $[x_{n-1}, x_n]$,所以

$$K_{n,n} = \alpha \int_{x_{n-1}}^{x_n} \Phi_n'^2(x) \, \mathrm{d}x = \alpha/h$$

$(n+1)(n+1)$ 阶矩阵 $\boldsymbol{K}$ 的其他元素见公式(4.3.16)。总之,

$$K = \frac{\alpha}{h} \begin{bmatrix} 1 & -1 & & & & \\ -1 & 2 & -1 & & & \\ & \ddots & \ddots & \ddots & & \\ & & -1 & 2 & -1 \\ & & & -1 & 1 \end{bmatrix} \qquad (4.3.29)$$

例 4.3.2　程序中展示了一个函数，应用有限元法求解诺依曼问题：

$$U_t - U_{xx} = x(x-L) - 2t, \quad 0 < x < L, 0 < t \leqslant T \qquad (4.3.30)$$

$$U(x,0) = 0, \quad 0 \leqslant x \leqslant L \qquad (4.3.31)$$

$$-U_x(0,t) = tL, \quad U_x(L,t) = tL, \quad 0 < t \leqslant T \qquad (4.3.32)$$

数值解图形如图 4.3.2 所示。程序中考虑了上述问题，轻松修改代码即可用于其他应用程序。

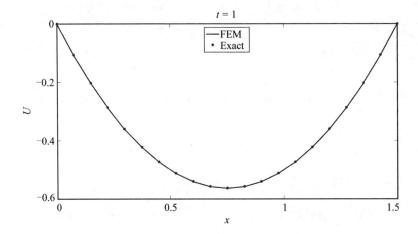

图 4.3.2　问题(4.3.30)～(4.3.32)的数值解图形

```
function u=diffusion_n
% This is the function file diffusion_n. m.
% FEM is applied to the following Neumann problem：
% Ut -alpha Uxx＝F,U(x,0)＝phi(x),Ux(0,t)＝-G1(t),Ux(L,t)＝G2(t),
% where phi(x)＝0,G1(t)＝tL,G2(t)＝tL,F＝x(x -L)-2t.
% Analytical solution：U＝x * (x -L) * t.
% The code can be easily adapted to other applications by modifying the data.
% Initialization
alpha=1;L=1. 5;T=1;n=20；
phi=@(x)        0 * x；
G1=@(t)        t * L；
G2=@(t)        t * L；
F=@(xi,t)      xi. * (xi -L)-2 * t；
Phil=@(xi,x1,x2)      (xi -x1)/(x2 -x1)；
```

```
Phir=@(xi,x2,x3)    -(xi -x3)/(x3 -x2);
n=L/n;x=linspace(0,L,n+1);
KK=[-ones(n+1,1) [1;2 * ones(n-1,1);1] -ones(n+1,1)];
K=spdiags(KK,-1:1,n+1,n+1) * alpha/dx;
MM=[ones(n+1,1)/2 [1;2 * ones(n-1,1);1] ones(n+1,1)/2];
M=spdiags(MM,-1:1,n+1,n+1) * h/3;
B=M^(-1);A=B * K;
u=feval(phi,x');
% FEM
[~,y]=ode15s(@system,[0 T],u,[ ],A,B,alpha,x,n,G1,G2,Phil,Phir,F);
u(1:end,1)=y(end,:);
U=x'. * (x' -L) * T;
plot(x,u,'k',x,U,'r * ','LineWidth',2);
legend('FEM','Exact','Location','North');xlabel('x');ylabel('U');
title(['t=',num2str(T)]);
fprintf('Maximum error= %g\n',max(abs(U -u)))
end
% ——— Local function ———
function Du=system(t,u,A,B,alpha,x,n,G1,G2,Phil,Phir,F)
f=zeros(n+1,1);
i=1;f(i)=integral(@(xi)F(xi,t). * Phir(xi,x(i),x(i+1)),x(i),x(i+1));
for i=2:n
    f(i)=integral(@(xi)F(xi,t). * Phil(xi,x(i-1),x(i)),x(i-1),x(i));
    f(i)=f(i)+integral(@(xi)F(xi,t). * Phir(xi,x(i),x(i+1)),x(i),x(i+1));
end
i=n+1;f(i)=integral(@(xi)F(xi,t). * Phil(xi,x(i-1),x(i)),x(i-1),x(i));
f(1)=f(1)+alpha * G1(t);f(end)=f(end)+alpha * G2(t);
Du=-A * u+B * f;
end
```

4.3.2 波动方程

下面让我们用 FEM 讨论以下波动方程:
$$U_{tt} - c^2 U_{xx} = F(x,t) - \lambda U, \quad 0 < x < L, \quad 0 < t \leqslant T \quad (4.3.33)$$
首先考虑狄利克雷问题并分配初始位置和速度:
$$U(x,0) = \varphi(x), \quad U_t(x,0) = \psi(x), \quad 0 \leqslant x \leqslant L \quad (4.3.34)$$
边界条件:
$$U(0,t) = G_1(t), \quad U(L,t) = G_2(t), \quad 0 < t \leqslant T \quad (4.3.35)$$
公式(4.3.33)乘以平滑测试函数 $v(x)$ 并在 $[0,L]$ 上积分,可以得到
$$\int_0^L [U_{tt}(x,t)v(x) + c^2 U_x(x,t)v'(x) + \lambda U(x,t)v(x)]\mathrm{d}x$$
$$= \int_0^L f(x,t)v(x)\mathrm{d}x + c^2 [U_x v]_{x=0}^{x=L} \quad (4.3.36)$$

153

上述是用有限元法考虑弱形式。满足边界条件(4.3.35)的近似解由下式给出：

$$u(x,t) = \sum_{j=1}^{n-1} u_j(t)\Phi_j(x) + G_1(t)\Phi_0(x) + G_2(t)\Phi_n(x) \qquad (4.3.37)$$

式中：$u_j(t)(j=1,\cdots,n-1)$ 为未知函数；$\Phi_j(x)(j=0,1,\cdots,n)$ 是 4.2.3 小节中介绍的形函数。将公式(4.3.37)代入公式(4.3.36)，并且设 $v=\Phi_i(i=1,\cdots,n-1)$，因为 $\Phi_i(0)=0,\Phi_i(L)=0(i=1,\cdots,n-1)$，所以

$$\sum_{j=1}^{n-1}\left[\ddot{u}_j(t)+\lambda u_j(t)\right]\int_0^L \Phi_j(x)\Phi_i(x)\mathrm{d}x + \sum_{j=1}^{n-1}u_j(t)\int_0^L c^2\Phi_j'(x)\Phi_i'(x)\mathrm{d}x$$

$$= -\left[\ddot{G}_1(t)+\lambda G_1(t)\right]\int_0^L \Phi_0(x)\Phi_i(x)\mathrm{d}x - c^2 G_1(t)\int_0^L \Phi_0'(x)\Phi_i'(x)\mathrm{d}x -$$

$$\left[\ddot{G}_2(t)+\lambda G_2(t)\right]\int_0^L \Phi_n(x)\Phi_i(x)\mathrm{d}x - c^2 G_2(t)\int_0^L \Phi_n'(x)\Phi_i'(x)\mathrm{d}x +$$

$$\int_0^L F(x,t)\Phi_i(x)\mathrm{d}x,\quad i=1,\cdots,n-1$$

因此矩阵分量表达式为

$$\sum_{j=1}^{n-1}M_{ij}\left[\ddot{u}_j(t)+\lambda u_j(t)\right] + \sum_{j=1}^{n-1}K_{ij}u_j(t) = f_i(t)-g_i(t),\quad i=1,\cdots,n-1$$

$$(4.3.38)$$

式中：

$$M_{ij}=\int_0^L \Phi_j(x)\Phi_i(x)\mathrm{d}x,\quad K_{ij}=\int_0^L c^2\Phi_j'(x)\Phi_i'(x)\mathrm{d}x,\quad i,j=1,\cdots,n-1$$

$$(4.3.39)$$

$$\begin{cases} f_i(t)=\int_0^L F(x,t)\Phi_i(x)\mathrm{d}x \\ g_i(t)=\left[\ddot{G}_1(t)+\lambda G_1(t)\right]\int_0^L \Phi_0(x)\Phi_i(x)\mathrm{d}x + \\ \qquad c^2 G_1(t)\int_0^L \Phi_0'(x)\Phi_i'(x)\mathrm{d}x + \\ \qquad \left[\ddot{G}_2(t)+\lambda G_2(t)\right]\int_0^L \Phi_n(x)\Phi_i(x)\mathrm{d}x + \\ \qquad c^2 G_2(t)\int_0^L \Phi_n'(x)\Phi_i'(x)\mathrm{d}x,\quad i=1,\cdots,n-1 \end{cases} \qquad (4.3.40)$$

方程(4.3.38)的矩阵符号形式为

$$\boldsymbol{M}\left[\ddot{\boldsymbol{u}}(t)+\lambda\boldsymbol{u}(t)\right] + \boldsymbol{K}\boldsymbol{u}(t) = \boldsymbol{f}(t)-\boldsymbol{g}(t) \qquad (4.3.41)$$

式中：$\boldsymbol{u}$，$\boldsymbol{f}$ 和 $\boldsymbol{g}$ 是列向量。前一个二阶常微分方程的积分需有初始条件 $u_i(0)$ 和 $\dot{u}_i(0)$，它们可以由公式(4.3.34)导出，即

$$u_i(0)=\varphi(x_i)=\varphi_i,\quad \dot{u}_i(0)=\psi(x_i)=\psi_i,\quad i=1,2,\cdots,n \qquad (4.3.42)$$

其中第一个条件由公式(4.3.11)导出，第二个条件也可以同理导出。$\boldsymbol{f}$ 的元素是

$$f_i(t) = \int_{x_{i-1}}^{x_{i+1}} F(x,t)\Phi_i(x)\mathrm{d}x, \quad i=1,\cdots,n-1 \qquad (4.3.43)$$

下面我们评估 $\boldsymbol{g}$。首先考虑 $g_1(t)$，因为 Φ_0、Φ_1、Φ_n 的支持区间分别是 $[x_0,$ $x_1]$、$[x_0,x_2]$、$[x_{n-1},x_n]$，所以

$$g_1(t) = [\ddot{G}_1(t) + \lambda G_1(t)]\int_{x_0}^{x_1}\Phi_0(x)\Phi_1(x)\mathrm{d}x + c^2 G_1(t)\int_{x_0}^{x_1}\Phi_0'(x)\Phi_1'(x)\mathrm{d}x$$

$$g_1(t) = [\ddot{G}_1(t) + \lambda G_1(t)]h/6 - c^2 G_1(t)/h \qquad (4.3.44)$$

此外，由于 Φ_0、Φ_{n-1}、Φ_n 的支持区间分别是 $[x_0,x_1]$、$[x_{n-2},x_n]$、$[x_{n-1},x_n]$，所以

$$g_{n-1}(t) = [\ddot{G}_2(t) + \lambda G_2(t)]\int_{x_{n-1}}^{x_n}\Phi_n(x)\Phi_{n-1}(x)\mathrm{d}x + c^2 G_2(t)\int_{x_{n-1}}^{x_n}\Phi_n'(x)\Phi_{n-1}'(x)\mathrm{d}x$$

$$= [\ddot{G}_2(t) + \lambda G_2(t)]\frac{h}{6} - \frac{c^2}{h}G_2(t) \qquad (4.3.45)$$

其他元素为零，即

$$g_i(t) = 0, \quad i=2,\cdots,n-2 \qquad (4.3.46)$$

矩阵 $\boldsymbol{M}$ 和 $\boldsymbol{K}$ 由下式（见公式（4.3.16））给出

$$\boldsymbol{M} = \frac{h}{3}\begin{bmatrix} 2 & 1/2 & & \\ 1/2 & 2 & 1/2 & \\ & \ddots & \ddots & \ddots \\ & & 1/2 & 2 \end{bmatrix}, \quad \boldsymbol{K} = \frac{c^2}{h}\begin{bmatrix} 2 & -1 & & \\ -1 & 2 & -1 & \\ & \ddots & \ddots & \ddots \\ & & -1 & 2 \end{bmatrix}$$

公式（4.3.41）中的二阶微分系统可以转换为一阶系统。事实上，如果引入新的未知函数，即

$$\boldsymbol{w} = \dot{\boldsymbol{u}}$$

我们可以得到

$$\begin{bmatrix} \dot{\boldsymbol{u}} \\ \dot{\boldsymbol{w}} \end{bmatrix} = \begin{bmatrix} \boldsymbol{0} & \boldsymbol{I} \\ -(\lambda\boldsymbol{I} + \boldsymbol{M}^{-1}\boldsymbol{K}) & \boldsymbol{0} \end{bmatrix}\begin{bmatrix} \boldsymbol{u} \\ \boldsymbol{w} \end{bmatrix} + \begin{bmatrix} \boldsymbol{0} \\ \boldsymbol{M}^{-1}(\boldsymbol{f} - \boldsymbol{g}) \end{bmatrix} \qquad (4.3.47)$$

例 4.3.3 考虑狄利克雷问题：

$$U_{tt} - c^2 U_{xx} + \lambda U = 0, \quad 0 < x < L, \ 0 < t \leqslant T \qquad (4.3.48)$$

$$U(x,0) = \sin(p\pi x/L), \quad U_t(x,0) = 0, \quad 0 < x < L \qquad (4.3.49)$$

$$U(0,t) = 0, \quad U(L,t) = 0, \quad 0 < t \leqslant T \qquad (4.3.50)$$

程序中展示了一个函数，应用 FEM 解决问题（4.3.48）～（4.3.50）。其数值解图形如图 4.3.3 所示。

```
function u=wave_d
% This is the function file wave_d. m.
% The FEM is applied to the following Dirichlet problem：
% Utt -c^2 Uxx＋lambda U=0,
% U(x,0)＝sin(x * pi * p/L),Ut(x,0)=0,U(0,t)=0,U(L,t)=0.
% Analytical solution：
```

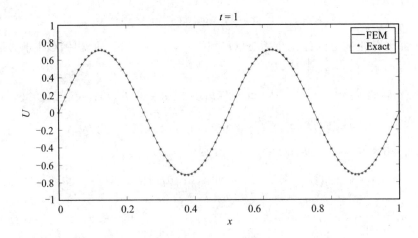

图 4.3.3　问题(4.3.48)～(4.3.50)的数值解图形

```
% U=sin(x * pi * p/L) * cos(t * sqrt(lambda+c^2 * pi^2 * p^2/L^2)).
% Initialization
c=1;L=1;T=1;lambda=20;n=100;p=4;
phi=@(x)      sin(x * pi * p/L);psi=@(x)      x * 0;
G1=@(t)      0 * t;              G1tt=@(t)      0 * t;
G2=@(t)      0 * t;              G2tt=@(t)      0 * t;
h=L/n;x=linspace(0,L,n+1);
KK=[-ones(n-1,1)   2 * ones(n-1,1)   -ones(n-1,1)];
K=spdiags(KK,-1:1,n-1,n-1) * c^2/h;
MM=[ones(n-1,1)/6   2/3 * ones(n-1,1)   ones(n-1,1)/6];
M=spdiags(MM,-1:1,n-1,n-1) * h;
B=M^(-1);
A=[zeros(n-1,n-1)   eye(n-1,n-1);-lambda * eye(n-1,n-1)-B * K   zeros(n-1,n-1)];
u=feval(phi,x');w=feval(psi,x');
g=zeros(n-1,1);
U=sin(x' * pi * p/L) * cos(T * sqrt(lambda+c^2 * pi^2 * p^2/L^2));
% FEM
nt=40;tt=linspace(0,T,nt+1);
for j=1:nt
    [~,y]=ode45(@system,[tt(j)tt(j+1)],[u(2:n);w(2:n)],[ ],A,B,g,...
        h,c,lambda,G1,G2,G1tt,G2tt);
    u(2:n)=y(end,1:n-1);
    u(1)=G1(tt(j+1));u(n+1)=G2(tt(j+1));
    w(2:n)=y(end,n:end);
    plot(x,u,'k',x,U,'r * ');
    xlabel('x');ylabel('U');axis([0 L -1 1]);
    title(['t=',num2str(tt(j+1))]);
```

```
        pause(.1);
end
legend('FEM','Exact');
fprintf('Maximum error=%g\n',max(abs(U -u)))
end
% ———— Local function ————
function Du=system(t,uw,A,B,g,h,c,lambda,G1,G2,G1tt,G2tt)
gg=g;
g(1)=(G1tt(t)+lambda * G1(t)) * h/6 -c² * G1(t)/h;
g(end)=(G2tt(t)+lambda * G2(t)) * h/6 -c² * G2(t)/h;
Du=A * uw+[gg;-B * g];
end
```

练习 4.4.17 中建议了其他应用。

下面考虑诺依曼问题：

$$U_{tt} - c^2 U_{xx} + \lambda U = F(x,t), \quad 0 < x < L, \ 0 < t \leqslant T \tag{4.3.51}$$

$$U(x,0)=\varphi(x), \quad U_t(x,0)=\psi(x), \quad 0 \leqslant x \leqslant L \tag{4.3.52}$$

$$-U_x(0,t)=G_1(t), \quad U_x(L,t)=G_2(t), \quad 0 < t \leqslant T \tag{4.3.53}$$

弱形式由下式给出：

$$\int_0^L [U_{tt}(x,t)v(x) + c^2 U_x(x,t)v'(x) + \lambda U(x,t)v(x) - F(x,t)v(x)]\mathrm{d}x$$

$$= c^2 G_2(t)v(L) + c^2 G_1(t)v(0) \tag{4.3.54}$$

下面用有限元法考虑弱形式。诺依曼问题的近似解表示为一有限级数：

$$u(x,t)=\sum_{j=0}^n u_j(t)\Phi_j(x) \tag{4.3.55}$$

式中：$u_j(t)(j=0,1,\cdots,n)$ 为未知函数；$\Phi_j(x)(j=0,1,\cdots,n)$ 是 4.2.3 小节介绍的形函数。将 $u(x,t)$ 代入公式 $(4.3.54)$，设 $v=\Phi_i(i=0,1,\cdots,n)$，则有

$$\sum_{j=0}^n [\ddot{u}_j(t) + \lambda u_j(t)]\int_0^L \Phi_j(x)\Phi_i(x)\mathrm{d}x + \sum_{j=0}^n u_j(t)\int_0^L c^2\Phi_j'(x)\Phi_i'(x)\mathrm{d}x$$

$$= \int_0^L F(x,t)\Phi_i(x)\mathrm{d}x + c^2 G_1(t)\Phi_i(0) + c^2 G_2(t)\Phi_i(L), \quad \forall \Phi_i, \ i=0,1,\cdots,n$$

其矩阵分量表达式为

$$\sum_{j=0}^n M_{ij}[\ddot{u}_j(t) + \lambda u_j(t)] + \sum_{j=0}^n K_{ij}u_j(t) = f_j(t) + g_i(t), \quad i=0,1,\cdots,n$$

$$\tag{4.3.56}$$

式中：

$$M_{ij}=\int_0^L \Phi_j(x)\Phi_i(x)\mathrm{d}x, \quad K_{ij}=\int_0^L c^2\Phi_j'(x)\Phi_i'(x)\mathrm{d}x, \quad i,j=0,1,\cdots,n$$

$$f_i(t)=\int_0^L F(x,t)\Phi_i(x)\mathrm{d}x$$

$$g_i(t) = c^2 G_1(t) \Phi_i(0) + c^2 G_2(t) \Phi_i(L), \quad i = 0, 1, \cdots, n$$

方程(4.3.56)可用矩阵符号表示为

$$M[\ddot{u}(t) + \lambda u(t)] + K u(t) = f(t) + g(t) \tag{4.3.57}$$

式中：u、f 和 g 是列向量。f 的元素由下式给出：

$$f_0(t) = \int_{x_0}^{x_1} F(x,t) \Phi_0(x) \mathrm{d}x, \quad f_n(t) = \int_{x_{n-1}}^{x_n} F(x,t) \Phi_n(x) \mathrm{d}x \tag{4.3.58}$$

$$f_i(t) = \int_{x_{i-1}}^{x_{i+1}} F(x,t) \Phi_i(x) \mathrm{d}x, \quad i = 1, \cdots, n-1 \tag{4.3.59}$$

源于 Φ_0 的支持区间是 $[x_0, x_1]$，Φ_n 的支持区间是 $[x_{n-1}, x_n]$，$\Phi_i (i = 1, \cdots, n-1)$ 的支持区间是 $[x_{i-1}, x_{i+1}]$。

向量 g 取决于边界条件。它的元素由下式给出：

$$g_0(t) = c^2 G_1(t), \quad g_i(t) = 0, \quad i = 1, \cdots, n-1, \quad g_n(t) = c^2 G_2(t)$$

矩阵 M 和 K 在公式(4.3.28)、(4.3.29)中进行评估，并由下式给出：

$$M = \frac{h}{3} \begin{bmatrix} 1 & 1/2 & & \\ 1/2 & 2 & 1/2 & \\ & \ddots & \ddots & \ddots \\ & & 1/2 & 1 \end{bmatrix}, \quad K = \frac{c^2}{h} \begin{bmatrix} 1 & -1 & & \\ -1 & 2 & -1 & \\ & \ddots & \ddots & \ddots \\ & & -1 & 1 \end{bmatrix}$$

最后，请注意，如果引入新的未知函数：

$$w = \dot{u}$$

则二阶微分方程(4.3.57)可转化为一阶微分方程的矩阵形式：

$$\begin{bmatrix} \dot{u} \\ \dot{w} \end{bmatrix} = \begin{bmatrix} 0 & I \\ -(\lambda I + M^{-1} K) & 0 \end{bmatrix} \begin{bmatrix} u \\ w \end{bmatrix} + \begin{bmatrix} 0 \\ M^{-1}(f + g) \end{bmatrix} \tag{4.3.60}$$

例 4.3.4 考虑诺依曼问题：

$$U_{tt} - U_{xx} = F \sin \omega t \delta(x - x_h), \quad 0 < x < L, 0 < t \leqslant T \tag{4.3.61}$$

$$U(x,0) = 0, \quad U_t(x,0) = 0, \quad 0 < x < L \tag{4.3.62}$$

$$U_x(0,t) = 0, \quad U_x(L,t) = 0, \quad 0 < t \leqslant T \tag{4.3.63}$$

程序中展示了一个函数，将 FEM 应用于问题(4.3.61)~(4.3.63)。在 x_h 里 U_x 的解具有不连续性，等于 $F \sin \omega t$。因此，载荷向量(4.3.61)~(4.3.63)由下式给出：

$$f_i = 0, \quad x_i \neq x_h, \quad f_h = F \sin \omega t, \quad x_i = x_h$$

U 和 $U(x_h, t)$ 的图形如图 4.3.4 所示。

```
function u=wave_n
% This is the function file wave_n. m.
% FEM is applied to the following Neumann problem：
% Utt -Uxx=F * delta(x -xh),
% U(x,0)=0,Ut(x,0)=0,-Ux(0,t)=0,Ux(L,t)=0.
% Initialization
```

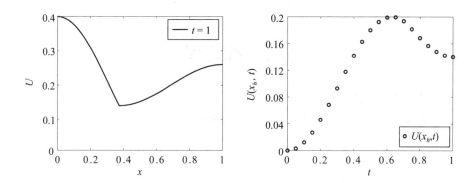

图 4.3.4　数值解 U(左)和 $U(x_h,t)$(右)的图形

```
n=80;L=1;F=1;om=5;T=1;ih=31;
h=L/n;x=linspace(0,L,n+1);
KK=[-ones(n+1,1) [1;2 * ones(n-1,1);1] -ones(n+1,1)];
K=spdiags(KK,-1:1,n+1,n+1)/h;
MM=[ones(n+1,1)/6 [1/3;2/3 * ones(n-1,1);1/3] ones(n+1,1)/6];
M=spdiags(MM,-1:1,n+1,n+1) * h;
C=M^(-1);
B=[zeros(n+1,n+1)eye(n+1,n+1);-C * K zeros(n+1,n+1)];
u=zeros(n+1,1);w=zeros(n+1,1);
g=zeros(n+1,1);f=zeros(n+1,1);
% FEM
nt=20;tt=linspace(0,T,nt+1);uh=zeros(nt+1,1);
for j=1:nt % Loop animates the graph.
    [~,y]=ode15s(@system,[tt(j)tt(j+1)],[u(1:n+1);w(1:n+1)],[ ],...
        B,C,g,f,ih,F,om);
    u(1:n+1)=y(end,1:n+1);w(1:n+1)=y(end,n+2:end);
    plot(x,u,'k','LineWidth',2);
    axis([0 L 0 0.4]);xlabel('x');ylabel('U');
    legend(['t=',num2str(tt(j+1))],'Location','NorthEast');
    pause(.1);
end
figure(2);plot(tt,uh,'ko','LineWidth',2);
xlabel('t');legend('U(x h,t)','Location','SouthEast');
end
% ———— Local function ————
function Du=system(t,uw,B,C,g,f,ih,Fh,om)
f(ih)=Fh * sin(om * t);
Du=B * uw+[g;C * f];
end
```

4.4 练习题

练习 4.4.1 求公式(4.1.1)的抛物线 $p_2(x)$。

练习 4.4.2 应用 integral 和 int 函数计算积分：

$$\int_0^1 \frac{\sin x}{x}\,dx, \quad \int_{-\pi}^{\pi} x\cos(|x|+x)\,dx$$

练习 4.4.3 编写 MATLAB 代码,该代码可生成图 4.1.3。

答案：

```
x=linspace(-10,10,101);
plot(x,besselj(0,x),'k',x,besselj(1,x),'r*:',x,besselj(2,x),'bo:');
legend('J_0','J_1','J_2');
```

练习 4.4.4 使用 MATLAB 验证：

$$\lim_{z\to 0} J_1(z)/z = .5$$

答案：

```
z=sym('z');limit(besselj(1,z)/z,z,0)
```

练习 4.4.5 考虑用 integral_2D_1 编程。使用局部函数来引入函数 f(x,y)、alpha(x)、beta(x)。

答案：

```
function integral_2D_2
% This is the function file integral_2D_2.m.
% Integral2 and int functions are called to calculate the integral.
% Local functions are used to define f(x,y),alfa(x),beta(x). a=0;b=4;
Q=integral2(@f,a,b,@alfa,@beta);
x=sym('x');y=sym('y');
E=int(int(f(x,y),y,alfa(x),beta(x)),x,a,b);
fprintf('integral2=%g;int=%g\',Q,double(E))
end
% ——–Local functions ———-
function z=f(x,y)
z=x.*y;
end
function y=alfa(x)
y=x.^2/4;
end
function y=beta(x)
```

```
y = 2 * sqrt(x);
end
```

练习 4.4.6 在静力学中考虑两端固定杆,如图 4.4.1 所示。杆的长度为 L 并

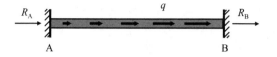

图 4.4.1 两端固定杆承受轴向载荷作用

承受轴向载荷 $q(x)$ 作用。轴向变形由以下边值问题求得:
$$-AEU''(x) = q(x), \quad 0 < x < L, \quad U(0) = U(L) = 0$$
假设
$$q(x) = q_A + (q_B - q_A)x/L \tag{4.4.1}$$
证明:
$$U(x) = \frac{1}{AE}[q_A(Lx - x^2)/2 + (q_B - q_A)(L^2x - x^3)/6L]$$

$$\sigma(x) = \frac{1}{AE}[q_A(L - 2x)/2 + (q_B - q_A)(L^2 - 3x^2)/6L]$$

然后推导出反作用力 R_A 和 R_B:
$$R_A = -q_A L/2 - (q_B - q_A)L/6$$
$$R_B = -q_A L/2 - 2(q_B - q_A)L/6$$

注意,梯形载荷公式(4.4.1)可简化为 $q_B = q_A$ 的均匀载荷和 $q_A = 0$ 的三角形载荷。

练习 4.4.7 在静力学中考虑一悬臂杆,如图 4.4.2 所示。杆的长度为 L 并承受轴向载荷 $q(x)$ 作用。

图 4.4.2 悬臂杆承受轴向载荷作用

轴向变形由以下边值问题求得:
$$-AEU''(x) = q(x), \quad 0 < x < L, \quad U(0) = 0, \quad U'(L) = 0$$
假设 $q(x)$ 是三角形载荷,
$$q(x) = q_A(L - x)/L$$
证明:
$$U(x) = \frac{q_A x^3}{6AEL} - \frac{q_A x^2}{2AE} + \frac{q_A Lx}{2AE}$$

$$\sigma = \frac{q_A x^2}{2AL} - \frac{q_A x}{A} + \frac{q_A L}{2A}$$

$$R_A = -\frac{q_A L}{2}$$

练习 4.4.8 在静力学中考虑一悬臂杆，如图 4.4.3 所示。杆的长度为 L 并承受轴向均匀载荷 $q(x) = q_A$ 作用。求位移、应力和反作用力。

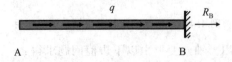

图 4.4.3 悬臂杆承受轴向均匀载荷作用

练习 4.4.9 在静力学中考虑两端固定杆，如图 4.4.4 所示。杆的长度为 L 并承受轴向集中力 F_h 的作用。轴向变形由以下边值问题求解：

$$-AEU'' = 0, \quad x \in (0, x_h) \bigcup (x_h, L) \tag{4.4.2}$$

$$U(0) = 0, \quad U(L) = 0, \quad U(x_h^-) = U(x_h^+), \quad A\sigma(x_h^+) - A\sigma(x_h^-) = -F_h \tag{4.4.3}$$

请给出位移、应力和反作用力。

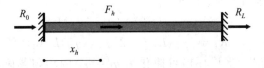

图 4.4.4 两端固定杆承受轴向集中力作用

答案：由于公式(4.4.2)，U 在区间 $(0, x_h)$ 和 (x_h, L) 上都是线性的。此外，U 必须满足公式(4.4.3)中的前两个条件，所以

$$U(x) = \begin{cases} C_1 x, & 0 < x < x_h \\ C_2(L - x), & x_h < x < L \end{cases} \tag{4.4.4}$$

由公式(4.4.3)中的后两个条件可得到常数 C_1 和 C_2 的方程：

$$C_1 x_h = C_2(L - x_h), \quad -AEC_2 - AEC_1 = -F_h$$

关于 C_1、C_2 的求解如下：

$$C_1 = (L - x_h)F_h/(AEL), \quad C_2 = F_h x_h/(AEL)$$

将 C_1、C_2 代入公式(4.4.4)，可得到 U 的表达式：

$$U(x) = \begin{cases} (L - x_h)F_h x/(AEL), & 0 < x < x_h \\ (L - x)F_h x_h/(AEL), & x_h < x < L \end{cases}$$

因此，应力和反作用力分别为

$$\sigma(x) = EU'(x) = \begin{cases} (L - x_h)F_h/(AL), & 0 < x < x_h \\ -F_h x_h/(AL), & x_h < x < L \end{cases}$$

$$R_0 = -(L - x_h)F_h/L, \quad R_L = -F_h x_h/L$$

练习 4.4.10 在静力学中考虑一悬臂杆,如图 4.4.5 所示。杆的长度为 L 并承受轴向集中力 F_h 的作用。轴向变形由以下边值问题求解:

$$-EAU'' = 0, \quad x \in (0, x_h) \bigcup (x_h, L)$$

$$U(0) = 0, \quad U'(L) = 0, \quad U(x_h^-) = U(x_h^+), \quad A\sigma(x_h^+) - A\sigma(x_h^-) = -F_h$$

图 4.4.5 悬臂杆承受轴向集中力作用

证明:

$$U(x) = \begin{cases} F_h x/(AE), & 0 < x < x_h \\ F_h x_h/(AE), & x_h < x < L \end{cases}$$

$$\sigma(x) = \begin{cases} F_h/A, & 0 < x < x_h \\ 0, & x_h < x < L \end{cases}, \quad R_0 = -F_h$$

练习 4.4.11 编写一个调用 fem_dd 的函数,并解决边值问题:

$$-U'' = cx^2, \quad 0 < x < L, \quad U(0) = U_0, \quad U(L) = U_L$$

练习 4.4.12 编写一个函数,比如 fem_nd,以解决诺依曼-狄利克雷问题:

$$-U'' = F(x), \quad 0 < x < L, \quad U'(0) = U_0', \quad U(L) = U_L$$

练习 4.4.13 编写一个函数,应用 FEM 计算例 4.2.6 中杆的位移、应力和反作用力。

答案:

```
function[u,sigma]=stress_2
% This is the function file stress_2.m.
% FEM is applied to solve the following problem:
% -AE*U"(x)=q(x),q(x)=qA+(L -x)/L,U(0)=0,U'(L)=0.
% Analytical solution:
% U=qA*x3/6/E/A/L -qA*x2/2/E/A+qA*L*x/2/A/E.
% Initialization
n=30;u0=0;uxL=0;
L=1000;         % mm
E=90000;        % N/mm2
A=1000;         % mm2
qA=8;           % N/mm
Phil=@(xi,x1,x2)    (xi-x1)/(x2-x1);
Phir=@(xi,x2,x3)    -(xi-x3)/(x3-x2);
F=@(xi)qA/A/E/L*(L -xi);
```

163

```
h=L/n;x=linspace(0,L,n+1);
u=zeros(n+1,1);sigma=zeros(n+1,1);f=zeros(n-1,1);
U=qA*x'.3/6/E/A/L -qA*x'.2/2/E/A+qA*L*x'/2/A/E;
S=qA/A/L/2*x'.2 -qA/A*x'+qA*L/2/A;
% FEM
KK=[-ones(n,1) [2*ones(n-1,1);1] -ones(n,1)];
K=spdiags(KK,-1:1,n,n)/h;
for i=2:n
    f(i-1)=integral(@(xi)F(xi).*Phil(xi,x(i-1),x(i)),x(i-1),x(i));
    f(i-1)=f(i-1)+integral(@(xi)F(xi).*Phir(xi,x(i),x(i+1)),x(i),x(i+1));
end
f(n)=integral(@(xi)F(xi).*Phil(xi,x(n),x(n+1)),x(n),x(n+1))+uxL;
f(1)=f(1)+u0/h;
u(2:end)=K\f;u(1)=u0;
for i=1:n
    sigma(i,1)=E*integral(@(xi)F(xi).*Phir(xi,x(i),x(i+1)),x(i),x(i+1))...
                -u(i)*E/h+u(i+1)*E/h;
end
sigma(n+1)=0;
rA=-A*sigma(1);
plot(x,u,'k',x,U,'r*','LineWidth',2);
legend('FEM','Exact','Location','SouthEast');
xlabel('x');ylabel('U');title('Displacement');
figure(2);plot(x,sigma,'k',x,S,'r*','LineWidth',2);
legend('FEM','Exact');xlabel('x');ylabel('\sigma');title('Stress');
fprintf('RA=%f\n',rA)
fprintf('Maximum error for displacement=%g\n',max(abs(U -u)))
fprintf('Maximum error for stress=%g\n',max(abs(S -sigma)))
end
```

练习 4.4.14　应用 FEM 讨论图 4.4.6 中的两端固定杆，该杆承受均匀载荷 q 和轴向集中力 (x_h, F_h) 作用。

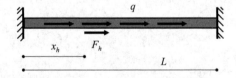

图 4.4.6　两端固定杆承受均匀载荷和轴向集中力作用的

练习 4.4.15　计算公式(4.3.16)中矩阵 M 的元素。

答案：矩阵 M 是对称的。考虑主对角线 $M_{i,i}$，因为 Φ_i 的支持区间是 $[x_{i-1}, x_{i+1}]$，所以

$$M_{i,i} = \int_{x_{i-1}}^{x_{i+1}} \Phi_i^2(x) \mathrm{d}x = \int_{x_{i-1}}^{x_i} \frac{(x-x_{i-1})^2}{h^2} \mathrm{d}x + \int_{x_i}^{x_{i+1}} \frac{(x_{i+1}-x)^2}{h^2} \mathrm{d}x$$

因此，

$$M_{i,i} = \int_0^h \frac{\xi^2}{h^2} \mathrm{d}\xi + \int_0^h \frac{\xi^2}{h^2} \mathrm{d}\xi = 2h/3, \quad i = 1, \cdots, n-1$$

考虑 $M_{i,i+1}$，因为 $\Phi_i \Phi_{i+1}$ 的支持区间是 $[x_i, x_{i+1}]$，所以

$$M_{i,i+1} = \int_{x_i}^{x_{i+1}} \Phi_i(x) \Phi_{i+1}(x) \mathrm{d}x = -\int_{x_i}^{x_{i+1}} \frac{(x-x_{i+1})(x-x_i)}{h^2} \mathrm{d}x$$

因此，

$$M_{i,i+1} = \int_0^h \frac{(h-\xi)\xi}{h^2} \mathrm{d}\xi = \frac{h}{6}, \quad i = 1, \cdots, n-2$$

$\boldsymbol{M}$ 的其余元素为零。例如，考虑 $M_{1,3}$，即

$$M_{1,3} = \int_0^L \Phi_1(x) \Phi_3(x) \mathrm{d}x$$

因为 Φ_1 和 Φ_3 的支持区间分别是 $[x_0, x_2]$ 和 $[x_2, x_4]$，它们的交点为空，所以 $M_{1,3} = 0$。

练习 4.4.16　编写一个函数，比如 diffusion_d_A，应用 FFM 来求解狄利克雷问题：

$$U_t - U_{xx} = 0, \quad 0 < x < L, 0 < t \leqslant T$$
$$U(x,0) = x^2, \quad 0 \leqslant x \leqslant L$$
$$U(0,t) = 2t, \quad U(L,t) = 2t + L^2, \quad 0 < t \leqslant T$$

练习 4.4.17　编写一个函数，比如 wave_d_A，应用 FEM 来求解狄利克雷问题：

$$U_{tt} - U_{xx} = 0, \quad 0 < x < L, \quad 0 < t \leqslant T$$
$$U(x,0) = x^2, \quad U_t(x,0) = 0, \quad 0 < x < L$$
$$U(0,t) = t^2, \quad U(L,t) = t^2 + L^2, \quad 0 < t \leqslant T$$

第 5 章　二维空间有限元法

本章主要在二维空间中展示有限元法（FEM）。由于该方法适用于椭圆偏微分方程，因此在 5.1 节中进行专门讨论，并且讨论主要边值问题解的唯一性。此外，还引入了格林公式，因为它们与弱公式有关。

5.2 节主要介绍二维空间有限元法。其中，定义了三角形单元上的形函数，给出了大量的示例和练习，以帮助读者熟悉新概念；讨论了弱公式，并将其应用于边值问题；提供了工程方面的应用。

5.3 节介绍了椭圆偏微分方程的有限差分法（Knabner et al.，2003），给出了五点法，并举例说明它的应用。

5.1　椭圆偏微分方程

5.1.1　格林公式

考虑散度定理：

$$\int_{\Omega} \nabla \cdot \boldsymbol{q}\, \mathrm{d}\Omega = \int_{\partial\Omega} \boldsymbol{q} \cdot \boldsymbol{n}\, \mathrm{d}S \tag{5.1.1}$$

式中：Ω 是一个有界域，$\boldsymbol{q}$ 是一个光滑向量函数，$\boldsymbol{n}$ 是向外的单位法向量。一些重要的恒等式可以由公式（5.1.1）推导出来。假设 $\boldsymbol{q}=\nabla u$，则由公式（5.1.1）可得

$$\int_{\Omega} \Delta u\, \mathrm{d}\Omega = \int_{\partial\Omega} \frac{\partial u}{\partial n}\, \mathrm{d}S \tag{5.1.2}$$

式中：$\partial u/\partial n = \nabla u \cdot \boldsymbol{n}$ 是 $\partial\Omega$ 的外向法向导数。另外，如果 $\boldsymbol{q}=v\,\nabla u$，则由公式（5.1.1）可得

$$\int_{\Omega} (v\,\Delta u + \nabla v \cdot \nabla u)\mathrm{d}\Omega = \int_{\partial\Omega} v\,\frac{\partial u}{\partial n}\mathrm{d}S \tag{5.1.3}$$

同样，如果 $\boldsymbol{q}=u\,\nabla v$，则

$$\int_{\Omega} (u\,\Delta v + \nabla u \cdot \nabla v)\mathrm{d}\Omega = \int_{\partial\Omega} u\,\frac{\partial v}{\partial n}\mathrm{d}S$$

减去方程（5.1.3），可得到

$$\int_{\Omega} (v\,\Delta u - u\,\Delta v)\mathrm{d}\Omega = \int_{\partial\Omega} \left(v\,\frac{\partial u}{\partial n} - u\,\frac{\partial v}{\partial n} \right)\mathrm{d}S \tag{5.1.4}$$

积分关系(5.1.2)~(5.1.4)被命名为格林[①]公式。该公式用于讨论 5.1.2 小节中泊松[②]方程边值问题的解的唯一性。此外,应用格林公式来推导 5.2.2 小节中泊松方程的弱形式。

5.1.2 边值问题

首先考虑泊松方程的狄利克雷问题:

$$\begin{cases} \Delta U = F(x,y,z), & (x,y,z) \in \Omega \\ U = g(x,y,z), & (x,y,z) \in \partial\Omega \end{cases} \tag{5.1.5}$$

当 $F=0$ 时,泊松方程称为拉普拉斯方程。设 U_1 和 U_2 是问题(5.1.5)的两个解,V 是它们的差值,公式如下:

$$V = U_1 - U_2$$

函数 V 是齐次问题的解:

$$\begin{cases} \Delta V(x,y,z) = 0, & (x,y,z) \in \Omega \\ V(x,y,z) = 0, & (x,y,z) \in \partial\Omega \end{cases} \tag{5.1.6}$$

考虑恒等式(5.1.3),对于 $u=v=V$,则有

$$\int_\Omega (V\Delta V + \nabla V \cdot \nabla V)\mathrm{d}\Omega = \int_{\partial\Omega} V\frac{\partial V}{\partial n}\mathrm{d}S$$

使用公式(5.1.6)可以得到

$$\int_\Omega (V_x^2 + V_y^2 + V_z^2)\mathrm{d}\Omega = 0$$

然后

$$V_x^2 + V_y^2 + V_z^2 = 0, \text{ on } \Omega$$
$$\Rightarrow V_x = V_y = V_x = 0, \text{ on } \Omega$$

"on Ω"表示在有限域 Ω 范围内。因此

$$V = U_1 - U_2 = c, \text{ on } \Omega$$

因为公式$(5.1.6)_2$,所以常数 c 必须为零。其结果是 $U_1 = U_2$,证明了狄利克雷问题(5.1.5)的解是唯一的。

其次考虑泊松方程的诺依曼问题:

$$\begin{cases} \Delta U = F(x,y,z), & (x,y,z) \in \Omega \\ \partial U/\partial n = g(x,y,z), & (x,y,z) \in \partial\Omega \end{cases} \tag{5.1.7}$$

如果 U_1 和 U_2 是问题(5.1.7)的两个解,那么它们的差 $V=U_1-U_2$ 是齐次问题的解:

---

① George Green(乔治·格林,1793—1841),英国科学家,1828 年出版了《数学分析在电磁学理论中的应用》,他在电磁学方面做出了基础性的重要贡献。

② Simeon Dénis Poisson(西缅·丹尼斯·泊松,1781—1840),法国科学家,巴黎综合理工学院教授。他在电磁学和分析力学方面做出了重要贡献。

$$\begin{cases} \Delta V(x,y,z)=0, & (x,y,z) \in \Omega \\ \partial V(x,y,z)/\partial n=0, & (x,y,z) \in \partial\Omega \end{cases}$$

使用与前一个问题同样的推理方法，可以得到

$$V=U_1-U_2=c, \text{ on } \Omega$$

除此之外，无法推断出其他任何信息，因为在这种情况下我们无法知道边界上的 V 值。

此外，若 $u=U$，考虑恒等式(5.1.2)，则有

$$\int_\Omega \Delta U \mathrm{d}\Omega = \int_{\partial\Omega} \frac{\partial U}{\partial n} \mathrm{d}S$$

使用公式(5.1.7)，则有

$$\int_\Omega F \mathrm{d}\Omega = \int_{\partial\Omega} g \mathrm{d}S \tag{5.1.8}$$

公式(5.1.8)是问题(5.1.7)的解存在的必要条件。如果数据 F 和 g 的分配不符合公式(5.1.8)，则问题(5.1.7)无解。总之，只有满足相容条件(5.1.8)，诺依曼问题才有解。在这种情况下，问题有无穷解，其差值是一个常数。

然后考虑狄利克雷-诺依曼问题：

$$\begin{cases} \Delta U=F(x,y,z), & (x,y,z) \in \Omega \\ U=g_1(x,y,z), & (x,y,z) \in \partial\Omega_1 \\ \partial U/\partial n=g_2(x,y,z), & (x,y,z) \in \partial\Omega_2 \end{cases} \tag{5.1.9}$$

式中：$\partial\Omega_1 \bigcup \partial\Omega_2=\partial\Omega$，$\partial\Omega_1 \bigcap \partial\Omega_2=\varnothing$。通过前面的推理，不难发现问题(5.1.9)有唯一解。

最后考虑罗宾问题：

$$\begin{cases} \Delta U=F(x,y,z), & (x,y,z) \in \Omega \\ \partial U/\partial n+\alpha U=g(x,y,z), & (x,y,z) \in \partial\Omega \end{cases} \tag{5.1.10}$$

式中：α 是正函数，且

$$\alpha(x,y,z)>0, \quad (x,y,z) \in \partial\Omega$$

问题(5.1.10)中两个解的差 $V=U_1-U_2$ 满足以下齐次问题：

$$\begin{cases} \Delta V=0, & (x,y,z)=\Omega \\ \partial V/\partial n+\alpha V=0, & (x,y,z) \in \partial\Omega \end{cases} \tag{5.1.11}$$

若 $u=v=V$，考虑公式(5.1.3)，则有

$$\int_\Omega (V\Delta V+\nabla V \cdot \nabla V)\mathrm{d}\Omega = \int_{\partial\Omega} V \frac{\partial V}{\partial n} \mathrm{d}S$$

使用公式(5.1.11)可以得到

$$\int_\Omega (V_x^2+V_y^2+V_z^2)\mathrm{d}\Omega + \int_{\partial\Omega} \alpha V^2 \mathrm{d}S = 0$$

其关系意味着

$$V=0, \text{ on } \partial\Omega \tag{5.1.12}$$

并且

$$V_x^2 + V_y^2 + V_z^2 = 0, \text{ on } \Omega$$

同理，可以得到

$$V = U_1 - U_2 = c, \text{ on } \Omega$$

因为公式(5.1.12)，所以常数 c 必须为零。罗宾问题有一个特解。

5.2 二维空间有限元法概述

5.2.1 形函数

二维空间有限元法考虑了三角形单元，二维域被细分为三角形。图 5.2.1 和图 5.2.3 展示了简单的三角剖分。下面的示例提供了一些能够创建和绘制三角剖分的 MATLAB 函数。

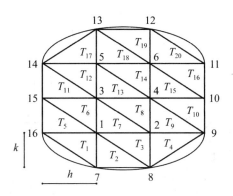

图 5.2.1 三角剖分示例

例 5.2.1 程序中创建了图 5.2.1 中的三角剖分，并绘制了图，如图 5.2.2 所示。

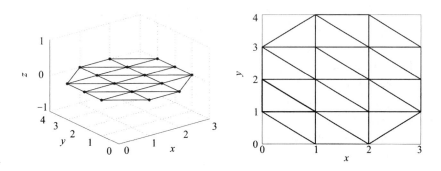

图 5.2.2 三角剖分图

```
function triangulation_plot1
% This is the function file triangulation plot1. m.
% A triangulation is created manually and by calling the delaunay
% function. The triangulation is plotted. h=1;k=1;
x=[h;2*h;h;2*h;h;2*h;h;2*h;3*h;3*h;3*h;2*h;h;0;0;0];
y=[k;k;2*k;2*k;3*k;3*k;0;0;k;2*k;3*k;4*k;4*k;3*k;2*k;k];
T=[1 16 7;1 7 8;1 8 2;2 8 9;1 15 16;  % Triangulation created manually.
    1 3 15;1 2 3;2 4 3;2 9 4;9 10 4;
    3 14 15;3 5 14;3 4 5;4 6 5;4 10 6;
    10 11 6;5 13 14;5 6 13;6 12 13;6 11 12];
z=zeros(length(x),1);
trimesh(T,x,y,z,'LineWidth',1,'edgecolor','k','Marker','*');
xlabel('x');ylabel('y');
Td=delaunay(x,y);          %Triangulation created by calling the delaunay function.
figure(2);
triplot(Td,x,y,'k','LineWidth',1);xlabel('x');ylabel('y');
end
```

例 5.2.2 程序中创建了图 5.2.3 中的三角剖分。不理想的三角剖分如图 5.2.4 所示。

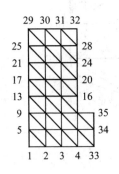

图 5.2.3 三角剖分的例子

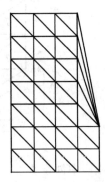

图 5.2.4 不理想的三角剖分图

```
function triangulation_plot2
% This is the function file triangulation_plot2. m.
% A triangulation is created by calling the delaunay function.
% The triangulation is plotted.
n=4;m=8;h=1;
x1(1:n*m,1)=repmat([0;h;2*h;3*h],8,1);
for k=1:m
    y1(1+(k-1)*n:k*n,1)=(k-1)*h*ones(n,1);
end
x2=[4*h;4*h;4*h];y2=[0;h;2*h];x=[x1;x2];y=[y1;y2];
```

Tw＝delaunay(x,y);triplot(Tw,x,y,′k′,′LineWidth′,1);axis(′equal′);
% The delaunay function can generate undesirable triangulations when
% the domain is nonconvex. In this situation,constrained triangulations
% should be created and the Delaunay Triangulation class should be used.
% However,in this simple example,the triangulation is corrected manually.
T1＝delaunay(x1,y1);
T2＝[4 33 8;33 34 8;8 34 12;34 35 12];T＝[T1;T2];
figure(2);triplot(T,x,y,′k′,′LineWidth′,1);axis(equal′);
end

考虑通用的三角形元素。它的顶点,在本书中称为节点,此处逆时针编号为 1,2,3。节点坐标参考球作坐标系,用 (x_1,y_1)、(x_2,y_2) 和 (x_3,y_3) 表示,如图 5.2.5 所示。

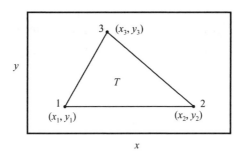

图 5.2.5 三角形元素

考虑三角形 T 上的线性函数:

$$\Phi_i(x,y)=a_{ix}+b_{iy}+c_i,\quad i=1,2,3;\ (x,y)\in T \tag{5.2.1}$$

其由 δ 函数定义为

$$\Phi_i(x_j,y_j)=\delta_{ij}=\begin{cases}1, & i=j \\ 0, & i\neq j\end{cases},\quad i,j=1,2,3 \tag{5.2.2}$$

公式(5.2.2)可推导出 Φ_i 的显式表达式。实际上,考虑 Φ_1,并注意到

$$\begin{cases}\Phi_1(x_1,y_1)=1 \\ \Phi_1(x_2,y_2)=0 \\ \Phi_1(x_3,y_3)=0\end{cases} \Rightarrow \begin{cases}a_1x_1+b_1y_1+c_1=1 \\ a_1x_2+b_1y_2+c_1=0 \\ a_1x_3+b_1y_3+c_1=0\end{cases}$$

因此

$$\begin{bmatrix}x_1 & y_1 & 1 \\ x_2 & y_2 & 1 \\ x_3 & y_3 & 1\end{bmatrix}\begin{bmatrix}a_1 \\ b_1 \\ c_1\end{bmatrix}=\begin{bmatrix}1 \\ 0 \\ 0\end{bmatrix} \tag{5.2.3}$$

求解公式(5.2.3)中的 a_1、b_1、c_1,并将它们代入公式(5.2.1),可以得到(参见练习 5.4.1)

$$\Phi_1(x,y)=[(y_2-y_3)x-(x_2-x_3)y+x_2y_3-x_3y_2]/2A \tag{5.2.4}$$

其中 A 是三角形的面积，并且

$$A = \frac{1}{2} \begin{vmatrix} x_1 & y_1 & 1 \\ x_2 & y_2 & 1 \\ x_3 & y_3 & 1 \end{vmatrix} \qquad (5.2.5)$$

函数 Φ_2 和 Φ_3 的推导同理，结果如下：

$$\begin{cases} \Phi_2(x,y) = [(y_3 - y_1)x - (x_3 - x_1)y + x_3 y_1 - x_1 y_3]/2A \\ \Phi_3(x,y) = [(y_1 - y_2)x - (x_3 - x_2)y + x_1 y_2 - x_2 y_1]/2A \end{cases} \qquad (5.2.6)$$

Φ_i 的梯度

$$\nabla \Phi_i(x,y) = \left(\frac{\partial \Phi_i}{\partial x}, \frac{\partial \Phi_i}{\partial y} \right), \quad (x,y) \in T \qquad (5.2.7)$$

是一个常向量函数，因为 Φ_i 是线性的。偏导数是和线性函数 Φ_i 的 x 系数、y 系数是一样的。

函数 $\Phi_i, i = 1,2,3$，是定义在 T 上的线性函数的一组基。事实上，定义在 T 上的任何线性函数 $u(x,y)$ 都可以表示为 Φ_1、Φ_2、Φ_3 的线性组合：

$$u(x,y) = u_1 \Phi_1(x,y) + u_2 \Phi_2(x,y) + u_3 \Phi_3(x,y), \quad (x,y) \in T \qquad (5.2.8)$$

式中：$u_i = u(x_i, y_i)$。公式（5.2.8）是由练习 5.4.2 中的简单计算得来的。此外，

$$u_1 \Phi_1(x,y) + u_2 \Phi_2(x,y) + u_3 \Phi_3(x,y) = 0, \quad (x,y) \in T \qquad (5.2.9)$$

当且仅当

$$u_i = 0, \quad i = 1,2,3 \qquad (5.2.10)$$

证明公式（5.2.9）⇒公式（5.2.10）是必要的，而反过来则是显而易见的。由公式（5.2.9）、（5.2.2）可以得出

$$0 = u_1 \Phi_1(x_i, y_i) + u_2 \Phi_2(x_i, y_i) + u_3 \Phi_3(x_i, y_i) = u_i \Phi_i(x_i, y_i) = u_i$$

这个结果是预期的。

考虑一个有 m 个三角形和 n 个节点的三角剖分，例如图 5.2.1。从对单个元素的讨论可以看出，由 δ 函数定义的线性函数

$$\Phi_i(x_j, y_j) = \delta_{ij} = \begin{cases} 1, & i = j \\ 0, & i \neq j \end{cases}, \quad i,j = 1,2,\cdots,n \qquad (5.2.11)$$

是在每个元素上线性的连续函数 u 的全局基础，即在三角域上定义的分段线性连续函数 u。因此，u 可以表示为

$$u(x,y) = \sum_{i=1}^{n} u_i \Phi_i(x,y) \qquad (5.2.12)$$

式中：$u_i = u(x_i, y_i)$。与节点 i 相关的 Φ_i 的支持由与节点 i 相同的顶点的三角形组成。由公式（5.2.4）、（5.2.6）推导出每个三角形上的支持 Φ_i 表达式。

例 5.2.3 让我们确定图 5.2.1 中的三角剖分 Φ_i 和 $\nabla \Phi_i$，考虑节点 1，$\{T_1, T_2, T_3, T_7, T_6, T_5\}$ 支持 Φ_1，如图 5.2.6 所示。将属于支持的三角形节点分别加上本地编号 $1,2,3$，如图 5.2.7 所示，得到三角形 T_1, T_2, T_3。这样便于应用公式（5.2.4），

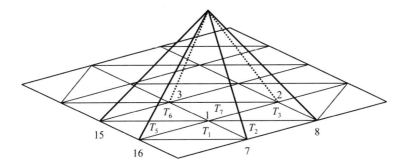

图 5.2.6 Φ_1 的支持三角形

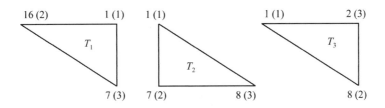

图 5.2.7 T_1、T_2、T_3 的全局和本地编号

并且对于节点 1,可以得到

$$\Phi_1=\begin{cases} x/h+y/k-1, & \text{on } T_1 \\ y/k, & \text{on } T_2 \\ -x/h+2, & \text{on } T_3 \\ -x/h-y/k+3, & \text{on } T_7, \\ -y/k+2, & \text{on } T_6 \\ x/h, & \text{on } T_5 \\ 0, & \text{其他} \end{cases} \quad \nabla\Phi_1=\begin{cases} (1/h,1/k), & \text{on } T_1 \\ (0,1/k), & \text{on } T_2 \\ (-1/h,0), & \text{on } T_3 \\ (-1/h,-1/k), & \text{on } T_7 \\ (0,-1/k), & \text{on } T_6 \\ (1/h,0), & \text{on } T_5 \\ 0, & \text{其他} \end{cases}$$

考虑节点 2,Φ_2 的支持是 $\{T_3,T_4,T_9,T_8,T_7\}$,应用公式(5.2.4)可以得到

$$\Phi_2=\begin{cases} x/h+y/k-2, & \text{on } T_3 \\ -x/h+y/k+2, & \text{on } T_4 \\ -x/h-y/k+4, & \text{on } T_9 \\ -y/k+2, & \text{on } T_8 \\ x/h-1, & \text{on } T_7 \\ 0, & \text{其他} \end{cases}, \quad \nabla\Phi_2=\begin{cases} (1/h,1/k), & \text{on } T_3 \\ (-1/h,1/k), & \text{on } T_4 \\ (-1/h,-1/k), & \text{on } T_9 \\ (0,-1/k), & \text{on } T_8 \\ (1/h,0), & \text{on } T_7 \\ 0, & \text{其他} \end{cases}$$

考虑节点 3,Φ_3 的支持是 $\{T_6,T_7,T_8,T_{13},T_{12},T_{11}\}$,应用公式(5.2.4)可以得到

$$\Phi_3 = \begin{cases} x/h + y/k - 2, & \text{on } T_6 \\ y/k - 1, & \text{on } T_7 \\ -x/h + 2, & \text{on } T_8 \\ -x/h - y/k + 4, & \text{on } T_{13}, \\ -y/k + 3, & \text{on } T_{12} \\ x/h, & \text{on } T_{11} \\ 0, & \text{其他} \end{cases} \quad \nabla\Phi_3 = \begin{cases} (1/h, 1/k), & \text{on } T_6 \\ (0, 1/k), & \text{on } T_7 \\ (-1/h, 0), & \text{on } T_8 \\ (-1/h, -1/k), & \text{on } T_{13} \\ (0, -1/k), & \text{on } T_{12} \\ (1/h, 0) & \text{on } T_{11} \\ 0, & \text{其他} \end{cases}$$

其余的节点请参见练习 5.4.3。

例 5.2.4 程序中展示了一个函数，用于计算给定三角剖分的 Φ_i 和 $\nabla\Phi_i$。

```
function[Phi,nablaPhi]=pyramid(T,x,y,node)
```
% This is the function file pyramid. m.

% The input arguments are: triangulation T, coordinates x, y of the nodes

% and the node related to **Φ** to calculate. The function returns two

% matrices with the coefficients of **Φ** and ∇**Φ**. The number of rows

% in the matrices is the same as the number of triangles in the support of **Φ**.

% For example, consider that triangulation in Example 5.2.1 is passed

% and node=1. If it is assumed h=k=1, then the function returns

$$\%\qquad \boldsymbol{\Phi}_1 = \begin{bmatrix} 1 & 1 & -1 & 1 \\ 0 & 1 & 0 & 2 \\ -1 & 0 & 2 & 3 \\ 1 & 0 & 0 & 5 \\ 0 & -1 & 2 & 6 \\ -1 & -1 & 3 & 7 \end{bmatrix}, \quad \nabla\boldsymbol{\Phi}_1 = \begin{bmatrix} 1 & 1 & 1 \\ 0 & 1 & 2 \\ -1 & 0 & 3 \\ 1 & 0 & 5 \\ 0 & -1 & 6 \\ -1 & -1 & 7 \end{bmatrix}$$

% The first three elements of a row in **Φ**₁ are the coefficients of the linear

% function **Φ**₁ related to the triangle specified by the fourth element in the row.

% The first two elements of a row in ∇**Φ**₁ arc the components of the

% gradient of **Φ**₁ related to the triangle specified by the third element in the row.

```
[support,index]=find(T= =node);
mt=length(support);
Phi=zeros(mt,4);nablaPhi=zeros(mt,3);
for i=1:mt
    local=local_base(T,support(i),index(i));
        % Local base for support(i)with node=1
    area=det([ x(T(support(i),:)') y(T(support(i),:)') [1;1;1]])/2;
        % area of support(i)
    a=(y(local(2))-y(local(3)))/2/area;
    b=-(x(local(2))-x(local(3)))/2/area;
    c=(x(local(2)) * y(local(3))-x(local(3)) * y(local(2)))/2/area;
Phi(i,:)=[a b c support(i)];nablaPhi(i,:)=[a b support(i)];
```

```
end
end
% ———— Local function ————
function first＝local base(T,triangle,index)
first＝T(triangle,:);          % The nodes of 'triangle' are saved in 'first'.
if index＞1 % Local base(counterclockwise).
    if index＞2
        first(1)＝T(triangle,3);
        first(2)＝T(triangle,1);
        first(3)＝T(triangle,2);
    else
        first(1)＝T(triangle,2);
        first(2)＝T(triangle,3);
        first(3)＝T(triangle,1);
    end
end
end
```

例 5.2.5 程序展示,将 pyrarnid 函数应用于图 5.2.1 中,得到并绘制了一个特定的 Φ,如图 5.2.8 所示。

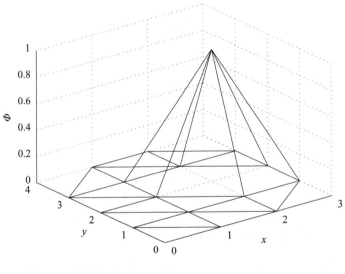

图 5.2.8 $\Phi(4)$

```
function[Phi,nablaPhi]＝pyramid_phi
% This is the function file pyramid_phi. m.
% Pyramid function is called to determine the function Phi related to
% the node specified by the User. Phi is plotted.
h＝1;k＝1;
```

175

```
x=[h;2*h;h;2*h;h;2*h;h;2*h;h;3*h;3*h;3*h;2*h;h;0;0;0];
y=[k;k;2*k;2*k;3*k;3*k;0;0;k;2*k;3*k;4*k;4*k;3*k;2*k;k];
T=[1 16 7;1 7 8;1 8 2;2 8 9;1 15 16;1 3 15;1 2 3;
    2 4 3;2 9 4;9 10 4;3 14 15;3 5 14;3 4 5;4 6 5;
    4 10 6;10 11 6;5 13 14;5 6 13;6 12 13;6 11 12];
node=4;           % Specify the node here.
[Phi,nablaPhi]=pyramid(T,x,y,node);
z=zeros(length(x),1);z(node)=1;trimesh(T,x,y,z,'edgecolor','k');
xlabel('x');ylabel('y');zlabel('\Phi');
hidden off;
end
```

5.2.2　泊松方程的弱形式

考虑二维泊松方程的狄利克雷问题：

$$-\Delta U(x,y)=F(x,y), \quad (x,y)\in \Omega \tag{5.2.13}$$

$$U(x,y)=g(x,y), \quad (x,y)\in \partial\Omega \tag{5.2.14}$$

公式(5.2.13)中的减号可以被消除并包含在 F 中。然而，公式(5.2.13)通常在有限元法中这样写。公式(5.2.13)乘以平滑测试函数 $v(x,y)$ 并在 Ω 上积分，则有

$$-\int_\Omega v\Delta U \mathrm{d}\Omega=\int_\Omega Fv\mathrm{d}\Omega \tag{5.2.15}$$

对等式使用格林公式(5.1.3)，可以得到

$$\int_\Omega \nabla v \cdot \nabla U\mathrm{d}\Omega=\int_{\partial\Omega} v\frac{\partial U}{\partial n}\mathrm{d}S+\int_\Omega Fv\mathrm{d}\Omega \tag{5.2.16}$$

式中：$\partial U/\partial n$ 是 $\partial\Omega$ 的外法向导数。公式(5.2.16)是公式(5.2.13)的弱形式，与之相反，公式(5.2.13)被称为强形式。有限元法应用于公式(5.2.16)，狄利克雷问题的近似解表示为有限级数：

$$u(x,y)=\sum_{j=1}^{n}u_j\Phi_j(x,y) \tag{5.2.17}$$

式中：$u_j(j=1,2,\cdots,n)$ 是未知系数；$\Phi_j(x,y)$ 是给定的形函数。将公式(5.2.17)代入公式(5.2.16)并假设 $v=\Phi_i(i=1,2,\cdots,n)$，可以得到

$$\sum_{j=1}^{n}u_j\int_\Omega \nabla\Phi_i \cdot \nabla\Phi_j\mathrm{d}\Omega=\int_{\partial\Omega}\Phi_i\frac{\partial u}{\partial n}\mathrm{d}S+\int_\Omega F\Phi_i\mathrm{d}\Omega, \quad i=1,2,\cdots,n$$

$$\tag{5.2.18}$$

因此

$$\sum_{j=1}^{n}K_{ij}u_j=f_i, \quad i=1,2,\cdots,n \tag{5.2.19}$$

式中：

$$K_{ij} = \int_{\Omega} \nabla \Phi_i \cdot \nabla \Phi_j \, \mathrm{d}\Omega, \quad f_i = \int_{\partial \Omega} \Phi_i \, \frac{\partial u}{\partial n} \mathrm{d}s + \int_{\Omega} F \Phi_i \, \mathrm{d}\Omega, \quad i = 1, 2, \cdots, n$$

(5.2.20)

公式(5.2.19)的矩阵符号形式为

$$\boldsymbol{Ku} = \boldsymbol{f}$$

式中:$\boldsymbol{K}$ 是刚度矩阵;$\boldsymbol{f}$ 是载荷向量。已知解的节点(由边界条件给出)被命名为受约束节点。相反,未知解的节点称为自由节点。例如狄利克雷问题,域内部的节点是自由的,边界上的节点是受约束的。

例 5.2.6 让我们讨论下面的狄利克雷问题:

$$-\Delta U(x, y) = 0, \quad (x, y) \in \Omega \tag{5.2.21}$$

$$U(x, y) = x^2 - y^2, \quad (x, y) \in \partial \Omega \tag{5.2.22}$$

式中:Ω 是图 5.2.1 中的有限域。自由节点为 $n_f = 6$,即 1～6 的节点,其余 7～15 的节点受到约束。这些节点上的解由边界条件(5.2.22)给出:

$$\begin{cases} u_7 = h^2 \\ u_8 = 4h^2 \\ u_9 = 9h^2 - k^2 \\ u_{10} = 9h^2 - 4k^2 \\ u_{11} = 9h^2 - 9k^2 \\ u_{12} = 4h^2 - 16k^2 \\ u_{13} = h^2 - 16k^2 \\ u_{14} = -9k^2 \\ u_{15} = -4k^2 \\ u_{16} = -k^2 \end{cases} \tag{5.2.23}$$

对于问题(5.2.21)、(5.2.22),方程(5.2.19)含 $n_f = 6$ 个未知数 $u_1 \sim u_6$,它可以简化为

$$\sum_{j=1}^{n_f} u_j \int_{\Omega} \nabla \Phi_i \cdot \nabla \Phi_j \, \mathrm{d}\Omega = -\sum_{j=n_f+1}^{n} u_j \int_{\Omega} \nabla \Phi_i \cdot \nabla \Phi_j \, \mathrm{d}\Omega, \quad i = 1, 2, \cdots, n_f$$

(5.2.24)

由于 $F = 0$,并且 $\Phi_i(x, y) = 0 (i = 1, 2, \cdots, n_f)$ 在边界上。公式(5.2.24)可以写成矩阵分量形式:

$$\sum_{j=1}^{n_f} K_{ij} u_j = g_i, \quad i = 1, 2, \cdots, n_f \tag{5.2.25}$$

式中:

$$g_i = -\sum_{j=n_f+1}^{n} u_j \int_{\Omega} \nabla \Phi_i \cdot \nabla \Phi_j \, \mathrm{d}\Omega = -\sum_{j=n_f+1}^{n} b_{ij} u_j, \quad j = 1, 2, \cdots, n_f \tag{5.2.26}$$

给出程序，应用有限元法解决问题(5.2.21)、(5.2.22)。现在，公式(5.2.25)、(5.2.26)中的积分是手动计算的，以便更好地理解程序中的代码。请注意，Ω 在公式(5.2.21)、(5.2.22)上的积分是在较小的域上计算的。事实上，如果被积函数为 $\nabla\Phi_i \cdot \nabla\Phi_j$，则在两个支持的交集上计算积分；如果交集为空，则为零。考虑 $i=1$，并使用例 5.2.3 和练习 5.4.4 提供的结果。因此，我们可以得到

$$K_{11} = \int_{T_1 \cup T_2 \cup T_3 \cup T_7 \cup T_6 \cup T_5} \nabla\Phi_1 \cdot \nabla\Phi_1 = 2hk\left(\frac{1}{h^2} + \frac{1}{k^2}\right)$$

$$K_{12} = \int_{T_3 \cup T_7} \nabla\Phi_1 \cdot \nabla\Phi_2 = -hk\,\frac{1}{h^2}$$

$$K_{13} = \int_{T_6 \cup T_7} \nabla\Phi_1 \cdot \nabla\Phi_3 = -hk\,\frac{1}{k^2}$$

$$K_{14} = K_{15} = K_{16} = 0$$

$$b_{17} = \int_{T_1 \cup T_2} \nabla\Phi_1 \cdot \nabla\Phi_7 = -hk\,\frac{1}{k^2}$$

$$b_{18} = b_{19} = b_{1,10} = b_{1,11} = 0$$

$$b_{1,12} = b_{1,13} = b_{1,14} = b_{1,15} = 0$$

$$b_{1,16} = \int_{T_1 \cup T_5} \nabla\Phi_1 \cdot \nabla\Phi_{16} = -hk\,\frac{1}{h^2}$$

最后，考虑边值(5.2.23)，得到

$$g_1 = \frac{h}{k}u_7 + \frac{k}{h}u_{16} = \frac{h}{k}h^2 - \frac{k}{h}k^2$$

其他积分在练习 5.4.4 中计算。

例 5.2.7 程序展示，应用有限元法解决问题(5.2.21)、(5.2.22)。假设 $h = k = 1$，则对于未知系数，可以获得以下值：

$$u_1 = 0.0, \quad u_2 = 3.0, \quad u_3 = \ \ 3.0$$
$$u_4 = 0.0, \quad u_5 = -8.0, \quad u_6 = -5.0$$

数值解非常准确，因为它可以通过考虑问题的解析解立即验证：$U(x, y) = x^2 - y^2$。数值解的图形如图 5.2.9 所示。

```
function u=laplace
% This is the function file laplace. m.
% FEM is applied to solve the Dirichlet problem in Example 5.2.7,Sec.5.2.2.
h=1;k=1;
x=[h;2*h;h;2*h;h;2*h;h;2*h;3*h;3*h;3*h;2*h;h;0;0;0];
y=[k;k;2*k;2*k;3*k;3*k;0;0;k;2*k;3*k;4*k;4*k;3*k;2*k;k];
T=[1 16 7;1 7 8;1 8 2;2 8 9;1 15 16;
   1 3 15;1 2 3;2 4 3;2 9 4;9 10 4;
   3 14 15;3 5 14;3 4 5;4 6 5;4 10 6;
```

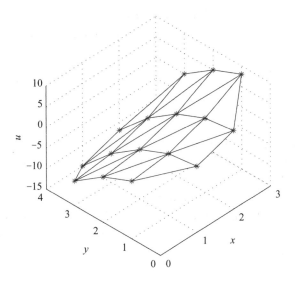

图 5.2.9 公式(5.2.21)、(5.2.22)的数值解图形

```
    10 11 6;5 13 14;5 6 13;6 12 13;
    6 11 12];
n=length(x);              % Number of nodes.
nf=6;                     % Free nodes.
K=zeros(nf,nf);           % Stiffness matrix.
b=zeros(nf,n-nf);
ub=[h²;4 * h²;9 * h²-k²;9 * h²-4 * k²;9 * h²-9 * k²;4 * h²-16 * k²;
    h²-16 * k²;-9 * k²;-4 * k²;-k²];       % Boundary conditions.
% FEM
for i=1:nf
    [~,nablaPhii]=pyramid(T,x,y,i);
    support i=nablaPhii(:,3);
    for j=i:n
        [~,nablaPhij]=pyramid(T,x,y,j);
        support j=nablaPhij(:,3);
        mt=length(support j);
        for r=1:mt
            if ismember(support j(r),support i)==1
                index=find(support i==support j(r));
                area=det([x(T(support j(r),:))',:) y(T(support j(r),:))',:)[1;1;
1]])/2;
                % Area of support j(r).
                if j<=nf          % If j is a free node,matrix K is updated.
                    K(i,j)=K(i,j)+nablaPhij(r,1:2) * nablaPhii(index,1:2)' * area;
                    K(j,i)=K(i,j);
```

```
        else        % If j is a constrained node, matrix b is updated.
            b(i,j-nf)=b(i,j-nf)+nablaPhij(r,1:2) * nablaPhii(index,1:2)' * area;
        end
      end
    end
  end
end
g=-b * ub;u=K\g;u=[u;ub];
U=[h²-k²;4 * h²-k²;h²-4 * k²;4 * h²-4 * k²;h²-9 * k²;4 * h²-9 * k²;ub];
% Analytical solution.
fprintf('Maximum error=%g\n',max(abs(U-u)))
trimesh(T,x,y,u,'edgecolor','b','Marker',' * ');view(-46,43);hold on;
trimesh(T,x,y,U,'edgecolor','b','Marker',' * ','MarkerEdgeColor','r');
xlabel('x');ylabel('y');zlabel('u');hold off
end
```

5.2.3 狄利克雷-诺依曼问题

考虑二维泊松方程的狄利克雷-诺依曼问题：

$$- \Delta U(x,y)=F(x,y), \quad (x,y) \in \Omega \tag{5.2.27}$$

函数 U 被指定为 $\partial\Omega_1 \subset \partial\Omega$：

$$U(x,y)=tt_1(x,y), \quad (x,y) \in \partial\Omega_1 \tag{5.2.28}$$

正态导数 $\partial U/\partial n$ 被指定为 $\partial\Omega_2 \subset \partial\Omega$：

$$\frac{\partial U}{\partial n}(x,y)=G_2(x,y), \quad (x,y) \in \partial\Omega_2 \tag{5.2.29}$$

式中：$\partial\Omega_1 \bigcup \partial\Omega_2 = \partial\Omega$，$\partial\Omega_1 \bigcap \partial\Omega_2 = \varnothing$。公式(5.2.27)乘以平滑测试函数 $v(x,y)$ 并在 Ω 上积分：

$$-\int_\Omega v\Delta U \mathrm{d}\Omega = \int_\Omega Fv\mathrm{d}\Omega$$

对等式使用格林公式(5.1.3)，可以得到

$$\int_\Omega \nabla v \cdot \nabla U \mathrm{d}\Omega = \int_{\partial\Omega_1} v \frac{\partial U}{\partial n}\mathrm{d}S + \int_{\partial\Omega_2} vG_2 \mathrm{d}S + \int_\Omega Fv\mathrm{d}\Omega \tag{5.2.30}$$

其中使用了边界条件(5.2.29)。公式(5.2.30)是公式(5.2.27)的弱形式，反过来公式(5.2.27)称为强形式。用有限元法考虑弱形式(5.2.30)，近似解可以表示为有限级数：

$$u(x,y)=\sum_{j=1}^{n} u_j \Phi_j(x,y)$$

式中：$u_j(j=1,2,\cdots,n)$ 是未知系数；$\Phi_j(x,y)$ 是给定的形函数。

例 5.2.8 考虑狄利克雷-诺依曼问题：

$$-\Delta U(x,y)=0, \quad (x,y)\in\Omega \tag{5.2.31}$$

$$U=0, \quad \text{on segment } x=y, \ (\partial\Omega_1) \tag{5.2.32}$$

$$\frac{\partial U}{\partial n}=\begin{cases}0, & \text{on segment } y=0, \ (\partial\Omega_2)\\ 4h, & \text{on segment } x=2h, \ (\partial\Omega_2)\end{cases} \tag{5.2.33}$$

式中: Ω 是图 5.2.10 中的域。

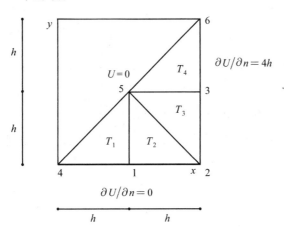

图 5.2.10　狄利克雷-诺依曼问题 $(5.2.31)\sim(5.2.33)$

考虑边界条件 $(5.2.32)$，问题 $(5.2.31)\sim(5.2.33)$ 的近似解可以简化为

$$u(x,y)=\sum_{j=1}^{3}u_j\Phi_j(x,y) \tag{5.2.34}$$

将公式 $(5.2.34)$ 代入公式 $(5.2.30)$ 中，假设 $v=\Phi_i (i=1,2,3)$，则可以得到

$$\sum_{j=1}^{3}u_j\int_{\Omega}\nabla\Phi_j\cdot\nabla\Phi_i\,\mathrm{d}\Omega=\int_{\partial\Omega_2}\Phi_i\,\frac{\partial u}{\partial n}\,\mathrm{d}S, \quad i=1,2,3$$

源于 $F=0$，并且 $\Phi_i=0(i=1,2,3)$ 在段 $x=y(\partial\Omega_1)$ 上。

考虑边界条件 $(5.2.33)$，Φ_1、Φ_2、Φ_3 的支持分别为 $\{T_1,T_2\}$、$\{T_2,T_3\}$、$\{T_3,T_4\}$，由上式可知

$$\sum_{j=1}^{3}K_{ij}u_j=4h\int_{y_2}^{y_6}\Phi_i(2h,y)\mathrm{d}y, \quad i=1,2,3 \tag{5.2.35}$$

除此之外，函数 Φ_1、Φ_2、Φ_3 由下式（见公式 $(5.2.4)$）给出：

$$\Phi_1=\begin{cases}x/h-y/h, & \text{on } T_1\\ -x/h-y/h+2/h, & \text{on } T_2\end{cases} \qquad \Phi_2=\begin{cases}x/h-1, & \text{on } T_2\\ -y/h+1, & \text{on } T_3\end{cases}$$

$$\Phi_3=\begin{cases}x/h+y/h-2, & \text{on } T_3\\ x/h-y/h, & \text{on } T_4\end{cases}$$

利用上式，我们可以计算出刚度矩阵元素：

$$K_{11}=2, \quad K_{12}=-0.5, \quad K_{13}=0, \quad K_{22}=1, \quad K_{23}=-0.5, \quad K_{33}=2$$

$$\tag{5.2.36}$$

计算公式(5.2.35)已知项中的积分。对于 $i=1$，由于在 $\{x=2h, 0<y<2h\}$ 时 $\Phi_1=0$，故有

$$4h\int_{y_2}^{y_6}\Phi_1(2h,y)\mathrm{d}y=0 \tag{5.2.37}$$

对于 $i=2$，由于在 $\{x=2h, 0<y<h\}$ 时 $\Phi_2=1-y/h$，在 $\{x=2h, h<y<2h\}$ 时 $\Phi_2=0$，故有

$$4h\int_{y_2}^{y_6}\Phi_2(2h,y)\mathrm{d}y=4h\int_0^h(1-y/h)\mathrm{d}y=2h^2 \tag{5.2.38}$$

最后，对于 $i=3$，由于在 $\{x=2h, 0<y<h\}$ 时 $\Phi_3=y/h$，在 $\{x=2h, h<y<2h\}$ 时 $\Phi_3=2-y/h$，故有

$$4h\int_{y_2}^{y_6}\Phi_3(2h,y)\mathrm{d}y=4h\int_0^h y/h\,\mathrm{d}y+4h\int_h^{2h}(2-y/h)\mathrm{d}y=4h^2 \tag{5.2.39}$$

将公式(5.2.36)替换为公式(5.2.39)，并代入公式(5.2.35)，得到方程组

$$\begin{cases} 2u_1-0.5u_2=0 \\ -0.5u_1+u_2-0.5u_3=2h^2 \\ -0.5u_2+2u_3=4h^2 \end{cases}$$

解上述方程组可以得到

$$u_1=h^2, \quad u_2=4h^2, \quad u_3=3h^2$$

有限元法提供的解非常准确，因为它可以通过公式(5.2.31)～公式(5.2.33)的解析解来验证：

$$U=x^2-y^2$$

5.2.4　在大坝和板桩墙中的应用

考虑图 5.2.11 中简单大坝模型。对于测压头 $h=h(x,y)$，稳态渗流运动与以下狄利克雷–诺依曼问题有关：

$$\Delta h(x,y)=0, \quad (x,y)\in\Omega \tag{5.2.40}$$

$$h=H_1 \text{ on } \partial\Omega_1, \quad h=H_2 \text{ on } \partial\Omega_2 \tag{5.2.41}$$

$$h_x=0 \text{ on } \partial\Omega_3\bigcup\partial\Omega_4\bigcup\partial\Omega_5\bigcup\partial\Omega_6, \quad h_y=0 \text{ on } \partial\Omega_7\bigcup\partial\Omega_8 \tag{5.2.42}$$

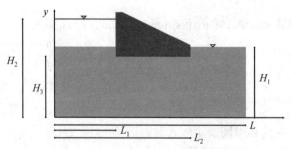

图 5.2.11　大坝的简单模型

式中：

$$\partial\Omega_1 = \{L_2 \leqslant x \leqslant L, y = H_1\}, \qquad \partial\Omega_2 = \{0 \leqslant x \leqslant L_1, y = H_1\}$$

$$\partial\Omega_3 = \{x = 0, 0 < y < H_1\}, \qquad \partial\Omega_4 = \{x = L, 0 < y < H_1\}$$

$$\partial\Omega_5 = \{x = L_1, H_3 < y < H_1\}, \quad \partial\Omega_6 = \{x = L_2, H_3 < y < H_1\}$$

$$\partial\Omega_7 = \{0 \leqslant x \leqslant L, y = 0\}, \qquad \partial\Omega_8 = \{L_1 \leqslant x \leqslant L_2, y = H_3\}$$

考虑有限元法。近似解 h 可由有限级数给出：

$$h(x,y) = \sum_{j=1}^{n_f} h_j \Phi_j(x,y) + \sum_{j=n_f+1}^{n} h_j \Phi_j(x,y) \tag{5.2.43}$$

式中：n 是节点总数；n_f 是空闲节点数。将公式(5.2.43)代入公式(5.2.30)并且假设 $v = \Phi_i (i=1,\cdots,n_f)$，则可以得到

$$\sum_{j=1}^{n_f} K_{ij} h_j = -\sum_{j=n_f+1}^{n} K_{ij} h_j, \quad i = 1,\cdots,n_f \tag{5.2.44}$$

式中约束节点 $j = n_f+1,\cdots,n$ 的参数 h_j 由边界条件(5.2.41)给出。

例 5.2.9 程序展示了一个函数，将有限元法应用于问题(5.2.40)～(5.2.42)。数值解图形如图 5.2.12 所示，流线和等势线如图 5.2.13 所示。最后，图 5.2.14 显示了指令程序中使用的简单三角剖分。

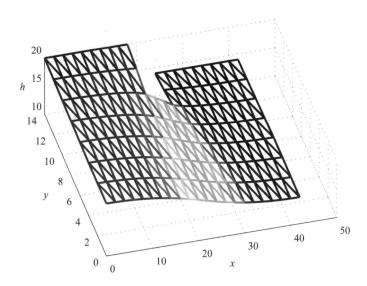

图 5.2.12　问题(5.2.40)～(5.2.42)的数值解图形

function[u,hh]＝dam

％ This is the function file dam. m.

％ The FEM is applied to solve the Dirichlet-Neumann problem in Example 5.2.9.

％ The function returns the matrix and the vector expressions of the

％ numerical solution.

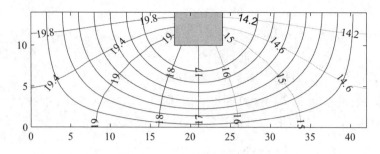

图 5.2.13 流线和等势线

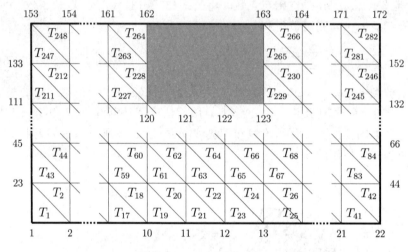

图 5.2.14 三角剖分

```
% Initialization
L=42;H1=14;H2=20;d=2;nx=L/d;ny=H1/d;
% L=42;H1=14;H2=H1;d=2;nx=L/d;ny=H1/d;% test
x=linspace(0,L,nx+1);y=linspace(0,H1,ny+1);
k1=6;i1=10;i2=13;
H3=y(k1);L1=x(i1);L2=x(i2);% H3=10;L1=18;L2=24;
P=Points(x,y,nx+1,ny+1,i1,k1);xt=P(:,1);yt=P(:,2);
n=length(xt);hb=[H2 * ones(i1,1);H1 * ones(nx+2-i2,1)];
nf=n-length(hb);K=zeros(nf,nf);b=zeros(nf,n-nf);
T=Triangulation(nx,nx+1,ny+1,i1,i2,k1);
% FEM
for i=1:nf
    [~,nablaPhii]=pyramid(T,xt,yt,i);
    support_i=nablaPhii(:,3);
    for j=i:n
        [~,nablaPhij]=pyramid(T,xt,yt,j);
```

184

```matlab
support_j=nablaPhij(:,3);mt=length(support_j);
for r=1:mt
    if ismember(support_j(r),support_i)==1
        index=find(support_i==support_j(r));
        area=det([xt(T(support_j(r),:))',:)yt(T(support_j(r),:))',:)...
            [1;1;1]])/2;
        if j<nf+1
            K(i,j)=K(i,j)+nablaPhij(r,1:2)*nablaPhii(index,1:2)'*area;
            K(j,i)=K(i,j);
        else
            b(i,j-nf)=b(i,j-nf)+nablaPhij(r,1:2)*nablaPhii(index,1:2)'*area;
        end
    end
end
        end
    end
end
f=-b*hb;v=K\f;hh=[v;hb];
H=[v(1:k1*(nx+1)+i1);nan*ones(i2-i1-1,1);v(k1*(nx+1)+i1+1:nf);...
    H2*ones(i1,1);nan*ones(i2-i1-1,1);H1*ones(nx+2-i2,1)];
u=reshape(H,nx+1,ny+1);
% Plot
trimesh(T,xt,yt,hh,'LineWidth',2);view(-15,69);
xlabel('x');ylabel('y');zlabel('h');
[hx,hy]=gradient(u',d,d);
KK=10^(-8);qx=-KK*hx;qy=-KK*hy;
figure(2);
[~,cc]=contour(x,y,u',[14.2,14.6,15,16,17,18,19,19.4,19.8]);
set(cc,'ShowText','on');colormap cool;
axis('equal');axis([0 L 0 H1]);
rectangle('position',[0,0,L,H1])
rectangle('position',[L1,H3,L2-L1,H1-H3],...
    'FaceColor',[0.8 0.8 0.8],'LineWidth',1);
hold on;
streamline(x,y,qx,qy,x(2:8),y(ny+1)*ones(1,length(x(2:8))));
end
% ------Local functions ------
function P=Points(x,y,n1,n2,i1,k1)
P=zeros(n1*n2,2);
P(1:n1*n2,1)=repmat(x',n2,1);
for k=1:n2
P(1+(k-1)*n1:k*n1,2)=y(k)*ones(n1,1);
end
```

```
np1=k1*n1+i1;np2=(k1+1)*n1+i1;
    P=P([1:np1,np1+3:np2,np2+3:n1*n2],:);
end
function T=Triangulation(nx,n1,n2,i1,i2,k1)
m=nx*2*(n2-1)-(i2-i1)*2*(n2-k1);T=zeros(m,3);
for k=1:k1-
for i=1:nx
    T((k-1)*2*nx+2*i-1,:)=[(k-1)*n1+i(k-1)*n1+i+1 k*n1+i];
    T((k-1)*2*nx+2*i,:)=[(k-1)*n1+i+1 k*n1+i+1 k*n1+i];
end
end
lt=nx*2*(k1-1);lp1=n1*(k1-1);lp2=n1*k1;
for i=1:i1-1
    T(lt+2*i-1,:)=[lp1+i lp1+i+1 lp2+i];
    T(lt+2*i,:)=[lp1+i+1 lp2+i+1 lp2+i];
end
lt=lt+2*(i1-1);lp1=lp1+i1+2;lp2=lp2+i1;
for i=1:n1-i2
    T(lt+2*i-1,:)=[lp1+i lp1+i+1 lp2+i];
    T(lt+2*i,:)=[lp1+i+1 lp2+i+1 lp2+i];
end
lt=lt+2*(n1-i2);lp1=lp1+n1-i2+1;lp2=lp2+n1-i2+1;
for i=1:i1-1
    T(lt+2*i-1,:)=[lp1+i lp1+i+1 lp2+i];
    T(lt+2*i,:)=[lp1+i+1 lp2+i+1 lp2+i];
end
lt=lt+2*(i1-1);lp1=lp1+i1;lp2=lp2+i1;
for i=1:n1-i2
    T(lt+2*i-1,:)=[lp1+i lp1+i+1 lp2+i];
    T(lt+2*i,:)=[lp1+i+1 lp2+i+1 lp2+i];
end
end
end
```

参见练习 5.4.5。

例 5.2.10 考虑图 5.2.15 所示板桩墙的简单模型。关于测压头 $h=h(x,y)$，稳态渗流分析必须考虑以下狄利克雷-诺依曼问题：

$$\Delta h(x,y)=0, \quad (x,y)\in \Omega \tag{5.2.45}$$

$$h=\begin{cases} 16 \text{ on } \{y=12, 0\leqslant x\leqslant x_1\} \\ 13 \text{ on } \{y=12, x_2\leqslant x\leqslant 22\} \end{cases} \tag{5.2.46}$$

$$\partial h/\partial n=0 \text{ on } \begin{cases} \{x=0, 0\leqslant y<12\}, \ \{x=22, 0\leqslant y\leqslant 12\} \\ \{y=0, 0\leqslant x\leqslant 22\}, \ \{y=6, x_1\leqslant x\leqslant x_2\} \\ \{x=x_1, 6\leqslant y\leqslant 12\}, \ \{x=x_2, 6\leqslant y\leqslant 12\} \end{cases} \tag{5.2.47}$$

式中：x_1 为板桩墙左侧横坐标；x_2 为右侧横坐标。

问题(5.2.45)～(5.2.47)类似于例 5.2.9 中讨论的问题。练习5.4.6建议了一个将有限元法应用于问题(5.2.45)～(5.2.47)的函数。

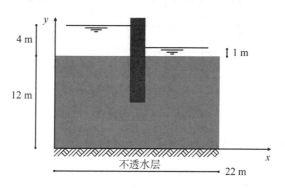

图 5.2.15　板桩墙

5.3　有限差分法

5.3.1　五点法

考虑二维拉普拉斯方程的狄利克雷问题：

$$\Delta U(x,y)=0, \quad (x,y)\in\Omega \tag{5.3.1}$$

$$U(x,y)=g(x,y), \quad (x,y)\in\partial\Omega \tag{5.3.2}$$

当域 Ω 是一个矩形，即

$$\Omega=\{0<x<L,0<y<H\}$$

时，其边界条件(5.3.2)可以写为

$$\begin{cases} U(0,y)=g_1(y), U(L,y)=g_3(y), 0\leqslant y\leqslant H \\ U(x,0)=g_2(x), U(x,H)=g_4(x), 0\leqslant x\leqslant L \end{cases} \tag{5.3.3}$$

让我们对公式(5.3.1)中的导数应用中心近似：

$$(u_{i+1,k}-2u_{i,k}+u_{i-1,k})(\Delta x)^2+(u_{i,k+1}-2u_{i,k}+u_{i,k-1})(\Delta y)^2=0$$

前一个有限差分方程对定义域内的所有点都成立。此外，设置

$$\sigma=\Delta y/\Delta x, \quad s=-2(1+\sigma^2) \tag{5.3.4}$$

我们可以得到

$$\begin{cases} su_{i,k}+\sigma^2(u_{i-1,k}+u_{i+1,k})+u_{i,k-1}+u_{i,k+1}=0 \\ i=1,\cdots,n-1;k=1,\cdots,m-1;n=L/\Delta x;m=H/\Delta y \end{cases} \tag{5.3.5}$$

公式(5.3.5)中的有限差分方程称为五点法，如图 5.3.1 所示。如公式(5.3.5)，五点法提供了一个含 $(n-1)(m-1)$ 个未知数由 $(n-1)(m-1)$ 个方程组成的线性代

数方程式。

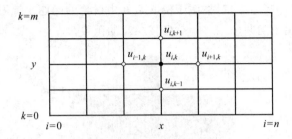

图 5.3.1　五点法

例如，对于图 5.3.1 中的网格，方程数和未知数为 15。对于 $k=1$，公式（5.3.5）可以写成

$$\begin{bmatrix} s & \sigma^2 & & \\ \sigma^2 & s & \sigma^2 & \\ & \ddots & \ddots & \ddots \\ & & \sigma^2 & s \end{bmatrix}\begin{bmatrix} u_{1,1} \\ u_{2,1} \\ \vdots \\ u_{n-1,1} \end{bmatrix} + \begin{bmatrix} u_{1,2} \\ u_{2,2} \\ \vdots \\ u_{n-1,2} \end{bmatrix} + \begin{bmatrix} u_{1,0} \\ u_{2,0} \\ \vdots \\ u_{n-1,0} \end{bmatrix} + \sigma^2\begin{bmatrix} u_{0,1} \\ 0 \\ \vdots \\ u_{n,1} \end{bmatrix} = 0$$

因此

$$\boldsymbol{B}\boldsymbol{u}_1 + \boldsymbol{u}_2 + \boldsymbol{b}_1 = \boldsymbol{0} \tag{5.3.6}$$

式中：

$$\boldsymbol{B} = \begin{bmatrix} s & \sigma^2 & & \\ \sigma^2 & s & \sigma^2 & \\ & \ddots & \ddots & \ddots \\ & & \sigma^2 & s \end{bmatrix}, \quad \boldsymbol{u}_1 = \begin{bmatrix} u_{1,1} \\ u_{2,1} \\ \vdots \\ u_{n-1,1} \end{bmatrix}, \quad \boldsymbol{u}_2 = \begin{bmatrix} u_{1,2} \\ u_{2,2} \\ \vdots \\ u_{n-1,2} \end{bmatrix}$$

$$\boldsymbol{b}_1 = \begin{bmatrix} u_{1,0} \\ u_{2,0} \\ \vdots \\ u_{n-1,0} \end{bmatrix} + \sigma^2\begin{bmatrix} u_{0,1} \\ 0 \\ \vdots \\ u_{n,1} \end{bmatrix} = \begin{bmatrix} g_{2,1} \\ g_{2,2} \\ \vdots \\ g_{2,n-1} \end{bmatrix} + \sigma^2\begin{bmatrix} g_{1,1} \\ 0 \\ \vdots \\ g_{3,1} \end{bmatrix}$$

注意，$\boldsymbol{b}_1$ 是已知的，用边界条件（5.3.3）表示。

对于 $k=2,\cdots,m-2$，公式（5.3.5）可以写成

$$\begin{bmatrix} u_{1,k-1} \\ u_{2,k-1} \\ \vdots \\ u_{n-1,k-1} \end{bmatrix} + \begin{bmatrix} s & \sigma^2 & & \\ \sigma^2 & s & \sigma^2 & \\ & \ddots & \ddots & \ddots \\ & & \sigma^2 & s \end{bmatrix}\begin{bmatrix} u_{1,k} \\ u_{2,k} \\ \vdots \\ u_{n-1,k} \end{bmatrix} + \begin{bmatrix} u_{1,k+1} \\ u_{2,k+1} \\ \vdots \\ u_{n-1,k+1} \end{bmatrix} + \sigma^2\begin{bmatrix} u_{0,k} \\ 0 \\ \vdots \\ u_{n,k} \end{bmatrix} = \boldsymbol{0}$$

$$\boldsymbol{u}_{k-1} + \boldsymbol{B}\boldsymbol{u}_k + \boldsymbol{u}_{k+1} + \boldsymbol{b}_k = \boldsymbol{0}, \quad k=2,\cdots,m-2 \tag{5.3.7}$$

式中：$\boldsymbol{b}_k$ 是已知项，$u_{0,k} = g_{1,k}$，$u_{n,k} = g_{3,k}$。

最后，对于 $k=m-1$，公式（5.3.5）可以写成

$$\begin{bmatrix} u_{1,m-2} \\ u_{2,m-2} \\ \vdots \\ u_{n-1,m-2} \end{bmatrix} + \begin{bmatrix} s & \sigma^2 & & \\ \sigma^2 & s & \sigma^2 & \\ & \ddots & \ddots & \ddots \\ & & \sigma^2 & s \end{bmatrix} \begin{bmatrix} u_{1,m-1} \\ u_{2,m-1} \\ \vdots \\ u_{n-1,m-1} \end{bmatrix} + \begin{bmatrix} u_{1,m} \\ u_{2,m} \\ \vdots \\ u_{n-1,m} \end{bmatrix} + \sigma^2 \begin{bmatrix} u_{0,m-1} \\ 0 \\ \vdots \\ u_{n,m-1} \end{bmatrix} = \mathbf{0}$$

$$\boldsymbol{u}_{m-2} + \boldsymbol{B}\boldsymbol{u}_{m-1} + \boldsymbol{b}_{m-1} = \mathbf{0} \tag{5.3.8}$$

式中：

$$\boldsymbol{b}_{m-1} = \begin{bmatrix} u_{1,m} \\ u_{2,m} \\ \vdots \\ u_{n-1,m} \end{bmatrix} + \sigma^2 \begin{bmatrix} u_{0,m-1} \\ 0 \\ \vdots \\ u_{n,m-1} \end{bmatrix} = \begin{bmatrix} g_{4,1} \\ g_{4,2} \\ \vdots \\ g_{4,n-1} \end{bmatrix} + \sigma^2 \begin{bmatrix} g_{1,m-1} \\ 0 \\ \vdots \\ g_{3,m-1} \end{bmatrix}$$

公式(5.3.6)~(5.3.8)可以利用分块矩阵组合成：

$$\begin{bmatrix} \boldsymbol{B} & \boldsymbol{I}_{n-1} & \boldsymbol{0}_{n-1} & \\ \boldsymbol{I}_{n-1} & \boldsymbol{B} & \boldsymbol{I}_{n-1} & \\ & \ddots & \ddots & \ddots \\ & & \boldsymbol{0}_{n-1} & \boldsymbol{I}_{n-1} & \boldsymbol{B} \end{bmatrix} \begin{bmatrix} \boldsymbol{u}_1 \\ \boldsymbol{u}_2 \\ \vdots \\ \boldsymbol{u}_{m-1} \end{bmatrix} + \begin{bmatrix} \boldsymbol{b}_1 \\ \boldsymbol{b}_2 \\ \vdots \\ \boldsymbol{b}_{m-1} \end{bmatrix} = \mathbf{0}$$

式中：$\boldsymbol{I}_{n-1}$ 是 $(n-1)$ 阶单位矩阵；$\boldsymbol{0}_{n-1}$ 是零矩阵。因此，又可以表示为

$$\boldsymbol{A}\boldsymbol{u} + \boldsymbol{b} = \mathbf{0} \tag{5.3.9}$$

它是一个含 $(n-1)(m-1)$ 个未知数由 $(n-1)(m-1)$ 个方程组成的线性方程式。

例 5.3.1 考虑特殊的狄利克雷问题：

$$\Delta U(x,y) = 0, \quad 0 < x < L, \ 0 < y < H \tag{5.3.10}$$

$$\begin{cases} U(0,y) = g_1(y) = -y^2, \ U(L,y) = g_3(y) = L^2 - y^2, \ 0 \leqslant y \leqslant H \\ U(x,0) = g_2(x) = x^2, \ U(x,H) = g_4(x) = x^2 - H^2, \ 0 \leqslant x \leqslant L \end{cases}$$

$$\tag{5.3.11}$$

程序中展示了一个函数,将五点法应用于问题(5.3.10)、(5.3.11)。数值解图形如图 5.3.2 所示。

```
u=five_point
% This is the function file five_point. m.
% Five-Point Method is applied to solve the following Dirichlet problem for
% the Laplace equation：Uyy+Uxx=0,
% U(0,y)=-y.^2,U(x,0)=x^2,U(L,y)=L^2-y^2,U(x,H)=x^2-H^2.

% Initialization
L=2;H=1;n=20;m=10;
dx=L/n;dy=H/m;sigma=dy/dx;
x=linspace(0,L,n+1);y=linspace(0,H,m+1);
b=zeros((n-1)*(m-1),1);u=zeros(n+1,m+1);
g1=@(y)        -y.^2;
```

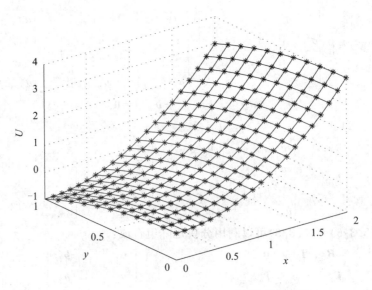

图 5.3.2　问题(5.3.10)、(5.3.11)的数值解图形

```
g2＝@(x)          x.^2;
g3＝@(y)          L^2 -y.^2;
g4＝@(x)          x.^2 -H^2;
AA＝repmat([ones(n-1,1) [sigma2 * ones(n-2,1);0]...
    -2 * (1＋sigma2) * ones(n-1,1)[0;sigma2 * ones(n-2,1)] ones(n-1,1)],(m-1),1);
A＝spdiags(AA,[-(n-1) -1;1 (n-1)],(n-1) * (m-1),(n-1) * (m-1));

% Five-Point Method
u(1,:)＝g1(y);          % Boundary values.
u(:,1)＝g2(x);u(n+1,:)＝g3(y);u(:,m+1)＝g4(x);
b(1:n-1)＝u(2:n,1);     % Known term.
b((n-1) * (m-2)+1 :(m-1) * (n-1))＝u(2:n,m+1);
for k＝2:m
    b((k-2) * (n-1)+1)＝h((k-2) * (n-1)+1)+sigma2 * u(1,k);
    b((k-1) * (n-1))＝b((k-1) * (n-1))+sigma2 * u(n+1,k);
end
v＝-A\b;
u(2:n,2:m)＝reshape(v,n-1,m-1);u＝u';
U＝@(x,y)x.^2-y.^2;U＝feval(U,x,y');          % Analytical solution.
mesh(x,y,u,'edgecolor','b');mesh(x,y,U,'edgecolor','b','Marker','*');
xlabel('x');ylabel('y');zlabel('U');
fprintf('Maximum error＝%g\n',max(max(abs(U -u))))
end
```

参见练习 5.4.7。

下面考虑泊松方程的狄利克雷问题：

$$\Delta U(x,y) = F(x,y), \quad (x,y) \in \Omega$$
$$U(x,y) = g(x,y), \quad (x,y) \in \partial\Omega$$

上述问题用五点法给出：

$$\frac{u_{i+1,k} - 2u_{i,k} + u_{i-1,k}}{(\Delta x)^2} + \frac{u_{i,k+1} - 2u_{i,k} + u_{i,k-1}}{(\Delta y)^2} = f_{i,k}$$

$$su_{i,k} + \sigma^2(u_{i-1,k} + u_{i+1,k}) + u_{i,k-1} + u_{i,k+1} = f_{i,k}(\Delta y)^2 \tag{5.3.12}$$

当域是一个矩形 $\Omega = \{0 < x < L, 0 < y < H\}$ 时，公式(5.3.9)被改写为

$$\begin{bmatrix} \boldsymbol{B} & \boldsymbol{I}_{n-1} & \boldsymbol{0}_{n-1} & & \\ \boldsymbol{I}_{n-1} & \boldsymbol{B} & \boldsymbol{I}_{n-1} & & \\ & \ddots & \ddots & \ddots & \\ & & \boldsymbol{U}_{n-1} & \boldsymbol{I}_{n-1} & \boldsymbol{B} \end{bmatrix} \begin{bmatrix} \boldsymbol{u}_1 \\ \boldsymbol{u}_2 \\ \vdots \\ \boldsymbol{u}_{m-1} \end{bmatrix} + \begin{bmatrix} \boldsymbol{b}_1 \\ \boldsymbol{b}_2 \\ \vdots \\ \boldsymbol{b}_{m-1} \end{bmatrix} = \begin{bmatrix} \boldsymbol{f}_1 \\ \boldsymbol{f}_2 \\ \vdots \\ \boldsymbol{f}_{m-1} \end{bmatrix}$$

式中：

$$\boldsymbol{f}_k = (\Delta y)^2 \begin{bmatrix} f_{1,k} \\ f_{2,k} \\ \vdots \\ f_{n-1,k} \end{bmatrix}, \quad k = 1, \cdots, m-1$$

例 5.3.2 考虑特殊的狄利克雷问题：

$$\Delta U(x,y) = -\sin x - \cos y, \quad 0 < x < L, 0 < y < H \tag{5.3.13}$$

$$\begin{cases} U(0,y) = g_1(y) = \cos y \\ U(L,y) = g_3(y) = \sin L + \cos y \end{cases}, \quad 0 \leqslant y \leqslant H \tag{5.3.14}$$

$$\begin{cases} U(x,0) = g_2(x) = \sin x + 1 \\ U(x,H) = g_4(x) = \sin x + \cos H \end{cases}, \quad 0 \leqslant x \leqslant L \tag{5.3.15}$$

程序中展示了一个函数，将五点法应用于问题(5.3.13)～(5.3.15)。数值解图形如图 5.3.3 所示。

```
u=five_point_f1
% This is the function file five_point_f1.m.
% The Five-Point Method is applied to solve the following Dirichlet problem
% for the Poisson equation：Uyy+Uxx=-sin x -cos y,
% U(0,y)=cos y,U(L,y)=sin L+cos y,
% U(x,0)=sin x+1,U(x,H)=sin x+cos H.
% Analytical solution：U=sin x+cos y.
% Initialization
L=9;H=6;n=30;m=20;
dx=L/n;dy=H/m;sigma=dy/dx;
x=linspace(0,L,n+1);y=linspace(0,H,m+1);
```

```
b=zeros((n-1)*(m-1),1);u=zeros(n+1,m+1);
g1=@(y)        cos(y);
g2=@(x)        sin(x)+1;
g3=@(y)        sin(L)+cos(y);
g4=@(x)        sin(x)+cos(H);
F=@(x,y)       -sin(x)-cos(y);
f=zeros((n-1)*(m-1),1);
for k=2:m
    f((k-2)*(n-1)+1:(k-1)*(n-1),1)=F(x(2:n)',y(k))*dy^2;
end
    Same code as five point function
v=A\(f-b);
u(2:n,2:m)=reshape(v,n-1,m-1);u=u';
mesh(x,y,u,'LineWidth',2);xlabel('x');ylabel('y');zlabel('U');
U=@(x,y)sin(x)+cos(y);U=feval(U,x,y');
fprintf('Maximum error=%g\n',max(max(abs(U-u))))
end
```

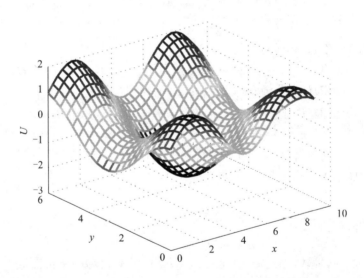

图 5.3.3　问题(5.3.13)～(5.3.15)的数值解图形

练习 5.4.8 建议了其他应用。

考虑三维泊松方程：

$$\Delta U(x,y,z)=F(x,y,z), \quad (x,y,z)\in\Omega \tag{5.3.16}$$

公式(5.3.16)为五点法对等式的推广，被命名为七点法，参见练习 5.4.9。

5.3.2　大坝模型

考虑图 5.3.4 所示的简单大坝模型。

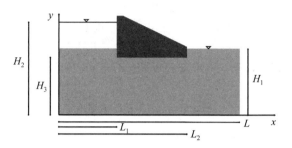

图 5.3.4　简单的大坝模型

对于测压头 $h = h(x, y)$，稳态渗流运动由以下狄利克雷–诺依曼问题控制：

$$\Delta h(x, y) = 0, \quad (x, y) \in \Omega \tag{5.3.17}$$

$$h = H_1 \text{ on } \partial\Omega_1, \quad h = H_2 \text{ on } \partial\Omega_2 \tag{5.3.18}$$

$$h_x = 0 \text{ on } \partial\Omega_3 \bigcup \partial\Omega_4 \bigcup \partial\Omega_5 \bigcup \partial\Omega_6, \quad h_y = 0 \text{ on } \partial\Omega_7 \bigcup \partial\Omega_8 \tag{5.3.19}$$

式中：

$$\partial\Omega_1 = \{L_2 \leqslant x \leqslant L, y = H_1\}$$

$$\partial\Omega_2 = \{0 \leqslant x \leqslant L_1, y = H_1\}$$

$$\partial\Omega_3 = \{x = 0, 0 < y < H_1\}$$

$$\partial\Omega_4 = \{x = L, 0 < y < H_1\}$$

$$\partial\Omega_5 = \{x = L_1, H_3 < y < H_1\}$$

$$\partial\Omega_6 = \{x = L_2, H_3 < y < H_1\}$$

$$\partial\Omega_7 = \{0 \leqslant x \leqslant L, y = 0\}$$

$$\partial\Omega_8 = \{L_1 \leqslant x \leqslant L_2, y = H_3\}$$

在 5.2.4 小节中，对问题（5.3.17）～（5.3.19）与有限元法进行了讨论。现在，应用五点法，其数值解表示为

$$h_{i,k} = h(x_i, y_k), \quad i = 1, \cdots, n+1; \ k = 1, \cdots, m+1$$

网格如图 5.3.5 所示。

注意，$x_1 = 0, x_{n+1} = L, x_{i1} = L_1, x_{i_2} = L_2, y_1 = 0, y_{m+1} = H_1, y_{k1} = H_3$。诺依曼边界条件用前向（f）和后向（b）近似：

$$\begin{cases} x = 0, 0 < y < H_1, \ h_{2,k} = h_{1,k}, \ (\text{f}) \\ \{x = L, 0 < y < H_1\}, \ h_{n+1,k} = h_{n,k}, \ (\text{b}) \end{cases}, \quad 2 < k < m \tag{5.3.20}$$

$$\begin{cases} \{x = L_1, H_3 < y < H_1\}, \ h_{i_1,k} = h_{i_{1-k},k}, \ (\text{b}) \\ \{x = L_2, H_3 < y < H_1\}, \ h_{i_2+1,k} = h_{i_2,k}, \ (\text{f}) \end{cases}, \quad k_1 < k < m \tag{5.3.21}$$

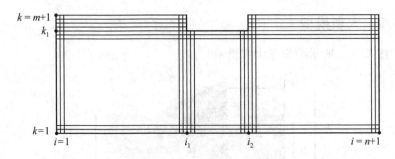

图 5.3.5　大坝问题的网格

$$\{0 \leqslant x \leqslant L, \ y = 0\}, \ h_{i,2} = h_{i,1}, \ \text{(f)} \quad 1 \leqslant i \leqslant n+1 \tag{5.3.22}$$

$$\{L_1 \leqslant x \leqslant L_2, \ y = H_3\}, \ h_{i,k_1} = h_{i,k_1-1}, \ \text{(b)} \quad i_1 \leqslant i \leqslant i_2 \tag{5.3.23}$$

五点法提供的线性方程如图 5.3.6 所示。

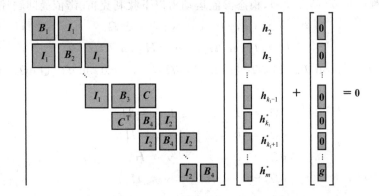

图 5.3.6　线性方程的图形表示

请注意，向量 $\boldsymbol{h}_k (k < k_1)$ 的长度大于向量 $\boldsymbol{h}^* k (k \geqslant k_1)$。需要注意 $k = k_1$。考虑矩阵形式的五点法：

$$\begin{bmatrix} h_{2,k-1} \\ h_{3,k-1} \\ \vdots \\ h_{n,k-1} \end{bmatrix} + \begin{bmatrix} s & \sigma^2 & & \\ \sigma^2 & s & \sigma^2 & \\ & \ddots & \ddots & \ddots \\ & & \sigma^2 & s \end{bmatrix} \begin{bmatrix} h_{2,k} \\ h_{3,k} \\ \vdots \\ h_{n,k} \end{bmatrix} + \begin{bmatrix} h_{2,k+1} \\ h_{3,k+1} \\ \vdots \\ h_{n,k+1} \end{bmatrix} + \sigma^2 \begin{bmatrix} h_{1,k} \\ 0 \\ \vdots \\ h_{n+1,k} \end{bmatrix} = \boldsymbol{0}$$

在上式中使用公式（5.3.20），可以得到

$$\begin{bmatrix} h_{2,k-1} \\ h_{3,k-1} \\ \vdots \\ h_{n,k-1} \end{bmatrix} + \begin{bmatrix} s+\sigma^2 & \sigma^2 & & \\ \sigma^2 & s & \sigma^2 & \\ & \ddots & \ddots & \ddots \\ & & \sigma^2 & s+\sigma^2 \end{bmatrix} \begin{bmatrix} h_{2,k} \\ h_{3,k} \\ \vdots \\ h_{n,k} \end{bmatrix} + \begin{bmatrix} h_{2,k+1} \\ h_{3,k+1} \\ \vdots \\ h_{n,k+1} \end{bmatrix} = \boldsymbol{0}$$

$$\tag{5.3.24}$$

如果 $k=2$，则因为公式 $(5.3.22)$，$h_{i,2}=h_{i,1}$，所以公式 $(5.3.24)$ 表示为

$$\begin{bmatrix} s+1+\sigma^2 & \sigma^2 & & & \\ \sigma^2 & s+1 & \sigma^2 & & \\ & \ddots & \ddots & \ddots & \\ & & & \sigma^2 & s+1+\sigma^2 \end{bmatrix} \begin{bmatrix} h_{2,2} \\ h_{3,2} \\ \vdots \\ h_{n,2} \end{bmatrix} + \begin{bmatrix} h_{2,3} \\ h_{3,3} \\ \vdots \\ h_{n,3} \end{bmatrix} = \mathbf{0}$$

$$\boldsymbol{B}_1 \boldsymbol{h}_2 + \boldsymbol{h}_3 = \boldsymbol{0} \qquad\qquad (5.3.25)$$

此外，对于 $3 \leqslant k \leqslant k_1 - 2$，公式 $(5.3.24)$ 可以写为

$$\boldsymbol{h}_{k-1} + \boldsymbol{B}_2 \boldsymbol{h}_k + \boldsymbol{h}_{k+1} = \boldsymbol{0}, \quad 3 \leqslant k \leqslant k_1 - 2 \qquad (5.3.26)$$

对于 $k = k_1 - 1$，公式 $(5.3.24)$ 意味着

$$\begin{bmatrix} h_{2,k_1-2} \\ h_{3,k_1-2} \\ \vdots \\ h_{i_1,k_1-2} \\ \vdots \\ h_{i_2,k_1-2} \\ \vdots \\ h_{n,k_1-2} \end{bmatrix} + \begin{bmatrix} s+\sigma^2 & \sigma^2 & & & & & \\ \sigma^2 & s & \sigma^2 & & & & \\ & \ddots & \ddots & \ddots & & & \\ & & \sigma^2 & s & \sigma^2 & & \\ & & & \ddots & \ddots & \ddots & \\ & & & & \sigma^2 & s & \sigma^2 \\ & & & & & \sigma^2 & s+\sigma^2 \end{bmatrix} \begin{bmatrix} h_{2,k_1-1} \\ h_{3,k_1-1} \\ \vdots \\ h_{i_1,k_1-1} \\ \vdots \\ h_{i_2,k_1-1} \\ \vdots \\ h_{n,k_1-1} \end{bmatrix} + \begin{bmatrix} h_{2,k_1} \\ h_{3,k_1} \\ \vdots \\ h_{i_1,k_1} \\ \vdots \\ h_{i_2,k_1} \\ \vdots \\ h_{n,k_1} \end{bmatrix} = \mathbf{0}$$

元素 $h_{i_1,k_1}, \cdots, h_{i_2,k_1}$ 最后一个列向量分别等于 $h_{h_i,k_1-1}, \cdots, h_{i_2,k_1-1}$，是因为公式 $(5.3.23)$。因此，必须将提到的元素移动到前面的列向量。结果向量 $\boldsymbol{h}_{k_1}^*$ 变为 $i_1 - 2 + n - i_2$ 维，小于同一公式中的其他向量，并且不能添加到这些向量中。因此，我们引入 $(n-1)(i_1-2+n-i_2)$ 阶矩阵 $\boldsymbol{C}$，使得乘积 $\boldsymbol{C}\boldsymbol{h}_{k1}^*$ 等于向量 $[h_{2,k_1}, \cdots, h_{i_1-1,k_1}, 0, \cdots, 0, h_{i_2+1,k}, \cdots, h_{n_x,k}]^{\mathrm{T}}$，与其他向量维数相同。在上式中考虑到这一点，可以得出

$$\begin{bmatrix} s+\sigma^2 & \sigma^2 & & & & & & & \\ & \ddots & \ddots & \ddots & & & & & \\ & & \sigma^2 & s & \sigma^2 & & & & \\ & & & \sigma^2 & s+1 & \sigma^2 & & & \\ & & & & \ddots & \ddots & \ddots & & \\ & & & & & \sigma^2 & s+1 & \sigma^2 & \\ & & & & & & \sigma^2 & s & \sigma^2 \\ & & & & & & & \ddots & \ddots & \ddots \\ & & & & & & & & \sigma^2 & s+\sigma^2 \end{bmatrix} \begin{bmatrix} h_{2,k_1-1} \\ \vdots \\ h_{i_1-1,k_1-1} \\ h_{i_1,k_1-1} \\ \vdots \\ h_{i_2,k_1-1} \\ h_{i_2+1,k_1-1} \\ \vdots \\ h_{n,k_1-1} \end{bmatrix} +$$

$$
\begin{bmatrix}
1 & & & & & & & \\
& \ddots & & & & & & \\
& & 1 & & & & & \\
& & & 0 & & & & \\
& & & & \ddots & & & \\
& & & & & 0 & & \\
& & & & & & 1 & \\
& & & & & & & \ddots \\
& & & & & & & & 1
\end{bmatrix}
\begin{bmatrix}
h_{2,k_1} \\
\vdots \\
h_{i_1-1,k_1} \\
h_{i_2+1,k_1} \\
\vdots \\
h_{n,k_1}
\end{bmatrix}
+
\begin{bmatrix}
h_{2,k_1-2} \\
\vdots \\
h_{i_1-1,k_1-2} \\
h_{i_1,k_1-2} \\
\vdots \\
h_{i_2,k_1-2} \\
h_{i_2+1,k_1-2} \\
\vdots \\
h_{n,k_1-2}
\end{bmatrix}
= \mathbf{0}
$$

$$
\boldsymbol{h}_{k_1-2} + \boldsymbol{B}_3 \boldsymbol{h}_{k_1-1} + \boldsymbol{C} \boldsymbol{h}_{k_1}^{*} = \mathbf{0} \tag{5.3.27}
$$

考虑 $k=k_1$ 且 $i=2,\cdots,i_1-1$ 的五点法，有

$$
\begin{bmatrix}
h_{2,k_1-1} \\
h_{3,k_1-1} \\
\vdots \\
h_{i_1-1,k_1-1}
\end{bmatrix}
+
\begin{bmatrix}
s & \sigma^2 & & \\
\sigma^2 & s & \sigma^2 & \\
& \ddots & \ddots & \ddots \\
& & \sigma^2 & s
\end{bmatrix}
\begin{bmatrix}
h_{2,k_1} \\
h_{3,k_1} \\
\vdots \\
h_{i_1-1,k_1}
\end{bmatrix}
+
\begin{bmatrix}
h_{2,k_1+1} \\
h_{3,k_1+1} \\
\vdots \\
h_{i_1-1,k_1+1}
\end{bmatrix}
+ \sigma^2
\begin{bmatrix}
h_{1,k_1} \\
0 \\
\vdots \\
h_{i_1,k_1}
\end{bmatrix}
= \mathbf{0}
$$

使用公式(5.3.20)和公式(5.3.21)，则有

$$
\begin{bmatrix}
h_{2,k_1-1} \\
h_{3,k_1-1} \\
\vdots \\
h_{i_1-1,k_1-1}
\end{bmatrix}
+
\begin{bmatrix}
s+\sigma^2 & \sigma^2 & & \\
\sigma^2 & s & \sigma^2 & \\
& \ddots & \ddots & \ddots \\
& & \sigma^2 & s+\sigma^2
\end{bmatrix}
\begin{bmatrix}
h_{2,k_1} \\
h_{3,k_1} \\
\vdots \\
h_{i_1-1,k_1}
\end{bmatrix}
+
\begin{bmatrix}
h_{2,k_1+1} \\
h_{3,k_1+1} \\
\vdots \\
h_{i_1-1,k_1+1}
\end{bmatrix}
= \mathbf{0}
$$

类似地，对于 $k=k_1$ 且 $i=i_2+1,\cdots,n$，则有

$$
\begin{bmatrix}
h_{i_2+1,k_1-1} \\
h_{i_2+2,k_1-1} \\
\vdots \\
h_{n,k_1-1}
\end{bmatrix}
+
\begin{bmatrix}
s+\sigma^2 & \sigma^2 & & \\
\sigma^2 & s & \sigma^2 & \\
& \ddots & \ddots & \ddots \\
& & \sigma^2 & s+\sigma^2
\end{bmatrix}
\begin{bmatrix}
h_{i_2+1,k_1} \\
h_{i_2+2,k_1} \\
\vdots \\
h_{n,k_1}
\end{bmatrix}
+
\begin{bmatrix}
h_{i_2+1,k_1+1} \\
h_{i_2+2,k_1+1} \\
\vdots \\
h_{n,k_1+1}
\end{bmatrix}
= \mathbf{0}
$$

将上述两个公式组合成一个矩阵方程，可以得到

$$
\begin{bmatrix}
s+\sigma^2 & \sigma^2 & & & & & & \\
\sigma^2 & s & \sigma^2 & & & & & \\
& \ddots & \ddots & \ddots & & & & \\
& & \sigma^2 & s+\sigma^2 & \sigma^2 & & & \\
& & & & s+\sigma^2 & \sigma^2 & & \\
& & & & \sigma^2 & s & \sigma^2 & \\
& & & & & \ddots & \ddots & \ddots \\
& & & & & & \sigma^2 & s+\sigma^2
\end{bmatrix}
\begin{bmatrix}
h_{2,k_1} \\
h_{3,k_1} \\
\vdots \\
h_{i_1-1,k_1} \\
h_{i_2+1,k_1} \\
h_{i_2+2,k_1} \\
\vdots \\
h_{n,k_1}
\end{bmatrix}
+
$$

$$
\begin{bmatrix}
h_{2,k_1-1} \\
h_{3,k_1-1} \\
\vdots \\
h_{i_1-1,k_1-1} \\
h_{i_2+1,k_1-1} \\
h_{i_2+2,k_1-1} \\
\vdots \\
h_{n,k_1-1}
\end{bmatrix}
+
\begin{bmatrix}
h_{2,k_1+1} \\
h_{3,k_1+1} \\
\vdots \\
h_{i_1-1,k_1+1} \\
h_{i_2+1,k_1+1} \\
h_{i_2+2,k_1+1} \\
\vdots \\
h_{n,k_1+1}
\end{bmatrix}
= \mathbf{0}
$$

上式第一部分的向量是 $\mathbf{h}_{k_1}^*$，最后一个向量是 $\mathbf{h}_{k_1+1}^*$，其他向量是 $\mathbf{h}_{k_1-1}$ 的子集。因为它可以写成

$$
\begin{bmatrix}
h_{2,k_1-1} \\
h_{3,k_1-1} \\
\vdots \\
h_{i_1-1,k_1-1} \\
h_{i_2+1,k_1-1} \\
h_{i_2+2,k_1-1} \\
\vdots \\
h_{n,k_1-1}
\end{bmatrix}
= \mathbf{C}^{\mathrm{T}} \mathbf{h}_{k_1-1}
$$

我们可以得到

$$
\mathbf{C}^{\mathrm{T}} \mathbf{h}_{k_1-1} + \mathbf{B}_4 \mathbf{h}_{k_1}^* + \mathbf{h}_{k_1+1}^* = \mathbf{0} \tag{5.3.28}
$$

对于 $k_1+1 \leqslant k \leqslant m-1$ 且 $i=1,\cdots,i_1, i=i_2,\cdots,n+1$，五点法给出

$$
\begin{bmatrix}
s+\sigma^2 & \sigma^2 & & & & & & \\
\sigma^2 & s & \sigma^2 & & & & & \\
& \ddots & \ddots & \ddots & & & & \\
& & s+\sigma^2 & \sigma^2 & & & & \\
& & & & s+\sigma^2 & \sigma^2 & & \\
& & & & \sigma^2 & s & \sigma^2 & \\
& & & & & \ddots & \ddots & \ddots \\
& & & & & & \sigma^2 & s+\sigma^2
\end{bmatrix}
\begin{bmatrix}
h_{2,k} \\
h_{3,k} \\
\vdots \\
h_{i_1-1,k} \\
h_{i_2+1,k} \\
h_{i_2+2,k} \\
\vdots \\
h_{n,k}
\end{bmatrix}
+
$$

$$
\begin{bmatrix}
h_{2,k-1} \\
h_{3,k-1} \\
\vdots \\
h_{i_1-1,k-1} \\
h_{i_2+1,k-1} \\
h_{i_2+2,k-1} \\
\vdots \\
h_{n,k-1}
\end{bmatrix}
+
\begin{bmatrix}
h_{2,k+1} \\
h_{3,k+1} \\
\vdots \\
h_{i_1-1,k+1} \\
h_{i_2+1,k+1} \\
h_{i_2+2,k+1} \\
\vdots \\
h_{n,k+1}
\end{bmatrix}
= \mathbf{0}
$$

其中应用了公式(5.3.20)、(5.3.21)。因此，

$$
\boldsymbol{h}_{k-1}^{*} + \boldsymbol{B}_4 \boldsymbol{h}_k^{*} + \boldsymbol{h}_{k+1}^{*} = \mathbf{0}, \quad k_1 + 1 \leqslant k \leqslant m-1 \tag{5.3.29}
$$

最后，对于 $k=m$ ，有

$$
\begin{bmatrix}
s+\sigma^2 & \sigma^2 & & & & & & \\
\sigma^2 & s & \sigma^2 & & & & & \\
& \ddots & \ddots & \ddots & & & & \\
& & s+\sigma^2 & \sigma^2 & & & & \\
& & & & s+\sigma^2 & \sigma^2 & & \\
& & & & \sigma^2 & s & \sigma^2 & \\
& & & & & \ddots & \ddots & \ddots \\
& & & & & & \sigma^2 & s+\sigma^2
\end{bmatrix}
\begin{bmatrix}
h_{2,m} \\
h_{3,m} \\
\vdots \\
h_{i_1-1,m} \\
h_{i_2+1,m} \\
h_{i_2+2,m} \\
\vdots \\
h_{n,m}
\end{bmatrix}
+
$$

$$\begin{bmatrix} h_{2,m-1} \\ h_{3,m-1} \\ \vdots \\ h_{i_1-1,m-1} \\ h_{i_2+1,m-1} \\ h_{i_2+2,m-1} \\ \vdots \\ h_{n,m-1} \end{bmatrix} + \begin{bmatrix} H_2 \\ H_2 \\ \vdots \\ H_2 \\ H_1 \\ H_1 \\ \vdots \\ H_1 \end{bmatrix} = \mathbf{0}$$

之后

$$\mathbf{h}_{m-1}^* + \mathbf{B}_4 \mathbf{h}_m^* + \mathbf{g} = \mathbf{0} \tag{5.3.30}$$

公式(5.3.25)~(5.3.30)可以用块矩阵组合：

$$\begin{bmatrix} \mathbf{B}_1 & \mathbf{I}_1 & & & & & & \\ \mathbf{I}_1 & \mathbf{B}_2 & \mathbf{I}_1 & & & & & \\ & \ddots & \ddots & \ddots & & & & \\ & & \mathbf{I}_1 & \mathbf{B}_3 & \mathbf{C} & & & \\ & & & \mathbf{C}^{\mathrm{T}} & \mathbf{B}_4 & \mathbf{I}_2 & & \\ & & & & \mathbf{I}_2 & \mathbf{B}_4 & \mathbf{I}_2 & \\ & & & & & \ddots & \ddots & \ddots \\ & & & & & & \mathbf{I}_2 & \mathbf{B}_4 \end{bmatrix} \begin{bmatrix} \mathbf{h}_2 \\ \mathbf{h}_3 \\ \vdots \\ \mathbf{h}_{k_1-1} \\ \mathbf{h}_{k_1}^* \\ \mathbf{h}_{k_1+1}^* \\ \vdots \\ \mathbf{h}_m^* \end{bmatrix} + \begin{bmatrix} \mathbf{0} \\ \vdots \\ \\ \\ \\ \\ \mathbf{0} \\ \mathbf{g} \end{bmatrix} = \mathbf{0}$$

式中：$\mathbf{I}_1$ 和 $\mathbf{I}_2$ 分别是$(n-1)$阶和$(i_1-2+n-i_2)$阶单位矩阵。因此,我们想要的方程是

$$\mathbf{Ah} + \mathbf{a} = \mathbf{0} \tag{5.3.31}$$

例 5.3.3 程序中展示了一个函数,将五点法应用于问题(5.3.17)~(5.3.19)。数值解的图形如图 5.3.7 所示。等势线和流线如图 5.3.8 所示。

```
function H＝dam_5p
％ This is the function file dam_5p. m.
％ Five-Point Method is applied to the dam problem in Sec. 5. 3. 2.
％ Initialization
L＝42;H1＝14;H2＝20;dx＝.5;dy＝dx;n＝84;m＝28;
x＝linspace(0,L,n+1);y＝linspace(0,H1,m+1);
k1＝21;i1＝37;i2＝49;％ H3＝y(k1)＝10;L1＝x(i1)＝18;L2＝x(i2)＝24;
sigma＝dy/dx;s＝-2 * (1+sigma²);
p1＝i1-2;p2＝n-i2;p＝p1+p2;
q＝(n-1) * (k1-2)+(m-k1+1) * p;％Numberofunknowns.
H＝zeros(n+1,m+1);
```

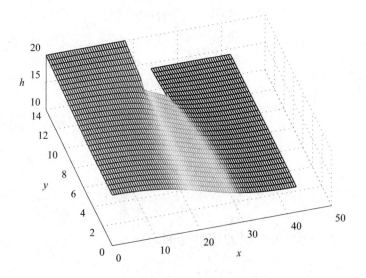

图 5.3.7　问题 (5.3.17)～(5.3.19) 的数值解图形

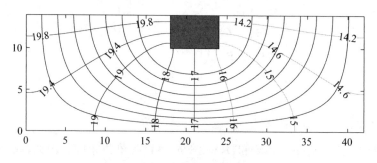

图 5.3.8　等势线和流线

A＝zeros(q,q);％ Block matrix.

a＝[zeros(q-p,1);H2 * ones(p1,1);H1 * ones(p2,1)];％ Known term.

％ Matrices B1,B2,B3,B4,C.

BB1＝[sigma^2 * ones(n-1,1) [s/2;(s+1) * ones(n-3,1);s/2] sigma^2 * ones(n-1,1)];

B1＝spdiags(BB1,-1:1,n-1,n-1);

a2＝[sigma^2＋s;s * ones(n -3,1);sigma^2＋s];

BB2＝[sigma^2 * ones(n-1,1) a2 sigma^2 * ones(n-1,1)];

B2＝spdiags(BB2,-1:1,n -1,n -1);

a3＝[s＋sigma^2;s * ones(i1-3,1);(s+1) * ones(i2-i1+1,1);s * ones(n-i2-1,1);...
    s＋sigma^2];

BB3＝[sigma^2 * ones(n-1,1) a3 sigma^2 * ones(n-1,1)];

B3＝spdiags(BB3,-1:1,n -1,n -1);

bb41＝[sigma^2 * ones(p1,1) [sigma^2＋s;s * ones(p1-2,1);sigma^2＋s]...
    sigma^2 * ones(p1,1)];

b41＝spdiags(bb41,-1:1,p1,p1);

```
bb42 = [sigma² * ones(p2,1) [sigma² + s;s * ones(p2-2,1);sigma² + s]...
       sigma² * ones(p2,1)];
b42 = spdiags(bb42,-1:1,p2,p2);
B4(1:p1,1:p1) = b41;B4(p1+1:p,p1+1:p) = b42;
C = zeros(n-1,p);
C(1:i1-2,1:i1-2) = eye(i1-2);C(i2:n-1,i1-2+1:p) = eye(n-1-(i2-1));
% Matrix A
A(1:n-1,1:n-1) = B1;A(1:n-1,n:2 * (n-1)) = eye(n-1);
for k = 3:k1-2
    A((k-2) * (n-1)+1:(k-1) * (n-1),(k-3) * (n-1)+1:(k-2) * (n-1)) = eye(n-1);
    A((k-2) * (n-1)+1:(k-1) * (n-1),(k-2) * (n-1)+1:(k-1) * (n-1)) = B2;
    A((k-2) * (n-1)+1:(k-1) * (n-1),(k-1) * (n-1)+1:k * (n-1)) = eye(n-1);
end
k = k1-1;
A((k-2) * (n-1)+1:(k-1) * (n-1),(k-3) * (n-1)+1:(k-2) * (n-1)) = eye(n-1);
A((k-2) * (n-1)+1:(k-1) * (n-1),(k-2) * (n-1)+1:(k-1) * (n-1)) = B3;
A((k-2) * (n-1)+1:(k-1) * (n-1),(k-1) * (n-1)+1:(k-1) * (n-1)+p) = C;
k = k1;k2 = (k1-2) * (n-1);
A(k2+1:k2+p,(k-3) * (n-1)+1:(k-2) * (n-1)) = C';
A(k2+1:k2+p,k2+1:k2+p) = B4;
A(k2+1:k2+p,k2+p+1:k2+2 * p) = eye(p);
for k = k1+1:m-1
    h = k-k1;
    A(k2+h * p+1:k2+h * p+p,k2+h * p-p+1:k2+h * p) = eye(p);
    A(k2+h * p+1:k2+h * p+p,k2+h * p+1:k2+h * p+p) = B4;
    A(k2+h * p+1:k2+h * p+p,k2+h * p+p+1:k2+h * p+2 * p) = eye(p);
end
k = m;h = k-k1;
A(k2+h * p+1:k2+h * p+p,k2+h * p-p+1:k2+h * p) = eye(p);
A(k2+h * p+1:k2+h * p+p,k2+h * p+1:k2+h * p+p) = B4;
% Five-Point Method
v = -A\a;
for k = 2:k1-1
    H(2:n,k) = v((k-2) * (n-1)+1:(k-1) * (n-1));
end
for k = k1:m
    h = k-k1;
    H(2:i1-1,k) = v(k2+h * p+1:k2+h * p+p1);
    H(i2+1:n,k) = v(k2+h * p+p1+1:k2+h * p+p);
    H(i1+1:i2-1,k+1) = nan;              % nan means Not A Number.
end
H(2:i1-1,m+1) = H2 * ones(p1,1);         % Boundary values(Bv)for k = m+1,i = 2:i1-1
```

```
H(i2+1:n,m+1)=H1 * ones(p2,1);           % Bv for k=m+1,i=i2+1:n
H(i1,k1+1:m+1)=H(i1-1,k1+1:m+1);          % Bv for i=i1,k=k1+2:m+1
H(i2,k1+1:m+1)=H(i2+1,k1+1:m+1);          % Bv for i=i2,k=k1+2:m+1
H(i1:i2,k1)=H(i1:i2,k1-1);                % Bv for k=k1,i=i1:i2
H(2:n,1)=H(2:n,2);                        % Bv for k=1,i=2:n
H(1,1:m+1)=H(2,1:m+1);                    % Bv for i=1,k=1:m+1
H(n+1,1:m+1)=H(n,1:m+1);                  % Bv for i=n+1,k=1:m+1
%Plot
mesh(x,y,H','LineWidth',1);view(-17,69);
xlabel('x');ylabel('y');zlabel('h');
[hx,hy]=gradient(H',dx,dy);
K=10^(-8);qx=-K * hx;qy=-K * hy;
figure(2)
[~,cc]=contour(x,y,H',[14.2,14.6,15,16,17,18,19,19.4,19.8]);
axis('equal');axis([0 L 0 H1]);
set(cc,'ShowText','on');colormap cool;
rectangle('position',[x(i1),y(k1),x(i2)-x(i1),H1-y(k1)],...
    'Facecolor',[0.5 .5 .5]);
hold on;
streamline(x,y,qx,qy,x(5:4:i1-8),y(m+1) * ones(1,length(x(5:4:i1-8))));
end
```

参见练习 5.4.10、练习 5.4.11。

5.4 练习题

练习 5.4.1 求解代数方程组(5.2.3)。

答案：

$$
\begin{bmatrix} x_1 & y_1 & 1 \\ x_2 & y_2 & 1 \\ x_3 & y_3 & 1 \end{bmatrix}\begin{bmatrix} a_1 \\ b_1 \\ c_1 \end{bmatrix} - \begin{bmatrix} 1 \\ 0 \\ 0 \end{bmatrix} \Rightarrow \boldsymbol{B}\begin{bmatrix} a_1 \\ b_1 \\ c_1 \end{bmatrix} = \begin{bmatrix} 1 \\ 0 \\ 0 \end{bmatrix} \Rightarrow \begin{bmatrix} a_1 \\ b_1 \\ c_1 \end{bmatrix} = \boldsymbol{B}^{-1}\begin{bmatrix} 1 \\ 0 \\ 0 \end{bmatrix}
$$

一个简单的计算表明：

$$
\boldsymbol{B}^{-1} = \frac{1}{\det(\boldsymbol{B})}\begin{bmatrix} y_2-y_3 & y_3-y_1 & y_1-y_2 \\ -(x_2-x_3) & -(x_3-x_1) & -(x_1-x_2) \\ x_2y_3-x_3y_2 & x_3y_1-x_1y_3 & x_1y_2-x_2y_1 \end{bmatrix}
$$

式中：

$$
\begin{bmatrix} a_1 \\ b_1 \\ c_1 \end{bmatrix} = \frac{1}{\det(\boldsymbol{B})}\begin{bmatrix} y_2-y_3 \\ -(x_2-x_3) \\ x_2y_3-x_3y_2 \end{bmatrix}
$$

这就是预期的结果。

练习 5.4.2 证明公式(5.2.8)。

答案：函数 $u(x,y)$ 是线性的

$$u(x,y)=ax+by+c \tag{5.4.1}$$

并且 $u_i=u(x_i,y_i)$，$i=1,2,3$。因此，有

$$\begin{cases} ax_1+by_1+c=u_1 \\ ax_2+by_2+c=u_2 \\ ax_3+by_3+c=u_3 \end{cases} \Rightarrow \begin{bmatrix} x_1 & y_1 & 1 \\ x_2 & y_2 & 1 \\ x_3 & y_3 & 1 \end{bmatrix}\begin{bmatrix} a \\ b \\ c \end{bmatrix}=\begin{bmatrix} u_1 \\ u_2 \\ u_3 \end{bmatrix} \Rightarrow \boldsymbol{B}\begin{bmatrix} a \\ b \\ c \end{bmatrix}=\begin{bmatrix} u_1 \\ u_2 \\ u_3 \end{bmatrix}$$

$$\begin{bmatrix} a \\ b \\ c \end{bmatrix}=\boldsymbol{B}^{-1}\begin{bmatrix} u_1 \\ u_2 \\ u_3 \end{bmatrix} \Rightarrow \begin{cases} a=(\boldsymbol{B}^{-1})_{1,1}u_1+(\boldsymbol{B}^{-1})_{1,2}u_2+(\boldsymbol{B}^{-1})_{1,3}u_3 \\ b=(\boldsymbol{B}^{-1})_{2,1}u_1+(\boldsymbol{B}^{-1})_{2,2}u_2+(\boldsymbol{B}^{-1})_{2,3}u_3 \\ c=(\boldsymbol{B}^{-1})_{3,1}u_1+(\boldsymbol{B}^{-1})_{3,2}u_2+(\boldsymbol{B}^{-1})_{3,3}u_3 \end{cases}$$

使用练习 5.4.1 中提供的 $(\boldsymbol{B}^{-})_{i,j}$ 值，并将 a、b、c 代入公式(5.4.1)可得到所需的结果。

练习 5.4.3 确定图 5.2.1 中关于三角剖分的所有 $\Phi_i(x,y)$。

答案：Φ_4 的支持是 $\{T_8,T_9,T_{10},T_{15},T_{14},T_{13}\}$，$\Phi_5$ 的支持是 $\{T_{12},T_{13},T_{14},T_{18},T_{17}\}$。应用公式(5.2.4)可以得到

$$\Phi_4=\begin{cases} x/h+y/k-3, & \text{on } T_8 \\ y/k-1, & \text{on } T_9 \\ -x/h+2, & \text{on } T_{10} \\ -x/h-y/k+5, & \text{on } T_{15}, \\ -y/k+3, & \text{on } T_{14} \\ x/h-1, & \text{on } T_{13} \\ 0, & \text{其他} \end{cases} \quad \Phi_5=\begin{cases} x/h+y/k-3, & \text{on } T_{12} \\ y/k-2, & \text{on } T_{13} \\ -x/h+2, & \text{on } T_{14} \\ -x/h-y/k+5, & \text{on } T_{18} \\ x/h-y/k+3, & \text{on } T_{17} \\ 0, & \text{其他} \end{cases}$$

Φ_6 的支持是 $\{T_{14},T_{15},T_{16},T_{20},T_{19},T_{18}\}$，$\Phi_7$ 的支持是 $\{T_1,T_2\}$。应用公式(5.2.4)可以得到

$$\Phi_6=\begin{cases} x/h+y/k-4, & \text{on } T_{14} \\ y/k-2, & \text{on } T_{15} \\ -x/h+3, & \text{on } T_{16} \\ -x/h-y/k+6, & \text{on } T_{20} \\ -y/k+4, & \text{on } T_{19} \\ x/h-1, & \text{on } T_{18} \\ 0, & \text{其他} \end{cases} \quad \Phi_7=\begin{cases} -y/k+1, & \text{on } T_1 \\ -x/h-y/k+2, & \text{on } T_2 \\ 0, & \text{其他} \end{cases}$$

Φ_8 的支持是 $\{T_2,T_3,T_4\}$，Φ_9 支持 $\{T_4,T_9,T_{10}\}$。应用公式(5.2.4)可以得到

$$\Phi_8 = \begin{cases} x/h - 1, & \text{on } T_2 \\ -y/k + 1, & \text{on } T_3 \\ -y/k + 1, & \text{on } T_4 \\ 0, & \text{其他} \end{cases}, \quad \Phi_9 = \begin{cases} x/h - 2, & \text{on } T_4 \\ x/h - 2, & \text{on } T_9 \\ -y/k + 2, & \text{on } T_{10} \\ 0, & \text{其他} \end{cases}$$

Φ_{10} 的支持是 $\{T_{10}, T_{15}, T_{16}\}$，$\Phi_{11}$ 支持 $\{T_{16}, T_{20}\}$。应用公式(5.2.4)可以得到

$$\Phi_{10} = \begin{cases} x/h + y/k - 4, & \text{on } T_{10} \\ x/h - 2, & \text{on } T_{15} \\ -y/k + 3, & \text{on } T_{16} \\ 0, & \text{其他} \end{cases}, \quad \Phi_{11} = \begin{cases} x/h + y/k - 5, & \text{on } T_{16} \\ x/h - 2, & \text{on } T_{20} \\ 0, & \text{其他} \end{cases}$$

Φ_{12} 的支持是 $\{T_{19}, T_{20}\}$，Φ_{13} 支持 $\{T_{17}, T_{18}, T_{19}\}$。应用公式(5.2.4)可以得到

$$\Phi_{12} = \begin{cases} x/h + y/k - 5, & \text{on } T_{19} \\ y/k - 3, & \text{on } T_{20} \\ 0, & \text{其他} \end{cases}, \quad \Phi_{13} = \begin{cases} y/k - 3, & \text{on } T_{17} \\ y/k + 3, & \text{on } T_{18} \\ -x/h + 2, & \text{on } T_{19} \\ 0, & \text{其他} \end{cases}$$

Φ_{14} 的支持是 $\{T_{11}, T_{12}, T_{17}\}$，$\Phi_{16}$ 支持 $\{T_1, T_5\}$。应用公式(5.2.4)可以得到

$$\Phi_{14} = \begin{cases} y/k - 2, & \text{on } T_{11} \\ -x/h + 1, & \text{on } T_{12} \\ -x/h + 1, & \text{on } T_{17} \\ 0, & \text{其他} \end{cases}, \quad \Phi_{16} = \begin{cases} -x/h + 1, & \text{on } T_1 \\ -x/h - y/k + 2, & \text{on } T_5 \\ 0, & \text{其他} \end{cases}$$

Φ_{15} 的支持是 $\{T_5, T_6, T_{11}\}$，见图 5.4.1。应用公式(5.2.4)可以得到

$$\Phi_{15} = \begin{cases} y/k - 1, & \text{on } T_5 \\ -x/h + 1, & \text{on } T_6 \\ -x/h - y/k + 3, & \text{on } T_{11} \\ 0, & \text{其他} \end{cases}$$

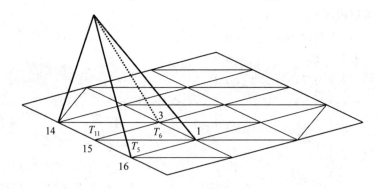

图 5.4.1　Φ_{15}

练习 5.4.4　计算公式(5.2.21)和公式(5.2.22)中对于 $i = 2, 3, 4, 5, 6$ 的积分。

答案:对于 $i=2$,有

$$K_{21}=K_{12}=-hk\,\frac{1}{h^2}\,,\quad K_{22}=\int_{T_3\cup T_4\cup T_7\cup T_8\cup T_9}\nabla\Phi_2\cdot\nabla\Phi_2=2hk\left(\frac{1}{h^2}+\frac{1}{k^2}\right)$$

$$K_{23}=0\,,\quad K_{24}=\int_{T8\cup T_9}\nabla\Phi_2\cdot\nabla\Phi_4=-hk\,\frac{1}{k^2}\,,\quad K_{25}=K_{26}=0$$

$$b_{27}=0\,,\quad b_{28}=\int_{T_3\cup T_4}\nabla\Phi_2\cdot\nabla\Phi_8=-hk\,\frac{1}{k^2}$$

$$b_{29}=\int_{T_4\cup T_9}\nabla\Phi_2\cdot\nabla\Phi_9=-hk\,\frac{1}{h^2}$$

$$b_{2.10}=b_{2.11}=b_{2.12}=b_{2.13}=b_{2.14}=b_{2.15}=b_{2.16}=0$$

$$g_2=\frac{h}{k}u_8+\frac{k}{h}u_9=\frac{h}{k}4h^2+\frac{k}{h}(9h^2-k^2)$$

对于 $i=3$,有

$$K_{31}=K_{13}=-hk\,\frac{1}{k^2}\,,\quad K_{32}=K_{23}=0$$

$$K_{33}=\int_{T_6\cup T_7\cup T_8\cup T_{11}\cup T_{12}\cup T_{13}}\nabla\Phi_3\cdot\nabla\Phi_3=2hk\left(\frac{1}{h^2}+\frac{1}{k^2}\right)$$

$$K_{34}=\int_{T_8\cup T_{13}}\nabla\Phi_3\cdot\nabla\Phi_4=-hk\,\frac{1}{h^2}$$

$$K_{35}=\int_{T_{12}\cup T_{13}}\nabla\Phi_3\cdot\nabla\Phi_5=-hk\,\frac{1}{k^2}\,,\quad K_{36}=0$$

$$b_{37}=b_{38}=b_{39}=b_{3.10}=b_{3.11}=b_{3.12}=b_{3.13}=b_{3.14}=0$$

$$b_{3.15}=\int_{T_6\cup T_{11}}\nabla\Phi_3\cdot\nabla\Phi_{15}=-hk\,\frac{1}{h^2}\,,\quad b_{3.16}=0$$

$$g_3=\frac{k}{h}u_{15}=-\frac{k}{h}4k^2$$

对于 $i=4$,有

$$K_{41}=K_{14}=0\,,\quad K_{42}=K_{24}=-hk\,\frac{1}{k^2}\,,\quad K_{43}=K_{34}=-hk\,\frac{1}{h^2}$$

$$K_{44}=\int_{T_8\cup T_9\cup T_{10}\cup T_{11}\cup T_{12}\cup T_{13}}\nabla\Phi_4\cdot\nabla\Phi_4=2hk\left(\frac{1}{h^2}+\frac{1}{k^2}\right)$$

$$K_{45}=0\,,\quad K_{46}=\int_{T_{14}\cup T_{15}}\nabla\Phi_4\cdot\nabla\Phi_6=-hk\,\frac{1}{k^2}$$

$$b_{47}=b_{48}=b_{49}=0\,,\quad b_{4.10}=\int_{T_{10}\cup T_{15}}\nabla\Phi_4\cdot\nabla\Phi_{10}=-hk\,\frac{1}{h^2}$$

$$b_{4.11}=b_{4.12}=b_{4.13}=b_{4.14}=b_{4.15}=b_{4.16}=0$$

$$g_4=\frac{k}{h}u_{10}=\frac{k}{h}(9h^2-4k^2)$$

对于 $i=5$，有

$$K_{51}=K_{15}=0, \quad K_{52}=K_{25}=0, \quad K_{53}=K_{35}=-hk\frac{1}{k^2} \quad K_{54}=K_{45}=0$$

$$K_{55}=\int_{T_{12}\cup T_{13}\cup T_{14}\cup T_{17}\cup T_{18}}\nabla\Phi_5\cdot\nabla\Phi_5=2hk\left(\frac{1}{h^2}+\frac{1}{k^2}\right)$$

$$K_{56}=\int_{T_{14}\cup T_{18}}\nabla\Phi_5\cdot\nabla\Phi_6=-\frac{hk}{2}\left(\frac{1}{h^2}+\frac{1}{k^2}\right), \quad b_{57}=b_{58}=b_{59}=0$$

$$b_{5,10}=b_{5,11}=b_{5,12}=0, \quad b_{5,13}=\int_{T_{17}\cup T_{18}}\nabla\Phi_5\cdot\nabla\Phi_{13}=-hk\frac{1}{k^2}$$

$$b_{5,14}=\int_{T_{12}\cup T_{17}}\nabla\Phi_5\cdot\nabla\Phi_{14}=-hk\frac{1}{h^2}, \quad b_{5,15}=b_{5,16}=0$$

$$g_5=\frac{h}{k}u_{13}=\frac{k}{h}u_{14}=\frac{h}{k}(h^2-16k^2)-\frac{k}{h}9k^2$$

对于 $i=6$，有

$$K_{61}=K_{16}=0, \quad K_{62}=K_{26}=0, \quad K_{63}=K_{36}=0$$

$$K_{64}=K_{46}=-hk\frac{1}{k^2}, \quad K_{65}=K_{56}=-\frac{hk}{2}\left(\frac{1}{h^2}+\frac{1}{k^2}\right)$$

$$K_{66}=\int_{T_{14}\cup T_{15}\cup T_{16}\cup T_{18}\cup T_{19}\cup T_{20}}\nabla\Phi_6\cdot\nabla\Phi_6=2hk\left(\frac{1}{h^2}+\frac{1}{k^2}\right)$$

$$b_{67}=b_{68}=b_{69}=b_{6,10}=0, \quad b_{6,11}=\int_{T_{16}\cup T_{20}}\nabla\Phi_6\cdot\nabla\Phi_{11}=-hk\frac{1}{h^2}$$

$$b_{6,12}=\int_{T_{19}\cup T_{20}}\nabla\Phi_6\cdot\nabla\Phi_{12}=-hk\frac{1}{k^2}, \quad b_{6,13}=b_{6,14}=b_{6,15}=b_{6,16}=0$$

$$g_6=\frac{k}{h}u_{11}+\frac{h}{k}u_{12}=\frac{k}{h}(9h^2-9k^2)+\frac{h}{k}(4h^2-16k^2)$$

练习 5.4.5 考虑例 5.2.9 中的 dam 函数。替换如下代码行：

L=42；H1=14；H2=20；d=2；nx=L/d；ny=H1/d；

和

L=42；H1=14；H2=H1；d=2；nx=L/d；ny=H1/d；

观察发生了什么。

答案：数值解为 $H=14$，与解析解相同。该结果间接表明了数值方法的准确性。

练习 5.4.6 编写一个函数，比如 sheet_pile_wall，将有限元法应用于例 5.2.10 中的问题（5.2.45）~（5.2.47）。

提示：程序展示，考虑了图 5.4.2 中的简单三角剖分。数值解图形如图 5.4.3 所示。

```
function[u,hh]=sheet_pile_wall
% This is the function file sheet_pile_wall. m.
```

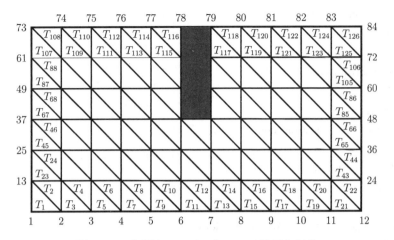

图 5.4.2 问题(5.2.45)～(5.2.47)的三角剖分

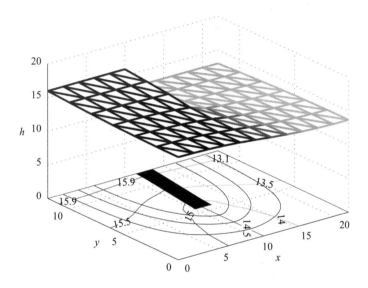

图 5.4.3 问题(5.2.45)～(5.2.47)的数值解图形

```
% The FEM is applied to solve the Dirichlet-Neumann problem in Example 5.2.10.
% The function returns the matrix and the vector expressions of
% the numerical solution.
% Initialization
Lx=22;Ly=12;d=2;nx=Lx/d;ny=Ly/d;
n=(nx+1)*(ny+1);                    % Number of nodes.
x=linspace(0,Lx,nx+1);y=linspace(0,Ly,ny+1);
P=Nodes(x,y,nx+1,ny+1);xt=P(:,1);yt=P(:,2);
T=Triangulation(nx,nx+1,ny);
```

```
hb=[16 * ones(6,1);13 * ones(6,1)];      % Boundary conditions.
nf=n -length(hb);                         % Free nodes.
K=zeros(nf,nf);                           % Stiffness matrix.
b=zeros(nf,n-nf);
% FEM
for i=1:nf
    same code as dam function
end
f=-b * hb;v=K\f;hh=[v;hb];
u=reshape(hh,nx+1,ny+1);
% Plot
trimesh(T,xt,yt,hh,'LineWidth',2);view(-6,55);
xlabel('x');ylabel('y');zlabel('h');
[hx,hy]=gradient(u',d,d);
KK=10^(-8);qx=-KK * hx;qy=-KK * hy;
hold on;
[~,cc]=contour(x,y,u',[13.1,13.5,14,14.5,15,15.5,15.9]);
set(cc,'ShowText','on');colormap cool;
axis([0 Lx 0 Ly]);rectangle('position',[0,0,Lx,Ly])
rectangle('position',[x(6),y(4),d,3 * d],'FaceColor','black','LineWidth',1)
hold on;
streamline(x,y,qx,qy,x(2:4),y(ny+1) * ones(1,3));
end
% ——— Local functions ———
function P=Nodes(x,y,n1,n2)
P=zeros(n1 * n2,2);
P(1:n1 * n2,1)=repmat(x',n2,1);
for jj=1:n2
    P(1+(jj-1) * n1:jj * n1,2)=y(jj) * ones(n1,1);
end
end
function T=Triangulation(nx,n1,ny)
T=zeros(2 * nx * ny,3);
for k=1:ny
    for i=1:nx
        T((k-1) * 2 * nx+2 * i-1,:)=[(k-1) * n1+i(k-1) * n1+i+1 k * n1+i];
        T((k-1) * 2 * nx+2 * i,:)=[(k-1) * n1+i+1 k * n1+i+1 k * n1+i];
    end
end
```

```
T＝T([1:76,79:98,101:120,123:2 * nx * ny],:);
end
```

练习 5.4.7　考虑例 5.3.1 中的 five_point 函数,验证是否使用以下代码引入了矩阵 A:

```
AA＝repmat([ones(n-1,1) [sigma² * ones(n-2,1);0]...
        -2 * (1＋sigma²) * ones(n-1,1)[0;sigma² * ones(n-2,1)] ones(n-1,1)],(m-1),1);
A＝spdiags(AA,[-(n-1) -1:1 (n-1)],(n-1) * (m-1),(n-1) * (m-1));
```

也可以用下面的循环来介绍:

```
B1＝sigma² * ones(n-2,1);B2＝-2 * (1＋sigma²) * ones(n-1,1);
B＝diag(B1,-1)＋diag(B2)＋diag(B1,1);
A(1:n-1,1:n-1)＝B;A(1:n-1,n:2 * (n-1))＝eye(n-1);
for k＝2:m-2
    A((k-1) * (n-1)＋1:k * (n-1),(k-1) * (n-1)＋1:k * (n-1))＝B;
    A((k-1) * (n-1)＋1:k * (n-1),k * (n-1)＋1:(k＋1) * (n-1))＝eye(n-1);
    A((k-1) * (n-1)＋1:k * (n-1),(k-2) * (n-1)＋1:(k-1) * (n-1))＝eye(n-1);
end
A((m-2) * (n-1)＋1:(m-1) * (n-1),(m-2) * (n-1)＋1:(m-1) * (n-1))＝B;
A((m-2) * (n-1)＋1:(m-1) * (n-1),(m-3) * (n-1)＋1:(m-2) * (n-1))＝eye(n-1);
```

练习 5.4.8　考虑以下狄利克雷问题:

$$\Delta U(x,y) = x + y, \quad 0 < x < L, 0 < y < H \qquad (5.4.2)$$

$$\begin{cases} U(0,y) = g_1(y) = y^3/6, \\ U(L,y) = g_3(y) = (L^3 + y^3)/6, \end{cases} \quad 0 \leqslant y \leqslant H \qquad (5.4.3)$$

$$\begin{cases} U(x,0) = g_2(x) = x^3/6, \\ U(x,H) = g_4(x) = (x^3 - H^3)/6, \end{cases} \quad 0 \leqslant x \leqslant L \qquad (5.4.4)$$

编写一个 five_point_f2 函数,将五点法应用于问题(5.4.2)～(5.4.4)。

练习 5.4.9　写出泊松方程(5.3.16)的七点法。

提示:如图 5.4.4 所示。

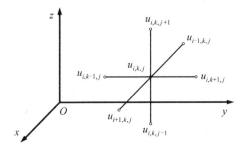

图 5.4.4　七点法

练习 5.4.10　考虑 dam_5p 函数，参见例 5.3.3，检查数值结果的准确性。

提示：参见练习 5.4.5。

练习 5.4.11　大坝问题在 5.2.4 小节中用有限元法和在 5.3.2 小节中用五点法进行了讨论。比较两种方法提供的结果。

提示：考虑分别由 dam 和 dam_5p 函数返回的矩阵 u 和 H。矩阵 u 和 H 有不同的大小。考虑与 u 有相同大小的矩阵 H_f＝H(1:4:n＋1,1:4:m＋1)。矩阵 u 和 H_f 的元素指的是相同的点并且可以进行比较。

第6章 欧拉-伯努利梁

在欧拉-伯努利理论的框架下,导出了控制梁横向振动的方程。提出了弱公式,介绍了有限元法(Fenner,2005),并以静力学中的问题为例说明了该方法的应用。MATLAB 代码考虑了承受几种约束和载荷作用的梁。其中一节专门讨论承受集中力作用的梁。介绍了相关方程的弱形式,并举例说明了在这种新情况下的 MATLAB 应用。

6.1 有限元法

6.1.1 欧拉-伯努利梁方程

梁的横向振动 $U(x,t)$ 需要考虑受分布载荷 $F(x,t)$ 的作用,如图 6.1.1 所示。控制方程是在欧拉-伯努利梁理论框架下导出的,其中假定平面截面保持平面,变形梁角(斜率)很小。

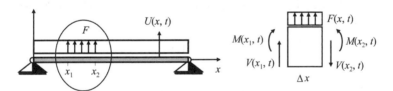

图 6.1.1　梁的横向振动

考虑牛顿第二定律:

$$\int_{x_1}^{x_2} \rho \frac{\partial^2 U}{\partial t^2} \mathrm{d}x = \int_{x_1}^{x_2} F \mathrm{d}x + V(x_1,t) - V(x_2,t) \tag{6.1.1}$$

$$\int_{x_1}^{x_2} \left(F - \frac{\partial V}{\partial x} - \rho \frac{\partial^2 U}{\partial t^2} \right) \mathrm{d}x = 0 \tag{6.1.2}$$

式中:ρ 是单位长度的密度;V 是剪切力。

考虑关于 x_1 的力矩方程(忽略旋转效应):

$$\int_{x_1}^{x_2} (x - x_1)(F - \rho U_{tt}) \mathrm{d}x - M(x_1,t) + M(x_2,t) - (x_2 - x_1)V(x_2,t) = 0 \tag{6.1.3}$$

211

$$\int_{x_1}^{x_2} \left[(x - x_1)(F - \rho U_{tt}) + \frac{\partial M}{\partial x} - \frac{\partial (x - x_1)V}{\partial x} \right] \mathrm{d}x = 0 \qquad (6.1.4)$$

公式(6.1.2)适用于任何 $\Delta x = x_2 - x_1$，因此，这意味着

$$\rho U_{tt} = F - V_x \qquad (6.1.5)$$

同样，由公式(6.1.4)可知

$$(x - x_1)(F - \rho U_{tt} - V_x) + M_x - V = 0$$

并且因为公式(6.1.5)可以简化为

$$V = M_x \qquad (6.1.6)$$

考虑弯矩 M 与(近似)曲率之间的关系：

$$M = EIU_{xx} \qquad (6.1.7)$$

式中：E 为杨氏模量；I 为梁的面积的二阶矩。将公式(6.1.7)代入公式(6.1.6)，再代入公式(6.1.5)，可以得到弹性梁横向运动方程：

$$\rho U_{tt} + (EIU_{xx})_{xx} = F \qquad (6.1.8)$$

通常，乘积 EI 是常数，所以有

$$\rho U_{tt} + EIU_{xxxx} = F \qquad (6.1.9)$$

公式(6.1.8)被命名为欧拉-拉格朗日方程。在静力学中，将公式(6.1.8)简化为欧拉-伯努利方程，公式如下：

$$(EIU_{xx})_{xx} = F \qquad (6.1.10)$$

由公式(6.1.8)给出两个初始条件：

$$U(x, 0) = \varphi(x), \quad U_t(x, 0) = \psi(x) \qquad (6.1.11)$$

对应于梁的初始位置和速度。此外，还必须指定 4 个边界条件。例如，对于图 6.1.2 (左)中的两端简支梁，有

$$U(x_A, t) = 0, \quad U_{xx}(x_A, t) = 0, \quad U(x_B, t) = 0, \quad U_{xx}(x_B, t) = 0$$
$$(6.1.12)$$

式中第二个和第四个条件等价于 $M(x_A, t) = M(x_B, t) = 0$，因为公式(6.1.7)。

对于图 6.1.2 中的悬臂梁(右)，则有

$$U(x_A, t) = 0, \quad U_x(x_A, t) = 0, \quad U_{xx}(x_B, t) = 0, \quad U_{xxx}(x_B, t) = 0$$
$$(6.1.13)$$

式中后两个条件等价于 $M(x_B, t) = V(x_B, t) = 0$，因为公式(6.1.6)和公式(6.1.7)。

图 6.1.2　两端简支梁(左)和悬臂梁(右)

F_A、M_A、F_B、M_B 两端的外力和力矩可以是已知的载荷或未知的反作用力。如图 6.1.3 所示，两种情况下，外力、剪切力与弯矩(内力)的关系如下：

$$F_A = V(x_A, t), \quad F_B = -V(x_B, t) \tag{6.1.14}$$

$$M_A = -M(x_A, t), \quad M_B = M(x_B, t) \tag{6.1.15}$$

从图 6.1.3 中可以清楚地看出这些关系。然而,它们可以严格地由公式(6.1.1)、(6.1.3)推导出来。

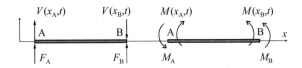

图 6.1.3　两端的力和力矩

实际上,如图 6.1.4(左)所示,考虑 $(x_A, x_A + \Delta x)$ 上的公式(6.1.1):

$$\int_{x_A}^{x_A + \Delta x} (F - \rho U_{tt}) \mathrm{d}x + F_A - V(x_A + \Delta x, t) = 0$$

当 $\Delta x \to 0$ 时,可以得到公式(6.1.14)$_1$。

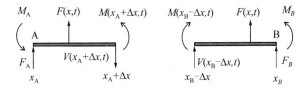

图 6.1.4　两端外力与内力的关系

接下来,见图 6.1.4(右),考虑 $(x_B - \Delta x, x_B)$ 上的公式(6.1.3):

$$\int_{x_B - \Delta x}^{x_A} (x - x_B)(\rho U_{tt} - F) \mathrm{d}x + M_B - M(x_B - \Delta x, t) - \Delta x V(x_B - \Delta x, t) = 0$$

对于 $\Delta x \to 0$,可以得到公式(6.1.15)$_2$。同理,可以得到公式(6.1.14)$_2$、(6.1.15)$_1$。

6.1.2　形函数

参考图 6.1.5(右)中带步长 h 的类平底船网格 $x_1, \cdots, x_n$,并参考区间 $e_1 = [x_1, x_2] = [0, h]$ 中的命名元素。如图 6.1.5(左)所示,形函数定义如下:

$$N_1(x) = 1 - \frac{3}{h^2}x^2 + \frac{2}{h^3}x^3 \quad \Rightarrow \quad \begin{cases} N_1'(x) = -6x/h^2 + 6x^2/h^3 \\ N_1''(x) = -6/h^2 + 12x/h^3 \end{cases} \tag{6.1.16}$$

$$N_2(x) = x - \frac{2}{h^2}x^2 + \frac{1}{h^2}x^3 \quad \Rightarrow \quad \begin{cases} N_2'(x) = -1 - 4x/h + 3x^2/h^2 \\ N_2''(x) = -4/h + 6x/h^2 \end{cases} \tag{6.1.17}$$

$$N_3(x) = \frac{3}{h^2}x^2 - \frac{2}{h^3}x^3 \quad \Rightarrow \quad \begin{cases} N_3'(x) = 6x/h^2 - 6x^2/h^3 \\ N_3''(x) = 6/h^2 - 12x/h^3 \end{cases} \tag{6.1.18}$$

$$N_4(x) = -\frac{1}{h}x^2 + \frac{1}{h^2}x^3 \quad \Rightarrow \quad \begin{cases} N_4'(x) = -2x/h^2 + 3x^2/h^2 \\ N_4''(x) = -2/h + 6x/h^2 \end{cases} \tag{6.1.19}$$

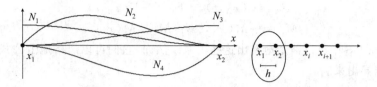

图 6.1.5　Hermitian 函数

以上这些三次多项式被称为 Hermitian 函数或 Hermitian 多项式。将公式 (6.1.16)～(6.1.19)中的 x 替换为 $x-x_i$，可以得到元素 $e_i=[x_i,x_{i+1}]$ 上的 Hermitian 函数表达式。

备注 6.1.1　Hermitian 函数在静力学中有一个有趣的含义，如下所述。考虑欧拉-伯努利方程：

$$EIU^{iv}=F(x) \tag{6.1.20}$$

应用公式(6.1.20)讨论图 6.1.6(左)中的两端固定梁。假设梁不受外部载荷作用，A 处的约束受到垂直位移 $U_A=1$，见图 6.1.6(右)。通过求解公式(6.1.20)可以得到变形构型，其中 $F=0$，边界条件如下：

$$U(0)=1,\quad U'(0)=0,\quad U(h)=0,\quad U'(h)=0 \tag{6.1.21}$$

式中：h 是梁的长度。一个简单的计算表明 $U=N_1$，这便解释了公式(6.1.16)中定义的 N_1 的物理意义。现在，假设 A 处的约束受到垂直位移 U_A。将公式(6.1.21)中的第一个条件替换为 $U(0)=U_A$ 后，很容易得到 $U=U_A N_1$。通常 $U_A<0$，剪切力和弯矩由公式(6.1.6)、(6.1.7)、(6.1.16)推导，则反作用力由公式(6.1.14)、(6.1.15)得到。N_2、N_3、N_4 的物理意义参见练习 6.4.1。

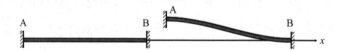

图 6.1.6　N_1 在静力学中的意义

Hermitian 多项式的重要性在于，在元素上定义的任何三次多项式都可以表示为这些多项式的线性组合。考虑一般的三次多项式

$$u(x)=a_1 x^3+a_2 x^2+a_3 x+a_4,\quad x\in e_1 \tag{6.1.22}$$

然后引入符号

$$u_1=u(0),\quad u_2=u'(0),\quad u_3=u(h),\quad u_4=u'(h) \tag{6.1.23}$$

在公式(6.1.22)中使用公式(6.1.23)，可以得到

$$\begin{cases} a_4=u_1 \\ a_3=u_2 \\ a_1 h^3+a_2 h^2+a_3 h+a_4=u_3 \\ 3a_1 h^2+2a_2 h+a_3=u_4 \end{cases} \tag{6.1.24}$$

求解方程组(6.1.24)的 a_i，并且代入公式(6.1.22)，可以得到如下结果：

$$u(x) = u_1 N_1(x) + u_2 N_2(x) + u_3 N_3(x) + u_4 N_4(x) \qquad (6.1.25)$$

这就是预期的结果，参见练习 6.4.2。此外，函数 $\{N_i, i=1,2,3,4\}$ 是一个线性无关的方程，是元素上定义的三次多项式的一组基。由

$$0 = u_1 N_1(x) + u_2 N_2(x) + u_3 N_3(x) + u_4 N_4(x), \quad x \in [0,h] \qquad (6.1.26)$$

可以证明这一点，而且有且仅有

$$u_i = 0, \quad i = 1,2,3,4 \qquad (6.1.27)$$

这足以表明公式(6.1.26)暗含了公式(6.1.27)，反之亦然。对于 $x=0, x=h$，由公式(6.1.16)~(6.1.19)可得

$$0 = u_1 N_1(0) = u_1, \quad 0 = u_3 N_3(h) = u_3$$

另外，对于公式(6.1.26)，可以得到

$$0 = u_1 N_1'(x) + u_2 N_2'(x) + u_3 N_3'(x) + u_4 N_4'(x), \quad x \in [0,h]$$

对于 $x=0, x=h$，由公式(6.1.16)~(6.1.19)可得

$$0 = u_2 N_2'(0) = u_2, \quad 0 = u_4 N_4'(h) = u_4$$

证明结束。

假设 $U(x,t)$ 是定义在 $e_1 \bigcup e_2, e_1=[x_1,x_2], e_2=[x_2,x_3]$ 上的函数，对 x 可微分，引入

$$u_1(t) = U(x_1,t), \quad u_3(t) = U(x_2,t), \quad u_5(t) = U(x_3,t)$$

$$u_2(t) = U_x(x_1,t), \quad u_4(t) = U_x(x_2,t), \quad u_6(t) = U_x(x_3,t)$$

并且考虑函数

$$u(x,t) = u_1(t) N_{1,1}(x) + u_2(t) N_{2,1}(x) + u_3(t) N_{3,1}(x) +$$
$$u_4(t) N_{4,1}(x), \quad x \in e_1 \qquad (6.1.28)$$

该函数被称为 U 在 e_1 中的 Hermitian 逼近。因此，函数

$$u(x,t) = u_3(t) N_{1,2}(x) + u_4(t) N_{2,2}(x) + u_5(t) N_{3,2}(x) +$$
$$u_6(t) N_{4,2}(x), \quad x \in e_2 \qquad (6.1.29)$$

是 U 在 e_2 中的 Hermitian 逼近。第二个下标与元素有关，被添加到 Hermitian 函数中，因为它们的表达式依赖于元素。由此可以推断出：

$$u(x_1,t) = u_1(t), \quad u(x_2,t) = u_3(t), \quad u(x_3,t) = u_5(t)$$

$$u_x(x_1,t) = u_2(t), \quad u_x(x_2,t) = u_4(t), \quad u_x(x_3,t) = u_6(t)$$

我们意识到，U 和 U_x 在节点上的值是相同的 Hermitian 逼近。将公式(6.1.28)、(6.1.29)合并为一个公式：

$$u(x,t) = \begin{cases} u_1 N_{1,1} + u_2 N_{2,1} + u_3 N_{3,1} + u_4 N_{4,1}, & x \in e_1 \\ u_3 N_{1,2} + u_4 N_{2,2} + u_5 N_{3,2} + u_6 N_{4,2}, & x \in e_2 \end{cases} \qquad (6.1.30)$$

该函数是 U 在 $e_1 \bigcup e_2$ 中的分段 Hermitian 逼近。最后，如果下列定义

$$\begin{cases} \varPhi_1 = N_{1,1} \\ \varPhi_2 = N_{2,1} \\ \varPhi_3 = \begin{cases} N_{3,1}, & x \in e_1 \\ N_{1,2}, & x \in e_2 \end{cases} \\ \varPhi_4 = \begin{cases} N_{4,1}, & x \in e_1 \\ N_{2,2}, & x \in e_2 \end{cases} \\ \varPhi_5 = n_{3,2} \\ \varPhi_6 = N_{4,2} \end{cases} \tag{6.1.31}$$

被使用，则公式(6.1.30)改写为

$$u = u_1 \varPhi_1 + u_2 \varPhi_2 + u_3 \varPhi_3 + u_4 \varPhi_4 + u_5 \varPhi_5 + u_6 \varPhi_6 \tag{6.1.32}$$

如图 6.1.7 所示，该公式与两个元素有关，也可推广到任意数量的元素。

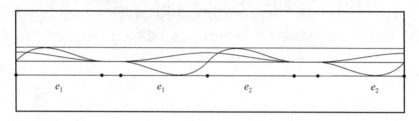

图 6.1.7　函数 $\varPhi_1$、$\varPhi_2$（左）、$\varPhi_3$、$\varPhi_4$（中）和 $\varPhi_5$、$\varPhi_6$（右）

6.1.3　弱形式

考虑欧拉-拉格朗日方程：

$$\rho U_{tt} + (EIU_{xx})_{xx} = F(x,t), \quad 0 < x < L, t > 0 \tag{6.1.33}$$

将公式(6.1.33)乘以平滑检验函数 $v = v(x)$，并对$[0,L]$积分，有

$$\int_0^L \rho U_{tt} v \, \mathrm{d}x + \int_0^l (EIU_{xx})_{xx} v \, \mathrm{d}x = \int_0^L F v \, \mathrm{d}x$$

对第二个积分进行两次分部积分，得到

$$\int_0^L \rho U_{tt} v \, \mathrm{d}x + \int_0^L EIU_{xx} v'' \, \mathrm{d}x = \int_0^L F v \, \mathrm{d}x + [v'M - vV]_0^l \tag{6.1.34}$$

其中，与力矩和剪切力有关的公式(6.1.6)、(6.1.7)在有限项中考虑。公式(6.1.34)是梁方程(6.1.33)的弱形式，与之相反，方程(6.1.33)被称为强形式。由于按部分积分降低了关于 x 的导数的阶数，因此解的集合更宽。弱形式的解可以存在，但不具有成为强形式的解所必需的规律。

使用有限元法考虑$[0,L]$上的弱形式和分段 Hermitian 逼近函数。我们首先讨论第一个要素。U 在 e_1 上的 Hermitian 逼近 u 由下式给出：

$$u(x,t) = u_1(t)N_1(x) + u_2(t)N_2(x)u_3(t)N_3(x) + u_4(t)N_4(x)$$

$$\tag{6.1.35}$$

式中：$u_i(t)(i=1,2,3,4)$ 是未知函数。将 u 代入公式(6.1.34)并假设 $v=N_i(i=1,2,3,4)$，我们可以得到二阶常微分方程：

$$\sum_{j=1}^{4} \ddot{u}_j \int_0^h \rho N_i N_j \, dx + \sum_{j=1}^{4} u_j \int_0^h EI N_j'' \, dx$$
$$= \int_0^h F N_i \, dx + [N_i' M - N_i V]_0^h, \quad i=1,2,3,4 \qquad (6.1.36)$$

因此

$$\sum_{j=1}^{4} M_{ij} \ddot{u}_j + \sum_{j=1}^{4} k_{ij} u_j = f_i, \quad i=1,2,3,4 \qquad (6.1.37)$$

式中

$$M_{ij} = \int_0^h \rho N_i N_j \, dx, \quad K_{ij} = \int_0^h EI N_i'' N_j'' \, dx, \quad i,j=1,2,3,4 \qquad (6.1.38)$$

$$f_i = \int_0^h F N_i \, dx + [N_i' M - N_i V]_0^h, \quad i=1,2,3,4 \qquad (6.1.39)$$

$$M_{ij} = \int_0^h \rho N_i N_j \, dx, \quad K_{ij} = \int_0^h EI N_i'' N_j'' \, dx, \quad i,j=1,2,3,4 \qquad (6.1.40)$$

$$f_i = \int_0^h F N_i \, dx + [N_i' M - N_i V]_0^h, \quad i=1,2,3,4 \qquad (6.1.41)$$

公式(6.1.37)可用矩阵符号表示为

$$M\ddot{u} + ku = f \qquad (6.1.42)$$

式中：k 是刚度矩阵；M 是质量矩阵，更准确地说，是一致质量矩阵，后面会介绍另一个质量矩阵；f 是载荷向量。

对于常数 EI，k 表示为

$$k = \frac{EI}{h^3} \begin{bmatrix} 12 & 6h & -12 & 6h \\ 6h & 4h^2 & -6h & 2h^2 \\ -12 & -6h & 12 & -6h \\ 6h & 2h^2 & -6h & 4h^2 \end{bmatrix} \qquad (6.1.43)$$

对于常数 ρ，M 表示为

$$M = \frac{\rho h}{420} \begin{bmatrix} 156 & 22h & 54 & -13h \\ 22h & 4h^2 & 13h & -3h^2 \\ 54 & 13h & 156 & -22h \\ -13h & -3h^2 & -22h & 4h^2 \end{bmatrix} \qquad (6.1.44)$$

例 6.1.1 程序中展示了一个返回刚度矩阵的函数。注释行说明了调用函数的方法。

```
function K=stiffness(h,EI)
% This is the function file stiffness. m.
% The function returns the stiffness matrix. The input variables are:
```

```
% length of the element h and the product E * I. For example, the function
% can be called with the commands: h=1;EI=1;K=stiffness(h,EI).
K=zeros(4,4);
for i=1:4
    for j=i:4
        K(i,j)=EI * integral(@(x)Nxx(i,x,h). * Nxx(j,x,h),0,h);
        K(j,i)=K(i,j);
    end
end
end
% Local function
function f=Nxx(i,x,h)
switch i
    case 1
        f=-6/h^2+12 * x/h^3;
    case 2
        f=-4/h+6 * x/h^2;
    case 3
        f=6/h^2 -12 * x/h^3;
    case 4
        f=-2/h+6 * x/h^2;
end
end
```

练习 6.4.3 建议了其他应用。

例 6.1.2 程序中展示了一个返回质量矩阵的函数。注释行说明了调用函数的简单方法。

```
function M=mass(h,rho)
% This is the function file massa. m.
% The function returns the mass matrix. The input variables are:
% length of the element h and the density rho. For example, the function
% can be called with the commands: h=1;rho=1;M=mass(h,rho).
M=zeros(4,4);
for i=1:4
    for j=i:4
        M(i,j)=rho * integral(@(x)N(i,x,h). * N(j,x,h),0,h);
        M(j,i)=M(i,j);
    end
end
```

```
end
% Local function
function f＝N(i,x,h)
switch i
    case 1
        f＝1 -3 * x. ^2/h^2＋2 * x. ^3/h^3；
    case 2
        f＝x -2 * x. ^2/h＋x. ^3/h^2；
    case 3
        f＝3 * x. ^2/h^2 -2 * x. ^3/h^3；
    case 4
        f＝-x. ^2/h＋x. ^3/h^2；
end
end
```

练习 6.4.4 建议了其他应用。

最后,我们给出质量矩阵的另一种表达式:

$$\boldsymbol{M} = \frac{\rho h}{2} \begin{bmatrix} 1 & 0 & 0 & 0 \\ 0 & 0 & 0 & 0 \\ 0 & 0 & 1 & 0 \\ 0 & 0 & 0 & 0 \end{bmatrix} \tag{6.1.45}$$

这个表达式在动力学梁的程序中用得更多,它是通过离散分布惯性力 $-\rho\ddot{U}(x,t)$ 得到的。

6.2　静力学

在静力学中,惯性力为零,欧拉-拉格朗日方程简化为欧拉-伯努利方程:

$$(EIU'')'' = F(x), \quad 0 < x < L \tag{6.2.1}$$

式中未知位移只与 x 有关;$U = U(x)$。弱形式是由公式(6.1.34)导出的一种特殊情况:

$$\int_0^L EIU''v''\mathrm{d}x = \int_0^L Fv\mathrm{d}x + [v'M - vV]_0^L \tag{6.2.2}$$

在 e_1 上用有限元法,解表示为

$$u(x) = u_1 N_1(x) + u_2 N_2(x) + u_3 N_3(x) + u_4 N_4(x) \tag{6.2.3}$$

式中 u_i 是必须满足

$$\boldsymbol{ku} = \boldsymbol{f} \tag{6.2.4}$$

的未知系数,当惯性力为零时可以由公式(6.1.40)得出。

考虑载荷向量公式(6.1.39),它由两部分组成:

$$f = f_d + f_b \tag{6.2.5}$$

其中向量 f_d 取决于梁上的特殊分布载荷 $F(x,t)$;向量 f_b 是元素的边界条件,表达式如下:

$$f_b = \begin{bmatrix} [N_1'M - N_1 V]_0^h \\ [N_2'M - N_2 V]_0^h \\ [N_3'M - N_3 V]_0^h \\ [N_4'M - N_4 V]_0^h \end{bmatrix} = \begin{bmatrix} V(0) \\ -M(0) \\ -V(h) \\ M(h) \end{bmatrix} \tag{6.2.6}$$

式中的最后一个等式来自形函数的性质。

例 6.2.1　图 6.2.1 所示为悬臂梁受到端部载荷 p 作用,其边界条件如下:

$$\begin{cases} U(0) = 0, U'(0) = 0 \\ M(L) = 0 \Leftrightarrow U''(L) = 0 \\ V(L) = \rho \Leftrightarrow EIU'''(L) = p \end{cases} \tag{6.2.7}$$

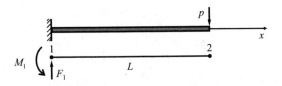

图 6.2.1　悬臂梁承受端部载荷作用

考虑一个元素 $e_1 = [0, L]$。因为边界条件公式(6.2.7),所以近似解公式(6.2.3)可简化为

$$u(x) = u_3 N_3(x) + u_4 N_4(x) \tag{6.2.8}$$

若公式(6.2.4)中的向量 f 简化为 f_b,则因为 $F = 0$。f_b 的表达式可由一般公式导出:

$$f_b = [V(0) \quad -M(0) \quad -V(L) \quad M(L)]^T = [F_1 \quad M_1 \quad F_2 \quad M_2]^T \tag{6.2.9}$$

若考虑边界条件(6.2.7),则有

$$f_b = [F_1 \quad M_1 \quad -p \quad 0]^T \tag{6.2.10}$$

式中:F_1 和 M_1 分别为未知反作用力和力矩。

综上所述,公式(6.2.4)给出了以下 4 个方程

$$k_{13} u_3 + k_{14} u_4 = F_1, \quad k_{23} u_3 + k_{24} u_4 = M_1 \tag{6.2.11}$$

$$k_{33} u_3 + k_{34} u_4 = -p, \quad k_{43} u_3 + k_{44} u_4 = 0 \tag{6.2.12}$$

最后两个方程是一个简单的代数方程组,未知数为 u_3 和 u_4。通过下式解出未知数:

$$\begin{cases} u_3 = -pL^3/(3EI) \\ u_4 = -pL^2/(2EI) \end{cases} \tag{6.2.13}$$

将这些值代入公式(6.2.11)中,可以得到反作用力和力矩:

$$F_1 = p, \quad M_1 = pL$$

将公式(6.2.13)代入公式(6.2.8)中,可以得到 u。利用形函数的定义(6.1.16)~(6.1.19),可知 u 是三次多项式,其表达式如下:

$$u(x) = p(x^3 - 3Lx^2)/(6EI) \tag{6.2.14}$$

只需简单计算,即可表明这个解与欧拉-伯努利方程的解析解 U 相同。这个结果是因为三次多项式的 Hermitian 逼近是相同的多项式,参见练习 6.4.5。

前面示例的情况非常罕见,但很有趣。一般来说,准确的结果需要很多元素,我们首先讨论两个元素:$[0,L] = e_1 \cup e_2 = [x_1, x_2] \cup [x_2, x_3]$。由公式(6.1.32)可知,本例的近似解表达式如下:

$$u = u_1\Phi_1 + u_2\Phi_2 + u_3\Phi_3 + u_4\Phi_4 + u_5\Phi_5 + u_6\Phi_6 \tag{6.2.15}$$

$\Phi_i(i=1,2,3,4,5,6)$ 在公式(6.1.31)中已定义。将公式(6.2.15)代入公式(6.2.2),设 $v = \Phi_i(i=1,2,3,4,5,6)$,则可以得到由 6 个方程组成的方程式。若分别考虑上边两个元素,则更容易得到这个方程式。

对于第一个元素,可以得到

$$\begin{cases} k_{11}u_1 + k_{12}u_2 + k_{13}u_3 + k_{14}u_4 = \int_{x_1}^{x_2} FN_{1,1}\,\mathrm{d}x + V(x_1) \\[2mm] k_{21}u_1 + k_{22}u_2 + k_{23}u_3 + k_{24}u_4 = \int_{x_1}^{x_2} FN_{2,1}\,\mathrm{d}x - M(x_1) \\[2mm] k_{31}u_1 + k_{32}u_2 + k_{33}u_3 + k_{34}u_4 = \int_{x_1}^{x_2} FN_{3,1}\,\mathrm{d}x - V(x_2) \\[2mm] k_{41}u_1 + k_{42}u_2 + k_{43}u_3 + k_{44}u_4 = \int_{x_1}^{x_2} FN_{4,1}\,\mathrm{d}x + M(x_1) \end{cases} \tag{6.2.16}$$

对于第二个元素,则可以得到

$$\begin{cases} k_{11}u_3 + k_{12}u_4 + k_{13}u_5 + k_{14}u_6 = \int_{x_2}^{x_3} FN_{1,2}\,\mathrm{d}x + V(x_2) \\[2mm] k_{21}u_3 + k_{22}u_4 + k_{23}u_5 + k_{24}u_6 = \int_{x_2}^{x_3} FN_{2,2}\,\mathrm{d}x - M(x_2) \\[2mm] k_{31}u_3 + k_{32}u_4 + k_{33}u_5 + k_{34}u_6 = \int_{x_2}^{x_3} FN_{3,2}\,\mathrm{d}x - V(x_2) \\[2mm] k_{41}u_3 + k_{42}u_4 + k_{43}u_5 + k_{44}u_6 = \int_{x_2}^{x_3} FN_{4,2}\,\mathrm{d}x + M(x_2) \end{cases} \tag{6.2.17}$$

将与相同节点相关的公式$(6.2.16)_{3,4}$、$(6.2.17)_{1,2}$求和，则可以得到期望的方程：

$$
\begin{cases}
k_{11}u_1 + k_{12}u_2 + k_{13}u_3 + k_{14}u_4 = \int_{x_1}^{x_2} F\Phi_1 \mathrm{d}x + V(x_1) \\[2mm]
k_{21}u_1 + k_{22}u_2 + k_{23}u_3 + k_{24}u_4 = \int_{x_1}^{x_2} F\Phi_2 \mathrm{d}x - M(x_1) \\[2mm]
k_{31}u_1 + k_{32}u_2 + (k_{33}+k_{11})u_3 + (k_{34}+k_{12})u_4 + k_{13}u_5 + k_{14}u_6 = \int_{x_1}^{x_3} F\Phi_3 \mathrm{d}x \\[2mm]
k_{41}u_1 + k_{42}u_2 + (k_{43}+k_{21})u_3 + (k_{44}+k_{22})u_4 + k_{23}u_5 + k_{24}u_6 = \int_{x_1}^{x_3} F\Phi_4 \mathrm{d}x \\[2mm]
k_{31}u_3 + k_{32}u_4 + k_{33}u_5 + k_{34}u_6 = \int_{x_2}^{x_3} F\Phi_5 \mathrm{d}x - V(x_3) \\[2mm]
k_{41}u_3 + k_{42}u_4 + k_{43}u_5 + k_{44}u_6 = \int_{x_2}^{x_3} F\Phi_6 \mathrm{d}x + M(x_3)
\end{cases}
$$

$$(6.2.18)$$

现在，我们进一步探究。方程$(6.2.18)$的第一个方程是在公式$(6.2.2)$中假设$v=N_{1,1}=\Phi_1$产生的，注意到Φ_1的支持是e_1，并使用了定义$(6.1.16)\sim(6.1.19)$。第三个方程是在公式$(6.2.2)$中假设$v=\Phi_3$产生的，注意到Φ_3的支持是$e_1 \bigcup e_2$（见图 6.1.7），并使用了定义$(6.1.16)\sim(6.1.19)$。同理，也可以推导出其他方程。如图 6.2.2（左）所示，方程$(6.2.18)$的未知数矩阵$\boldsymbol{K}$如下：

$$
\boldsymbol{K} = \begin{bmatrix}
k_{11} & k_{12} & k_{13} & k_{14} & 0 & 0 \\
k_{21} & k_{22} & k_{23} & k_{24} & 0 & 0 \\
k_{31} & k_{32} & k_{33}+k_{11} & k_{34}+k_{12} & k_{13} & k_{14} \\
k_{41} & k_{42} & k_{43}+k_{21} & k_{44}+k_{22} & k_{23} & k_{24} \\
0 & 0 & k_{31} & k_{32} & k_{33} & k_{34} \\
0 & 0 & k_{41} & k_{42} & k_{43} & k_{44}
\end{bmatrix}
$$

图 6.2.2（右）说明了矩阵$\boldsymbol{K}$对更多元素的推广。因此，我们可以得到

$$\boldsymbol{K}\boldsymbol{u} = \boldsymbol{f} \tag{6.2.19}$$

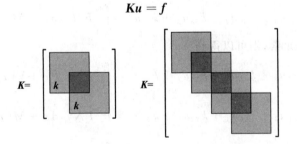

图 6.2.2　矩阵 K 包含 2 个和 4 个元素

由此可以得到节点上的梁位移和旋转。随后，从每个单元的方程中推导出剪切力和弯矩。例如，对于 $i=1,2$，由公式$(6.2.16)_{1,2}$、$(6.2.17)_{1,2}$可以得到

$$
\begin{cases}
V(x_i) = k_{11}u_{2i-1} + k_{12}u_{2i} + k_{13}u_{2i+1} + k_{14}u_{2i+2} - \int_{x_i}^{x_{i+1}} FN_{1,i}\,\mathrm{d}x \\
M(x_i) = \int_{x_i}^{x_{i+1}} FN_{2,i}\,\mathrm{d}x - k_{11}u_{2i-1} - k_{12}u_{2i} - k_{13}u_{2i+1} - k_{14}u_{2i+2}
\end{cases}
$$

(6.2.20)

例 6.2.2 程序中展示了一个函数,应用有限元法求解悬臂梁受到分布载荷作用。边界条件如下:

$$
U(0)=0, \quad U'(0)=0, \quad M(L)=0, \quad V(L)=0 \Leftrightarrow M'(L)=0 \qquad (6.2.21)
$$

```
function[U,V,M,F1,M1]=beam_fx_fr(L,EI,F,n)
% This is the function file beam_fx_fr. m.
% The FEM is applied to solve the fixed end-free end beam. The input variables
% are: length of the beam L,product E * I,distributed load F and number of
% elements n. The function returns the displacement U,the shear force V,
% the bending moment M and the reactive force and moment F1,M1.
% Initialization
h=L/n;
N1=@(xi,xn)      1-3 * (xi -xn). ^2/h^2 +2 * (xi -xn). ^3/h^3;
N2=@(xi,xn)      (xi -xn)-2 * (xi -xn). ^2/h+(xi -xn). ^3/h^2;
N3=@(xi,xn)      3 * (xi -xn). ^2/h^2 -2 * (xi -xn). ^3/h^3;
N4=@(xi,xn)      -(xi -xn). ^2/h+(xi -xn). ^3/h^2;
x=linspace(0,L,n+1);V=zeros(n+1,1);M=zeros(n+1,1);
k=stiffness(h,EI);
fd=zeros(n * 4,1);
for i=1:n
    fd((i-1) * 4+1)=integral(@(xi)F(xi). * N1(xi,x(i)),x(i),x(i+1));
    fd((i-1) * 4+2)=integral(@(xi)F(xi). * N2(xi,x(i)),x(i),x(i+1));
    fd((i-1) * 4+3)=integral(@(xi)F(xi). * N3(xi,x(i)),x(i),x(i+1));
    fd((i-1) * 4+4)=integral(@(xi)F(xi). * N4(xi,x(i)),x(i),x(i+1));
end
nn=n * 2+2;
K=zeros(nn,nn);% Global matrix
for i=1:2:nn-3
    K(i:i+3,i:i+3)=K(i:i+3,i:i+3)+k;
end
K=K(3:nn,3:nn);
f=zeros(n * 2+2,1);
f(1)=fd(1);f(2)=fd(2);
for i=2:2:2 * (n-1)
    f(i+1)=fd(2 * i-1)+fd(2 * i+1);
    f(i+2)=fd(2 * i)+fd(2 * i+2);
```

```
end
f(2 * n+1)=fd(n * 4-1);f(2 * n+2)=fd(n * 4);
f=f(3:2 * n+2,1);
% FEM
ur(3:nn,1)=K\f;              % Displacements and rotations.
U=ur(1:2:nn,1);             % Displacements.
for i=1:n
    V(i)=k(1,1) * ur(2 * i-1)+k(1,2) * ur(2 * i)+k(1,3) * ur(2 * i+1)...
        +k(1,4) * ur(2 * i+2)-fd((i-1) * 4+1);
    M(i)=-(k(2,1) * ur(2 * i-1)+k(2,2) * ur(2 * i)+k(2,3) * ur(2 * i+1)...
        +k(2,4) * ur(2 * i+2))+fd((i-1) * 4+2);
end
F1=V(1);M1=-M(1);         % Reactive force and moment.
end
```

例 6.2.3 程序展示了调用 beam_fx_fr 函数的一种方法，可求解图 6.2.3 中悬臂梁受到三角载荷作用：

$$F = -q_0(L-x)/L, \quad q_0 > 0, \ 0 \leqslant x \leqslant L \tag{6.2.22}$$

位移、剪切力和弯矩曲线如图 6.2.4 所示。

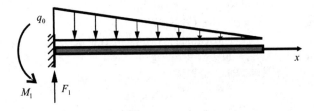

图 6.2.3 悬臂梁承受三角载荷作用

```
function beam_fx_fr_ex
% This is the function file beam_fx_fr_ex. m.
% Beam fx fr function is called to solve the fixed end-free end beam subjected
% to a triangular load. The lengths are in[mm]and the forces are in[N].
L=3 * 103;E=3 * 104;I=9 * 108;EI=E * I;
q0=100;n=10;
F=@(xi)      -q0 * (L -xi)/L;              % Triangular load.
[u,v,m,F1,M1]=trave m(L,EI,F,n);
x=linspace(0,L,n+1);
    % Exact displacement,bending moment and shear force.
U=q0/120/L * (x'.^5-5 * L * x'.^4+10 * L^2 * x'.^3-10 * L^3 * x'.^2)/EI;
M=q0/6/L * (x' -L).^3;
V=q0/2/L * (x' -L).^2;
subplot(2,2,1:2)
```

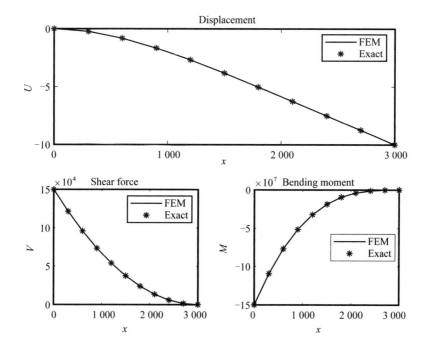

图 6.2.4 悬臂梁:位移、剪切力和弯矩曲线(1)

```
plot(x,u,'k',x,U,'r * ','LineWidth',1);
xlabel('x');ylabel('U');
title('Displacement');
legend('FEM','Exact');
subplot(2,2,3)
plot(x,v,'k',x,V,'r * ','LineWidth',1);
xlabel('x');ylabel('V');title('Shear force');
legend('FEM','Exact');
subplot(2,2,4)
plot(x,m,'k',x,M,'r * ','LineWidth',1);
xlabel('x');ylabel('M');
title('Bending moment');
legend('FEM','Exact','Location','Best');
fprintf('Reactive force F1＝%g\n',F1)fprintf('Reactive moment M1＝%g\n',M1)
fprintf('Maximum error U＝%g\n',max(abs(U-u)))
fprintf('Maximum error V＝%g\n',max(abs(V-v)))
fprintf('Maximum error M＝%g\n',max(abs(M-m)))
end
```

练习 6.4.6 中建议了其他应用。

例 6.2.4 程序中展示了一个函数，应用有限元法求解简支梁承受分布载荷作用。边界条件如下：

$$U(0)=0, \quad M(0)=0, \quad U(L)=0, \quad M(L)=0 \tag{6.2.23}$$

```
function[U,V,M,F1,F2]=beam_pn_pn(L,EI,F,n)
% This is the function file beam_pn_pn. m.
% The FEM is applied to solve the pinned-pinned beam. The input variables
% are: length of the beam L, product E * I, distributed load F, the number
% of elements n. The function returns the displacement U, the shear
% force V, the bending moment M and the reactive forces F1, F2.
% Initialization
h=L/n;x=linspace(0,L,n+1);
N1=@(xi,xn)        1-3*(xi-xn).^2/h^2+2*(xi-xn).^3/h^3;
N2=@(xi,xn)        (xi-xn)-2*(xi-xn).^2/h+(xi-xn).^3/h^2;
N3=@(xi,xn)        3*(xi-xn).^2/h^2-2*(xi-xn).^3/h^3;
N4=@(xi,xn)        -(xi-xn).^2/h+(xi-xn).^3/h^2;
U=zeros(n+1,1);V=zeros(n+1,1);M=zeros(n+1,1);
k=stiffness(h,EI);
fd=zeros(n*4,1);
for i=1:n
    fd((i-1)*4+1)=integral(@(xi)F(xi).*N1(xi,x(i)),x(i),x(i+1));
    fd((i-1)*4+2)=integral(@(xi)F(xi).*N2(xi,x(i)),x(i),x(i+1));
    fd((i-1)*4+3)=integral(@(xi)F(xi).*N3(xi,x(i)),x(i),x(i+1));
    fd((i-1)*4+4)=integral(@(xi)F(xi).*N4(xi,x(i)),x(i),x(i+1));
end
nn=n*2+2;
K=zeros(nn,nn);
for i=1:2:nn-3
    K(i:i+3,i:i+3)=K(i:i+3,i:i+3)+k;
end
K=K([2:nn-2 nn],[2:nn-2 nn]);
f=zeros(n*2+2,1);
f(1)=fd(1);f(2)=fd(2);
for i=2:2:2*(n-1)
    f(i+1)=fd(2*i-1)+fd(2*i+1);
    f(i+2)=fd(2*i)+fd(2*i+2);
end
f(2*n+1)=fd(n*4-1);f(2*n+2)=fd(n*4);
f=f([2:nn-2 nn],1);
% FEM
ur=K\f;                          % Displacements and rotations.
for i=1:n-1
```

```
    U(i+1)=ur(2 * i);            % Displacements.
  end
  ur=[0;ur(1:n * 2-1);0;ur(n * 2)];
  V(1)=k(1,1) * ur(1)+k(1,2) * ur(2)+k(1,3) * ur(3)+k(1,4) * ur(4)-fd(1);
  for i=2:n
      V(i)=k(1,1) * ur(2 * i-1)+k(1,2) * ur(2 * i)+k(1,3) * ur(2 * i+1)...
          +k(1,4) * ur(2 * i+2)-fd((i-1) * 4+1);
      M(i)=-(k(2,1) * ur(2 * i-1)+k(2,2) * ur(2 * i)+k(2,3) * ur(2 * i+1)...
          +k(2,4) * ur(2 * i+2))+fd((i-1) * 4+2);
  end
  V(n+1)=-(k(3,1) * ur(2 * n-1)+k(3,2) * ur(2 * n)+k(3,3) * ur(2 * n+1)...
      +k(3,4) * ur(2 * n+2))+fd(4 * n-1);
  F1=V(1);F2=-V(n+1);            % Reactive forces.
end
```

例 6.2.5 程序中展示了调用 beam_pn_pn 函数的一种方法,可求解图 6.2.5 中简支梁承受到梯形载荷作用:

$$F(x) = -(q_2 - q_1)x/L - q_1 = -q_3 x/L - q_1, \quad q_2 > q_1 \geqslant 0, 0 \leqslant x \leqslant L$$

$$(6.2.24)$$

对于 $q_1 = 0, F$ 简化为三角载荷;对于 $q_3 = 0, F$ 简化为均匀载荷。位移、剪切力和弯矩的曲线如图 6.2.6 所示。

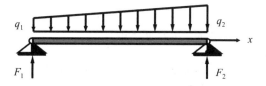

图 6.2.5 简支梁承受梯形荷载作用

```
function beam_pn_pn ex
% This is the function file beam_pn_pn_ex. m.
% The beam pn pn function is called to solve the pinned-pinned beam subjected
% to a trapezoidal load. The lengths are in[mm]and the forces are in [N].

L=5 * 103;E=3 * 104;
I=9 * 108;EI=E * I;
n=8;q2=30;q1=10;q3=q2-q1;
F=@(xi)    -q3 * xi/L-q1;            % Trapezoidal load.
[u,v,m,F1,F2]=beam pn pn(L,EI,F,n);
x=linspace(0,L,n+1);
% Exact displacement,bending moment and shear force.
U=(-q3 * x'.^5/120/L -q1 * x'.^4/24+(q3/36+q1/12) * L * x'.^3-...
```

227

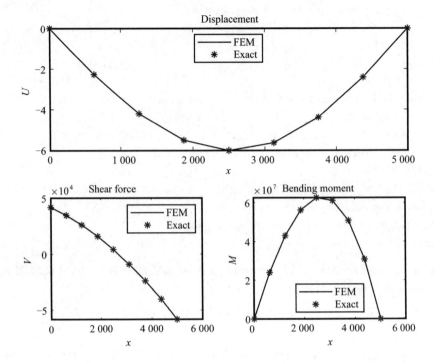

图 6.2.6　简支梁：位移、剪切力和弯矩的曲线

```
    (7 * q3/360+q1/24) * L³ * x')/EI;
M=-q3 * x'.³/6/L -q1 * x'.²/2+(q3/6+q1/2) * L * x';
V=-q3 * x'.²/2/L -q1 * x'+q3 * L/6+q1 * L/2;
subplot(2,2,1:2)
plot(x,u,'k',x,U,'r * ','LineWidth',1);xlabel('x');ylabel('U');
title('Displacement');legend('FEM','Exact','Location','North');
subplot(2,2,3)
plot(x,v,'k',x,V,'r * ','LineWidth',1);xlabel('x');ylabel('V');
title('Shear force');legend('FEM','Exact');
subplot(2,2,4)
plot(x,m,'k',x,M,'r * ','LineWidth',1);
xlabel('x');ylabel('M');
title('Bending moment');
legend('FEM','Exact','Location','South');
fprintf('Reactive force F1=%g\n',F1)
fprintf('Reactive force F2=%g\n',F2)
fprintf('Maximum error U=%g\n',max(abs(U-u)))
fprintf('Maximum error V=%g\n',max(abs(V-v)))
fprintf('Maximum error M=%g\n',max(abs(M-m)))
end
```

练习 6.4.7 中建议了其他应用。

例 6.2.6 程序中展示了一个函数,应用有限元法求解一端固定一端简支的梁承受分布载荷作用。边界条件如下:

$$U(0)=0, \quad U^{'}(0)=0, \quad U(L)=0, \quad M(L)=0 \qquad (6.2.25)$$

```
function[U,V,M,F1,F2,M1]=beam_fx_pn(L,EI,F,n)
% This is the function file beam_fx_pn. m.
% The FEM is applied to solve the fixed end-pinned end beam.
%The input variables are: length of the beam L,product E * I,distributed load F,
% number of elements n. The function returns the displacement U,the shear force V,
% the bending moment M and the reactive forces and moment F1,F2,M1.
% Initialization
h=L/n;
N1=@(xi,xn)        1 -3 * (xi -xn).^2/h^2+2 * (xi -xn).^3/h^3;
N2=@(xi,xn)        (xi -xn)-2 * (xi -xn).^2/h+(xi -xn).^3/h^2;
N3=@(xi,xn)        3 * (xi -xn).^2/h^2-2 * (xi -xn).^3/h^3;
N4=@(xi,xn)        -(xi -xn).^2/h+(xi -xn).^3/h^2;
x=linspace(0,L,n+1);V=zeros(n+1,1);M=zeros(n+1,1);
k=stiffness(h,EI);
fd=zeros(n * 4,1);
for i=1:n
    fd((i-1) * 4+1)=integral(@(xi)F(xi). * N1(xi,x(i)),x(i),x(i+1));
    fd((i-1) * 4+2)=integral(@(xi)F(xi). * N2(xi,x(i)),x(i),x(i+1));
    fd((i-1) * 4+3)=integral(@(xi)F(xi). * N3(xi,x(i)),x(i),x(i+1));
    fd((i-1) * 4+4)=integral(@(xi)F(xi). * N4(xi,x(i)),x(i),x(i+1));
end
nn=n * 2+2;
K=zeros(nn,nn);
for i=1:2:nn-3
    K(i:i+3,i:i+3)=K(i:i+3,i:i+3)+k;
end
K=K([3:nn-2 nn],[3:nn-2 nn]);
f=zeros(n * 2+2,1);
f(1)=fd(1);f(2)=fd(2);
for i=2:2:2 * (n-1)
    f(i+1)=fd(2 * i-1)+fd(2 * i+1);
    f(i+2)=fd(2 * i)+fd(2 * i+2);
end
f(2 * n+1)=fd(n * 4-1);f(2 * n+2)=fd(n * 4);
f=f([3:nn-2 nn],1);
% FEM
ur=K\f;
```

```
ur＝[0;0;ur(1:end-1,1);0;ur(end,1)];
U＝ur(1:2:nn,1);
for i＝1:n
    V(i)＝k(1,1)*ur(2*i-1)+k(1,2)*ur(2*i)+k(1,3)*ur(2*i+1)...
        +k(1,4)*ur(2*i+2)-fd((i-1)*4+1);
    M(i)＝-(k(2,1)*ur(2*i-1)+k(2,2)*ur(2*i)+k(2,3)*ur(2*i+1)...
        +k(2,4)*ur(2*i+2))+fd((i-1)*4+2);
end
V(n+1)＝-(k(3,1)*ur(2*n-1)+k(3,2)*ur(2*n)+k(3,3)*ur(2*n+1)+...
    k(3,4)*ur(2*n+2))+fd(4*n-1);
M(n+1)＝k(4,1)*ur(2*n-1)+k(4,2)*ur(2*n)+k(4,3)*ur(2*n+1)+...
    k(4,4)*ur(2*n+2)-fd(4*n);
F1＝V(1);
F2＝-V(n+1);M1＝-M(1);
end
```

例 6.2.7 程序中展示了调用 beam_fx_pn 函数的一种方法，并求解图 6.2.7 中一端固定一端简支的梁受到抛物线载荷作用：

$$F = -4q_M(Lx - x^2)/L^2, \quad q_M > 0 \qquad (6.2.26)$$

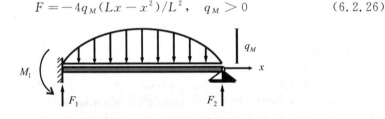

图 6.2.7 一端固定一端简支的梁承受抛物线载荷作用

位移、剪切力、弯矩曲线如图 6.2.8 所示。

```
function beam_fx_pn_ex
% This is the function file beam_fx_pn_ex.m.
% The beam_fx_pn function is called to solve the fixed end-pinned end beam
% subjected to a parabolic load. The lengths are in [mm] and the forces are in
% [N].
L＝6*10^3;E＝3*10^4;I＝9*10^8;EI＝E*I;qM＝10;n＝10;
F＝@(xi)     -4*qM*(L*xi-xi.^2)/L^2;
[u,v,m,F1,F2,M1]＝beam_fx_pn(L,EI,F,n);x＝linspace(0,L,n+1);
U＝qM/180/L^2*(2*x'.^6-6*L*x'.^5+13*L^3*x'.^3-9*L^4*x'.^2)/EI;
M＝qM/30/L^2*(10*x'.^4-20*L*x'.^3+13*L^3*x'-3*L^4);
V＝qM*(40*x'.^3-60*L*x'.^2+13*L^3)/30/L^2;
subplot(2,2,1:2)
plot(x,u,'k',x,U,'r*','LineWidth',1);xlabel('x');ylabel('U');
title('Displacement');legend('FEM','Exact','Location','North');
```

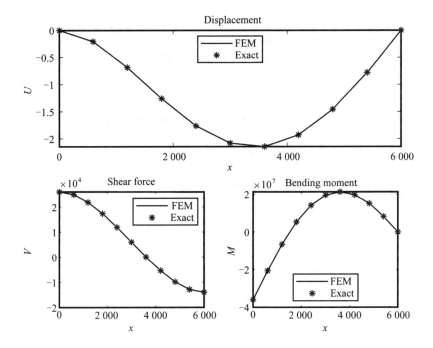

图 6.2.8　一端固定一端简支的梁:位移、剪切力和弯矩的曲线

```
subplot(2,2,3)
plot(x,v,'k',x,V,'r*','LineWidth',1);xlabel('x');ylabel('V');
title('Shear force');legend('FEM','Exact');
subplot(2,2,4)
plot(x,m,'k',x,M,'r*','LineWidth',1);xlabel('x');ylabel('M');
title('Bending moment');legend('FEM','Exact','Location','South');
fprintf('Reactive force F1=%g\n',F1)
fprintf('ReactiveforceF2=%g\n',F2)
fprintf('Reactive moment M1=%g\n',M1)
fprintf('MaximumerrorU=%g\n',max(abs(U-u)))
fprintf('MaximumerrorV=%g\n',max(abs(V-v)))
fprintf('Maximum error M=%g\n',max(abs(M-m)))
end
```

练习 6.4.8 中建议了其他应用。

如图 6.2.9(左)所示,考虑长度为 L 的两端固定梁受到均布载荷 $F=-q$ 作用。假设 A 处约束受到垂直位移 U_A,如图 6.2.9(右)所示。静力问题由欧拉-伯努利方程(6.2.1)控制,边界条件如下:

$$U(0)=U_A, \quad U'(0)=0, \quad U(L)=0, \quad U'(L)=0 \tag{6.2.27}$$

简单计算即可明了,位移由下式给出:

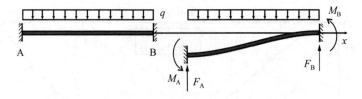

图 6.2.9　两端固定梁 A 处约束受到垂直位移

$$U(x) = \frac{F}{24EI}(x^4 - 2Lx^3 + L^2x^2) + \frac{U_A}{L^3}(2x^3 - 3x^2L + L^3) \qquad (6.2.28)$$

因此，弯矩、剪切力和反作用力分别为

$$M(x) = \frac{F}{12}(6x^2 - 6Lx + L^2) + \frac{EIU_A}{L^3}(12x - 6L) \qquad (6.2.29)$$

$$V(x) = F(2x - L)/2 + 12EIU_A/L^3 \qquad (6.2.30)$$

$$\begin{cases} F_A = -FL/2 + 12EIU_A/L^3, \quad M_A = -FL^2/12 + 6EIU_A/L^2 \\ F_B = -FL/2 - 12EIU_A/L^3, \quad M_B = FL^2/12 + 6EIU_A/L^2 \end{cases} \qquad (6.2.31)$$

考虑用有限元法。由于边界条件（6.2.27）是非齐次的，所以解该问题的代数方程的形式不同于公式（6.2.19），但与 4.2.4 小节中讨论的非齐次问题相似。因此，代数方程表示为

$$ku = f - g \qquad (6.2.32)$$

式中：

$$g_i = k_{i1}U_A, \quad i = 1,2,3,4, \quad g_i = 0, \quad i > 4 \qquad (6.2.33)$$

下面将有限元法应用于公式（6.2.32）、（6.2.33）。

例 6.2.8　程序中展示了一个函数，应用有限元法求解图 6.2.9 中的梁。

```
function[U,V,M,F1,F2,M1 M2]=beam_fx_fx_uA(L,EI,F,n,uA)
% This is the function file beam_fx_fx_uA.m.
% The FEM is applied to solve the fixed end-fixed end beam subjected to a
% vertical displacement of the first constraint.
% Initialization
h=L/n;
N1=@(xi,xn)          1-3*(xi-xn).^2/h^2+2*(xi-xn).^3/h^3;
N2=@(xi,xn)          (xi-xn)-2*(xi-xn).^2/h+(xi-xn).^3/h^2;
N3=@(xi,xn)          3*(xi-xn).^2/h^2-2*(xi-xn).^3/h^3;
N4=@(xi,xn)          -(xi-xn).^2/h+(xi-xn).^3/h^2;
x=linspace(0,L,n+1);V=zeros(n+1,1);M=zeros(n+1,1);
k=stiffness(h,EI);
fd=zeros(n*4,1);
for i=1:n
    fd((i-1)*4+1)=integral(@(xi)F(xi).*N1(xi,x(i)),x(i),x(i+1));
```

```
        fd((i-1) * 4+2)=integral(@(xi)F(xi). * N2(xi,x(i)),x(i),x(i+1));
        fd((i-1) * 4+3)=integral(@(xi)F(xi). * N3(xi,x(i)),x(i),x(i+1));
        fd((i-1) * 4+4)=integral(@(xi)F(xi). * N4(xi,x(i)),x(i),x(i+1));
    end
    nn=n * 2+2;K=zeros(nn,nn);
    for i=1:2:nn-3
        K(i:i+3,i:i+3)=K(i:i+3,i:i+3)+k;
    end
    K=K(3:2 * n,3:2 * n);
    f=zeros(n * 2+2,1);
    f(1)=fd(1);f(2)=fd(2);
    for i=2:2:2 * (n-1)
        f(i+1)=fd(2 * i-1)+fd(2 * i+1);
        f(i+2)=fd(2 * i)+fd(2 * i+2);
    end
    f(2 * n+1)=fd(n * 4-1);f(2 * n+2)=fd(n * 4);
    f(1:4,1)=f(1:4,1)-k(1:4,1) * uA;        % Inhomogeneous boundary conditions.
    f=f(3:2 * n,1);
    % FEM
    ur(3:n * 2,1)=K\f;
    ur=[uA;0;ur(3:n * 2,1);0;0];U=ur(1:2:nn,1);
    for i=1:n
        V(i)=k(1,1) * ur(2 * i-1)+k(1,2) * ur(2 * i)+k(1,3) * ur(2 * i+1)...
            +k(1,4) * ur(2 * i+2)-fd((i-1) * 4+1);
        M(i)=-(k(2,1) * ur(2 * i-1)+k(2,2) * ur(2 * i)+k(2,3) * ur(2 * i+1)...
            +k(2,4) * ur(2 * i+2))+fd((i-1) * 4+2);
    end
        V(n+1)=-(k(3,1) * ur(2 * n-1)+k(3,2) * ur(2 * n)+k(3,3) * ur(2 * n+1)+...
            k(3,4) * ur(2 * n+2))+fd(4 * n-1);
        M(n+1)=k(4,1) * ur(2 * n-1)+k(4,2) * ur(2 * n)+k(4,3) * ur(2 * n+1)+...
            k(4,4) * ur(2 * n+2)-fd(4 * n);
    F1=V(1);F2=-V(n+1);M1=-M(1);M2=M(n+1);
end
```

例 6.2.9　程序中展示了调用 beam_fx_fx_uA 函数的一种方法,求解图 6.2.9 中的两端固定梁承受均布载荷作用,首先,约束受到垂直位移 U_A。位移、剪切力和弯矩的曲线如图 6.2.10 所示。

```
function beam_fx_fx_uA ex
% This is the function file beam_fx_fx_uA ex. m.
% The beam_fx_fx_uA function is called to solve the fixed end-fixed end beam
% subjected to a uniform load and to a displacement of the first constraint.
```

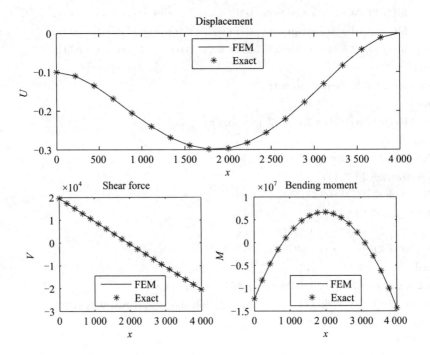

图 6.2.10　两端固定梁：位移、剪切力和弯矩的曲线

```
% The lengths are in[mm]and the forces are in [N].
L=4 * 10^3;E=3 * 10^4;I=9 * 10^8;EI=E * I;uA=-.1;
n=18;q=10;
F=@(xi)-q;
[u,v,m,F1,F2,M1,M2]=beam fx fx uA(L,EI,F,n,uA);
x=linspace(0,L,n+1);
    % Exact displacement,bending moment and shear force.
U=-q/24 * (x'.^4 -2 * L * x'.^3+L^2 * x'.^2)/EI...
    +uA * (2 * x'.^3/L^3 -3 * x'.^2/L^2+1);
M=-q/12 * (6 * x'.^2 -6 * L * x' | L^2)+EI * uA * (x' * 12/L^3 -6/L^2);
V=-q/2 * (2 * x' -L)+12 * uA * EI/L^3;
subplot(2,2,1:2);
plot(x,u,'k',x,U,'r * ');xlabel('x');ylabel('U');title('Displacement');
legend('FEM','Exact','Location','North');
subplot(2,2,3);
plot(x,v,'k',x,V,'r * ');xlabel('x');ylabel('V');
title('Shear force');legend('FEM','Exact','Location','South');
subplot(2,2,4);
plot(x,m,'k',x,M,'r * ');
xlabel('x');ylabel('M');title('Bending moment');
legend('FEM','Exact','Location','South');
```

```
fprintf('Reactive force F1=%g\n',F1)
fprintf('Reactive force F2=%g\n',F2)
fprintf('Reactive moment M1=%g\n',M1)
fprintf('Reactive moment M2=%g\n',M2)
fprintf('Maximum error U=%g\n',max(abs(U-u)))
fprintf('Maximum error V=%g\n',max(abs(V-v)))
fprintf('Maximum error M=%g\n',max(abs(M-m)))
end
```

练习 6.4.9 提出了另一种应用。

6.3 集中力作用的梁

考虑梁承受分布荷载和集中力作用：

$$\{(x_h, F_h), h = 1, \cdots, N\}$$

公式(6.1.1)很容易修改，以包括新的力

$$\int_{x_1}^{x_2} (F - \rho U_{tt}) \mathrm{d}x + V(x_1, t) - V(x_2, t) + \sum_{i=n_1}^{n_2} F_i = 0 \qquad (6.3.1)$$

式中：$F_i(i = n_1, \cdots, n_2)$ 为区间 $[x_1, x_2]$ 内的集中力。现在讨论是微妙的。实际上，考虑单个集中力，例如 (x_h, F_h)，还须考虑 $x_1 = x_h - \Delta x$ 和 $x_2 = x_h + \Delta x$ 的区间 $[x_1, x_2]$。如果 Δx 足够小，那么 F_h 只能在 $[x_1, x_2]$ 中，并且将公式(6.3.1)写成

$$\int_{x_h - \Delta x}^{x_h + \Delta x} (F - \rho U_{tt}) \mathrm{d}x + V(x_h - \Delta x, t) - V(x_h + \Delta x, t) + F_h = 0$$

当 $\Delta x \to 0$ 时，前一个方程给出

$$V(x_h^+, t) - V(x_h^-, t) = F_h \qquad (6.3.2)$$

证明了 V 在 $x = x_h$ 上不连续。因此，对于 $x = x_h$，V 不能被微分，U 也不能是欧拉-拉格朗日方程(6.1.8)的（经典）解。为了证明 U 是一个弱解，还需要有一个与 F_h 有关的合适的强迫项。为了简单起见，假设梁受单一集中力 (x_h, F_h) 作用，并考虑区间上的弱项公式(6.1.34)，分别为 $0 < x < x_h$ 和 $x_h < x < L$，有

$$\int_0^{x_h} \rho U_{tt} v \mathrm{d}x + \int_0^{x_h} EI U_{xx} v'' \mathrm{d}x = \int_0^{x_h} F v \mathrm{d}x + [v'M - vV]_0^{x_h} \qquad (6.3.3)$$

$$\int_{x_h}^{L} \rho U_{tt} v \mathrm{d}x + \int_{x_h}^{L} EI U_{xx} v'' \mathrm{d}x = \int_{x_h}^{L} F v \mathrm{d}x + [v'M - vV]_{x_h}^{L} \qquad (6.3.4)$$

注意，

$$[v'M - vV]_{x_h}^{L} + [v'M - vV]_0^{x_h} = v(x_h)(V(x_h^+, t) - V(x_h^-, t)) + [v'M - vV]_0^{L}$$

因此，将公式(6.3.3)、(6.3.4)求和，可以得到

$$\int_0^{L} \rho U_{tt} v \mathrm{d}x + \int_0^{L} EI U_{xx} v'' \mathrm{d}x = \int_0^{L} F v \mathrm{d}x + v(x_h) F_h + [v'M - vV]_0^{L} \qquad (6.3.5)$$

式中：使用了步长关系(6.3.2)。公式(6.3.5)表明，U 是欧拉–拉格朗日的弱解，新的强迫项依赖于 F_h 和 δ 函数：

$$\rho U_{tt} + (EIU_{xx})_{xx} = F + F_h \delta(x - x_h) \tag{6.3.6}$$

在一般情况下，梁受到许多集中力作用，公式(6.3.6)中的最后一项被替换为和。在静力学中，公式(6.3.6)可以简化为以下欧拉–伯努利方程：

$$EIU^{iv} = F + F_h \delta(x - x_h) \tag{6.3.7}$$

让我们讨论前面有 FEM 的情况。由于该方法考虑了弱方程，因此能够为问题提供近似解，但仍有待理解新强迫项在 FEM 方程中的作用。让我们参考 $h=2$，因为与 e_1 和 e_2 相关的方程在公式(6.2.16)、(6.2.17)中写的很清楚。当公式(6.2.16)中的第三个方程被添加到公式(6.2.17)中的第一个方程时，会出现新的强迫项：

$$V(x_2^+) - V(x_2^-) = F_2 \tag{6.3.8}$$

其源于 V 的不连续。所有其他方程保持不变。对于集中力 (x_h, F_h) 的一般情况，只需修改强迫项 f_{2h-1}（与分布载荷有关），并增加新的项：

$$f_{2h-1} + F_h \tag{6.3.9}$$

参见练习 6.4.10。

例 6.3.1 程序中展示了一个函数，应用有限元法求解两端固端梁承受分布载荷和集中力作用。

```
function[U,V,M,F1,F2]=beam_c_pn_pn(L,EI,F,n,ih,Fh)
% This is the function file beam_c_pn_pn. m.
% The FEM is applied to solve the pinned end-pinned end beam subjected to
% a distributed load and a concentrated force. The input variables are: length
% of the beam L,product E * I,distributed load F,number of elements n,node
% ih,and concentrated force Fh. The function returns the displacement U,
% the shear force V,the bending moment M,and the reactive forces F1,F2.
% Initialization
h=L/n;
N1=@(xi,xn)         1-3 * (xi -xn). ^2/h^2 + 2 * (xi -xn). ^3/h^3 ;
N2=@(xi,xn)         (xi -xn)-2 * (xi -xn). ^2/h+(xi -xn). ^3/h^2 ;
N3=@(xi,xn)         3 * (xi -xn). ^2/h^2-2 * (xi -xn). ^3/h^3 ;
N4=@(xi,xn)          -(xi -xn). ^2/h+(xi -xn). ^3/h^2 ;
x=linspace(0,L,n+1);
U=zeros(n+1,1);V=zeros(n+1,1);M=zeros(n+1,1);
k=stiffness(h,EI);
fd=zeros(n * 4,1);
for i=1:n
    fd((i-1) * 4+1)=integral(@(xi)F(xi). * N1(xi,x(i)),x(i),x(i+1));
    fd((i-1) * 4+2)=integral(@(xi)F(xi). * N2(xi,x(i)),x(i),x(i+1));
    fd((i-1) * 4+3)=integral(@(xi)F(xi). * N3(xi,x(i)),x(i),x(i+1));
```

```
        fd((i-1)*4+4)=integral(@(xi)F(xi).*N4(xi,x(i)),x(i),x(i+1));
end
nn=n*2+2;
K=zeros(nn,nn);
for i=1:2:nn-3
        K(i:i+3,i:i+3)=K(i:i+3,i:i+3)+k;
end
K=K([2:nn-2 nn],[2:nn-2 nn]);
f=zeros(n*2+2,1);
f(1)=fd(1);f(2)=fd(2);
for i=2:2:2*(n-1)
        f(i+1)=fd(2*i-1)+fd(2*i+1);
        f(i+2)=fd(2*i)+fd(2*i+2);
end
f(2*n+1)=fd(n*4-1);f(2*n+2)=fd(n*4);
f(ih*2-1)=f(ih*2-1)+Fh;          % Concentrated force.
f=f([2:nn-2 nn],1);
% FEM
ur=K\f;
for i=1:n-1
        U(i+1)=ur(2*i);
end
ur=[0;ur(1:n*2-1);0;ur(n*2)];
V(1)=k(1,1)*ur(1)+k(1,2)*ur(2)+k(1,3)*ur(3)+k(1,4)*ur(4)-fd(1);
for i=2:n
        V(i)=k(1,1)*ur(2*i-1)+k(1,2)*ur(2*i)+k(1,3)*ur(2*i+1)...
                +k(1,4)*ur(2*i+2)-fd((i-1)*4+1);
        M(i)=-(k(2,1)*ur(2*i-1)+k(2,2)*ur(2*i)+k(2,3)*ur(2*i+1)...
                +k(2,4)*ur(2*i+2))+fd((i-1)*4+2);
end
V(n+1)=-(k(3,1)*ur(2*n-1)+k(3,2)*ur(2*n)+k(3,3)*ur(2*n+1)...
                +k(3,4)*ur(2*n+2))+fd(4*n-1);
F1=V(1);F2=-V(n+1);% Reactive forces.
End
```

例 6.3.2 程序中展示了调用 beam_c_pn_pn 函数的一种方法,求解图 6.3.1 中两端简支梁受到集中力和均布荷载作用:

$$F(x)=-q, \quad 0 \leqslant x \leqslant L$$

位移、剪切力和弯矩的曲线如图 6.3.2 所示。

```
function beam_c_pn_pn_ex
% This is the function file beam_c_pn_pn_ex. m.
```

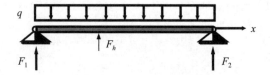

图 6.3.1　两端简支梁承受集中力作用

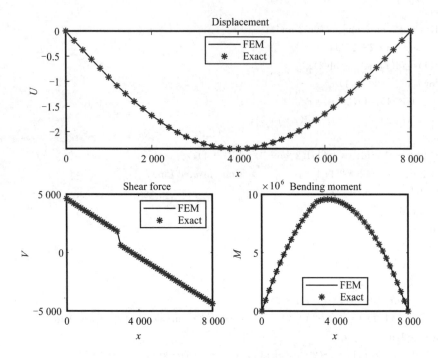

图 6.3.2　两端简支梁：位移、剪切力和弯矩的曲线

% Beam_c_pn_pn function is called to solve thepinned end-pinned end beam
% subjected to a uniform load and a concentrated force. The lengths are in
%[mm]and the forces are in [N].
L=8 * 103;E=3 * 104;I=9 * 108;EI=E * I;
n=40;q=1;
F=@(xi)　　　　0 * xi-q;　　% Uniform load.
ih=16;　　　　% 2<ih<n.
Fh=-1000;　　　% Concentrated Force.
[u,v,m,F1,F2]=trave c cc(L,EI,F,n,ih,Fh);
x=linspace(0,L,n+1);xh=x(ih);
　　% Displacement,bending moment and shear force related to uniform load.
U=-q * (x'. ^4-2 * L * x'. ^3+L^3 * x')/24/EI;
M=-q * (x'. ^2-L * x')/2;V=-q * (2 * x' -L)/2;
C1=Fh * (xh -L)/6/L/EI;C2=Fh * xh * (xh -L) * (xh -2 * L)/6/L/EI;

C3＝Fh＊xh/6/L/EI;C4＝Fh＊xh＊(xh2 -L2)/6/L/EI;

　　% Displacement,moment and shear force related to concentrated force.

Uh(1:ih-1,1)＝C1＊x(1:ih-1)'.³＋C2＊x(1:ih-1)';

Uh(ih:n+1,1)＝C3＊(x(ih:n+1)'-L).³＋C4＊(x(ih:n+1)'-L);

Mh(1:ih-1,1)＝EI＊6＊C1＊x(1:ih-1)';Mh(ih:n+1,1)＝EI＊6＊C3＊(x(ih:n+1)'-L);

Vh(1:ih-1,1)＝EI＊6＊C1;Vh(ih:n+1,1)＝EI＊6＊C3;

U＝U＋Uh;M＝Mh＋M;V＝V＋Vh;

subplot(2,2,1:2)

plot(x,u,'k',x,U,'r＊','LineWidth',1);xlabel('x');ylabel('U');

title('Displacement');legend('FEM','Exact','Location','North');

subplot(2,2,3)

plot(x,v,'k',x,V,'r＊','LineWidth',1);xlabel('x');ylabel('V');

title('Shear force');legend('FEM','Exact');

subplot(2,2,4)

plot(x,m,'k',x,M,'r＊','LineWidth',1);xlabel('x');ylabel('M');

title('Bending moment');legend('FEM','Exact','Location','South');

fprintf('Reactive force F1＝%g\n',F1)

fprintf('Reactive force F2＝%g\n',F2)

fprintf('Maximum error U＝%g\n',max(abs(U-u)))

fprintf('Maximum error V＝%g\n',max(abs(V-v)))

fprintf('Maximum error M＝%g\n',max(abs(M-m)))

end

练习 6.4.11 建议了其他应用。

例 6.3.3 考虑图 6.3.3 中长度为 L 的悬臂梁承受尖端载荷 p 的作用,边界条件如下:

$$U(0)=0, \quad U'(0)=0, \quad M(L)=0, \quad V(L)=p \qquad (6.3.10)$$

滚子支架位于 $x_h < L$ 处,用以下方程对其进行影视化模拟:

$$U(x_h)=0 \qquad (6.3.11)$$

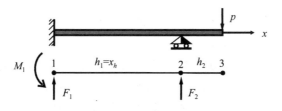

图 6.3.3　悬臂梁

在这个问题中,集中力是未知的反作用力 F_2。当然,步长关系(6.3.2)成立,且

$$V(x_h^+)-V(x_h^-)=F_h=F_2 \qquad (6.3.12)$$

但左右两边都是未知数。问题(6.3.10)、(6.3.12)的解 U 是通过求解两个区间 $x < x_h$ 和 $x > x_h$ 上的齐次欧拉-伯努利方程得到的。计算非常简单,如下:

$$U = \begin{cases} -C_1(x^3 - x_h x^2), & x \in e_1 \\ C_2(x - x_h)^3 - C_3(x - x_h)^2 - C_4(x - x_h), & x \in e_2 \end{cases} \quad (6.3.13)$$

式中：

$$C_1 = \frac{p(L - x_h)}{4x_h EI}, \quad C_2 = \frac{p}{6EI}, \quad C_3 = \frac{p(L - x_h)}{2EI}, \quad C_4 = \frac{px_h(L - x_h)}{4EI}$$

剪切力和弯矩通过公式(6.3.13)在相关区间推导，反作用力和力矩如下：

$$F_1 = -3p(L - x_h)/2x_h, \quad M_1 = -p(L - x_h)/2, \quad F_2 = p(3L - x_h)/2x_h$$

让我们应用有限元法。考虑长度分别为 $h_1 = x_h$ 和 $h_2 = L - x_h$ 的两个元素。近似解为

$$u = \begin{cases} u_4 N_{4,1}, & x \in e_1 \\ u_4 N_{2,2} + u_5 N_{3,2} + u_6 N_{4,2}, & x \in e_2 \end{cases} \quad (6.3.14)$$

源于

$$u_1 = U(0) = 0, \quad u_2 = U'(0) = 0, \quad u_3 = U(x_2) = 0 \quad (6.3.15)$$

参见公式(6.2.16)、(6.2.17)，其中两个元素的方程是用显式写出来的。将公式(6.2.16)中的后两个方程与公式(6.2.17)中的前两个方程相加，并结合公式(6.3.12)、(6.3.15)，我们得到如下方程组：

$$\begin{cases} k_{14}^1 u_4 = V(x_1) \\ k_{24}^1 u_4 = -M(x_1) \\ (k_{34}^1 + k_{12}^2)u_4 + k_{13}^2 u_5 + k_{14}^2 u_6 = F_2 \\ (k_{44}^1 + k_{22}^2)u_4 + k_{23}^2 u_5 + k_{24}^2 u_6 = 0 \\ k_{32}^2 u_4 + k_{33}^2 u_5 + k_{34}^2 u_6 = -p \\ k_{42}^2 u_4 + k_{43}^2 u_5 + k_{44}^2 u_6 = 0 \end{cases} \quad (6.3.16)$$

式中：下标 1、2 表示当 $h = h_1$, $h = h_2$ 时，k 必须被求值。求解公式(6.3.16)中后三个方程构成的方程组，我们得到如下未知系数：

$$\begin{cases} u_4 = -px_h(L - x_h)/4EI \\ u_5 = -p(L - x_h)^3/3EI - px_h(L - x_h)^2/4EI \\ u_6 = -p(L - x_h)^2/2EI - px_h(L - x_h)/4EI \end{cases} \quad (6.3.17)$$

将其代入公式(6.3.14)中可以得到 u，快速计算表明 $u = U$，如预期。将 u_4、u_5、u_6 代入方程组(6.3.16)的前三个方程，可以得到剪切力、弯矩和反作用力。

程序中展示了一个函数，应用有限元法来求解悬臂梁。

```
function[U,V,M,F1,M1,F2]=beam_ov(L,EI,F,n,ih,Fp)
% This is the function file beam_ov. m.
% The FEM is applied to solve an overhanging beam with a roller support
% located at xh(<L). The input variables are: length of the beam L,
% product E * I, distributed load F, number of elements n, node ih where
```

```
% the roller support is located,and tip load Fp. The function returns the
% displacement U,shear force V,bending moment M,and reactive forces
% and moment F1,F2,M1.
% Initialization h=L/n;
N1=@(xi,xn)        1-3*(xi-xn).^2/h^2+2*(xi-xn).^3/h^3;
N2=@(xi,xn)        (xi-xn)-2*(xi-xn).^2/h+(xi-xn).^3/h^2;
N3=@(xi,xn)        3*(xi-xn).^2/h^2-2*(xi-xn).^3/h^3;
N4=@(xi,xn)        -(xi-xn).^2/h+(xi-xn).^3/h^2;
x=linspace(0,L,n+1);V=zeros(n+1,1);M=zeros(n+1,1);
k=stiffness(h,EI);
fd=zeros(n*4,1);
for i=1:n
    fd((i-1)*4+1)=integral(@(xi)F(xi).*N1(xi,x(i)),x(i),x(i+1));
    fd((i-1)*4+2)=integral(@(xi)F(xi).*N2(xi,x(i)),x(i),x(i+1));
    fd((i-1)*4+3)=integral(@(xi)F(xi).*N3(xi,x(i)),x(i),x(i+1));
    fd((i-1)*4+4)=integral(@(xi)F(xi).*N4(xi,x(i)),x(i),x(i+1));
end
nn=n*2+2;
K=zeros(nn,nn);
for i=1:2:nn-3
    K(i:i+3,i:i+3)=K(i:i+3,i:i+3)+k;
end
K=K([3:2*ih-2 2*ih:nn],[3:2*ih-2 2*ih:nn]);
f=zeros(n*2+2,1);
f(1)=fd(1);
f(2)=fd(2);
for i=2:2:2*(n-1)
    f(i+1)=fd(2*i-1)+fd(2*i+1);
    f(i+2)=fd(2*i)+fd(2*i+2);
end
f(2*n+1)=fd(n*4-1)+Fp;
f(2*n+2)=fd(n*4);
f=f([3:2*ih-2 2*ih:nn]);
% FEM
ur=K\f;
ur=[0;0;ur];
ur=[ur(1:2*ih-2,1);0;ur(2*ih-1:nn-1,1)];
U=ur(1:2:nn,1);
for i=1:n
    V(i)=k(1,1)*ur(2*i-1)+k(1,2)*ur(2*i)+k(1,3)*ur(2*i+1)...
        +k(1,4)*ur(2*i+2)-fd((i-1)*4+1);
    M(i)=-(k(2,1)*ur(2*i-1)+k(2,2)*ur(2*i)+k(2,3)*ur(2*i+1)...
```

$$+k(2,4) * ur(2 * i+2)) + fd((i-1) * 4+2);$$

end

$$V(n+1) = -(k(3,1) * ur(2 * n-1) + k(3,2) * ur(2 * n) + k(3,3) * ur(2 * n+1) + \ldots$$
$$k(3,4) * ur(2 * n+2)) + fd(4 * n-1);$$

$$M(n+1) = k(4,1) * ur(2 * n-1) + k(4,2) * ur(2 * n) + k(4,3) * ur(2 * n+1) + \ldots$$
$$k(4,4) * ur(2 * n+2) - fd(4 * n);$$

F1=V(1);   % Reactive force.

M1=-M(1);   % Reactive moment.

F2=V(ih)-V(ih-1);   % Reactive force.

End

参见练习 6.4.12。如果使用以下数据：

$$\begin{cases} L = 3 \times 10^3, & E = 3 \times 10^4, \quad I = 9 \times 10^8 \\ F = 0, \quad p = 10, \quad n = 15, \quad ih = 11, \quad F_p = -p \end{cases} \tag{6.3.18}$$

可绘制出图 6.3.4 所示曲线。

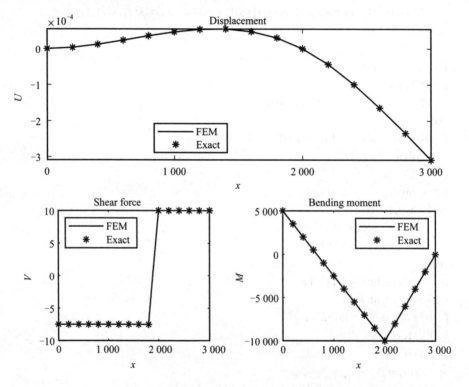

图 6.3.4　悬臂梁：位移、剪切力、弯矩的曲线(2)

6.4　练习题

练习 6.4.1　解释 N_2、N_3 和 N_4 的物理意义。

提示：如果 A 处的约束受到旋转位移 $U'(0)=1$，则有

$$EIU^{iv}=0,\ U(0)=0,\ U'(0)=1,\ U(h)=0,\ U'(h)=0 \ \Rightarrow \ U=N_2$$

练习 6.4.2　求解代数方程(6.1.24)并得出公式(6.1.25)。

练习 6.4.3　编写一个函数，使其返回符号刚度矩阵。

答案：

```
function K＝stiffness_s
% This is the function file stiffness_s. m.
% Symbolic stiffness matrix is returned.
syms x h EI；
K(4,4)＝h；
for i＝1:4
    for j＝i:4
        K(i,j)＝EI * int(Nxx(i,x,h). * Nxx(j,x,h),x,0,h)；
        K(j,i)＝K(i,j)；
    end
end
end
% Local function function
f＝Nxx(i,x,h)
switch i
    case 1
        f＝-6/h^2＋12 * x/h^3；
    case 2
        f＝-4/h＋6 * x/h^2；
    case 3
        f＝6/h^2 -12 * x/h^3；
    case 4
        f＝-2/h＋6 * x/h^2；
end
end
```

练习 6.4.4　编写一个函数，比如 mass_s，使它返回符号质量矩阵。

提示：参见 stiffness_s 函数。

练习 6.4.5　如图 6.4.1(左)所示，思考两端受外部弯矩 M_1 和 M_2 作用的简支梁。以下边界条件成立：

$$U(0)=0, \quad U''(0)=-M_1/EI, \quad U(L)=0, \quad U''(L)=M_2/EI \tag{6.4.1}$$

考虑元素 $e_1=[0,L]$，求近似解。

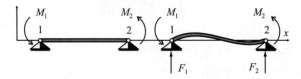

图 6.4.1　两端受外部力矩作用的简支梁

答案：近似解（6.2.3）简化为

$$u(x)=u_2 N_2(x)+u_4 N_4(x) \tag{6.4.2}$$

源于边界条件（6.4.1）。此外，公式（6.2.4）中的向量 $\boldsymbol{f}$ 简化为 $\boldsymbol{f}_b$，因为 $F=0$。$\boldsymbol{f}_b$ 的表达式可由公式（6.2.6）结合边界条件（6.4.1）导出：

$$\boldsymbol{f}_b=[F_1 \quad M_1 \quad F_2 \quad M_2]^{\mathrm{T}} \tag{6.4.3}$$

式中：F_1 和 F_2 是未知的反作用力。鉴于以上这些，公式（6.2.4）给出了以下四个方程：

$$k_{12}u_2+k_{14}u_4=F_1, \quad k_{32}u_2+k_{34}u_4=F_2 \tag{6.4.4}$$

$$k_{22}u_2+k_{24}u_4=M_1, \quad k_{42}u_2+k_{44}u_4=M_2 \tag{6.4.5}$$

最后两个方程是一个含未知数 u_2 和 u_4 的简单代数方程，解之会产生未知数：

$$u_2=\frac{M_1 L}{3EI}-\frac{M_2 L}{6EI}, \quad u_4=\frac{M_2 L}{3EI}-\frac{M_1 L}{6EI} \tag{6.4.6}$$

将这些值代入公式（6.4.4）中，可以得到反作用力：

$$F_1=(M_1+M_2)/L, \quad F_2=-(M_1+M_2)/L$$

此外，将公式（6.4.6）代入公式（6.4.2）中可以得到 u。使用形函数的定义公式（6.1.16）～（6.1.19）会发现，u 是三次多项式（见图 6.4.1，右）：

$$u(x)=\frac{M_1+M_2}{6LEI}x^3-\frac{M_1}{2EI}x^2+\frac{2M_1-M_2}{6EI}Lx \tag{6.4.7}$$

一个简单的计算表明，该解与欧拉-伯努利方程的解析解 U 相同，正如预期。

练习 6.4.6　编写一个调用 beam_fx_fr 函数的程序，求解受均匀载荷 $F(x)=-q$ 作用的悬臂梁。

练习 6.4.7　编写一个调用 beam_pn_pn 函数的程序，求解图 6.4.2 中受抛物线载荷

$$F=-4q_M(Lx-x^2)/L^2, \quad q_M>0$$

作用的两端简支梁。

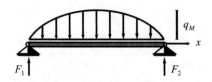

图 6.4.2　两端简支梁受抛物线载荷作用

练习 6.4.8 编写一个函数,比如 beam_fx_fx,求解图 6.4.3 中的两端固定梁。

图 6.4.3 两端固定梁

练习 6.4.9 如图 6.4.4(左)所示,考虑长度为 L 的两端固定梁承受均匀载荷作用。假设 A 处的约束受到旋转位移,如图 6.4.4(右)所示。静力学问题由欧拉-伯努利方程(6.2.1)控制,边界条件如下:

$$U(0)=0, \quad U'(0)=r_A, \quad U(L)=0, \quad U'(L)=0$$

编写一个函数,比如 beam_fx_fx_rA,应用有限元法解决上述问题。

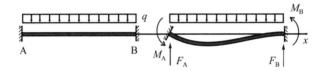

图 6.4.4 两端固定梁 A 处的约束受到旋转位移

练习 6.4.10 如图 6.4.5 所示,考虑两端简支梁受集中力 (x_h, F_h) 作用,边界条件如下:

$$U(0)=0, \quad M(0)=0, \quad U(L)=0, \quad M(L)=0 \qquad (6.4.8)$$

求位移、剪切力和弯矩。

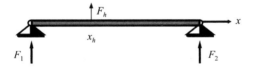

图 6.4.5 两端简支梁受集中力作用

答案:函数 U 可以通过求解两个区间 $x<x_h$ 和 $x>x_h$ 上的齐次欧拉-伯努利方程得到,其边界条件为公式(6.4.8),另外两个条件如下:

$$U(x_h^+)=U(x_h^-), \quad V(x_h^+)-V(x_h^-)=F_h \qquad (6.4.9)$$

这些条件来自于梁在 x_h 上的连续性和阶跃关系(6.3.2)。下面给出简单计算:

$$U=\begin{cases} C_1 x^3 + C_2 x, & x<x_h \\ C_3(x-L)^3 + C_4(x-L), & x>x_h \end{cases} \qquad (6.4.10)$$

式中:

$$C_1 = F_h(x_h-L)/6LEI$$
$$C_2 = F_h x_h(x_h-2L)(x_h-L)/6LEI$$
$$C_3 = F_h x_h/6LEI$$
$$C_4 = F_h x_h(x_h^2-L^2)/6LEI$$

通过对公式(6.4.10)相关区间的求导，可以得到剪切力和弯矩的解析表达式。

练习 6.4.11 编写一个函数，应用有限元法求解一端固定一端简支的梁受分布载荷和集中力作用。

练习 6.4.12 编写一个调用 beam_ov 的程序。使用公式(6.3.18)的数据并且得到图 6.3.4。此外，增加分布载荷，在公式(6.3.18)中假设为零。

参考文献

Cannon J R,1984. The One-Dimensional Heat Equation. London: Addison-Wesley.

Carslaw H S,Jager J C,1959. Conduction of Heat in Solids. London: Clarendon Press.

Clough R W,1960. The Finite Element Method in Plane Stress Analysis. Second ASCE Conference on Electronic Computation,Pittsburg,USA,September 8-9: 345-378.

Collatz L,1966. The Numerical Treatment of Differential Equations. New York: Springer-Verlag.

Cooper J M,1998. Introduction to Partial Differential Equations with Matlab. Boston: Birkhauser.

CourantR,Friedrichs K,Lewy H,1928. Uber die Partiellen Differenzen-gleichunghen der Mathematischen Physik. Math. Ann. ,100: 32-74.

Crank J,1979. The Mathematics of Diffusion. Oxford,UK: Clarendon Press.

Crank J,1984. Free and Moving Boundary Problems. Oxford,UK: Oxford Science Publications, Clarendon Press.

D'Acunto B, 2004. Computational Methods for PDE in Mechanics. Singapore: World Scientific.

D'Acunto B,Massarotti P,2016. Meccanica Razionale per Ingegneria. Santarcangelo di Romagna,Italy: Maggioli Editore.

de Vahl Davis G,1986. Numerical Methods in Engineering & Science. London: Chapman & Hall.

Fenner R T,2005. Finite Element Method for Engineers. London: Imperial College Press.

Forsythe G E,Wasov W R,1960. Finite Difference Methods for Partial Differential Equations. New York: Wiley.

Hutton D V, 2004. Fundamentals of Finite Element Analysis. New York: McGraw-Hill.

Kharab A,Guenther R B,2002. Introduction to Numerical Methods. Boca Raton, FI,USA: A Matlab Approach. Chapman & Hall/CRC.

Knabner P, Angermann L, 2003. Numerical Methods for Elliptic and Parabolic Partial Differential Equations. New York: Springer.

Kwon Y W, Bang H, 2000. The Finite Element Method Using Matlab. Boca Raton, FI, USA: CRC Press.

Lapidus L, Pinter G F, 1982. Numerical Solutions of Partial Differential Equations in Science and Engineering. New York: J. Wiley & Sons.

Mitchell A R, Griffiths D F, 1995. The Finite Difference Method in Partial Differential Equations. New York: J. Wiley & Sons.

Moler C, 2011. Experiments with MATLAB. E-book. Natick, MA, USA: The MathWorks, Inc.

Necati O M, 1994. Finite Difference Methods in Heat Transfer. London: CRC Press.

Rao S S, 2005. The Finite Element Method in Engineering. Oxford, UK: Elsevier.

Richtmyer R D, Morton K W, 1967. Difference Methods for Initial-value Problems. New York: J. Wiley & Sons.

Rubinstein L I, 1971. The Stefan Problem. Translation of Mathematical Monographs. Providence, RI, USA: American Mathematical Society.

Schwartz L, 1950. Theorie des Distributions. Paris: Hermann.